일반물리학 실험

EXPERIMENTS IN COLLEGE PHYSICS

김원태 · 장평우 · 염태호 · 염효영 공저

도서출판 상학당

머리말

이 책은 대학에서 물리학 실험 과목의 교재로 사용하기 위한 목적으로 만들었다. 대학에서 수업하는 물리학 실험은 이미 잘 알려진 것들을 직접 실험을 통해서 검증하는 것으로 우리가 수행한 실험에 문제가 없는지 확인하며, 만일 문제가 있다면 왜 그런 문제가 발생했는지를 찾고 그 해결 방법을 생각하고 실행해서 원하는 결과를 얻었는지 확인한다. 우리가 어떤 새로운 문제를 만났을 때 그 문제를 제대로 해결하는 데 필요한 생각과 사고를 훈련하는 것이다. 우리가 만난 문제를 해결하기 위해 생각하는 훈련을 하고, 실험을 통해 그 생각에 오류가 있는지를 검증하며, 만일 오류가 있다면 어떤 오류가 왜 발생했는지 분석하고 오류를 수정해서 원하는 결과를 얻어내는 일련의 과정을 훈련하는 것이다.

이 교재는 대학 졸업 후 사회에 진출하는 학생이 앞으로 일을 하기 위한 최소한의 자격을 갖출 수 있도록 문제 해결을 하기 위해 생각하는 방법을 훈련하는 데 중점을 두었다. 실험은 어떤 현상 등을 설명하기 위해 이론적인 모델을 세워 계산하고, 그 결과를 실제 실험 결과와 비교해서 이론적 모델을 검증하는 데 하나의 방법으로 사용된다. 이미 잘 검증된 모델과 계산을 이용하기 때문에 실험 모델 선정과 수행이 어떻게 진행되었는지를 제시된 일련의 과정을 따라서 생각하고 공부하면서 그것이 옳은가를 직접 실험을 통해 하나하나 검증을 하며 논리적이고 체계적인 사고 방법을 훈련할 수 있도록 하였고, 이 책에서는 보고서 작성에 매우 중요한 의미를 두고 설명하였다. 그 이유는 학생들이 자신이 아는 것을 표현하는 방법은 보고서이고, 보고서를 제대로 잘 작성하는 학생이 바로 사회에서 필요한 사람이기 때문이다.

보고서에서 가장 중요한 부분은 목적이고, 잘 쓴 보고서는 목적에 맞게 이론적 모델, 실험 방법, 결과, 분석 및 토의 그리고 결론까지 부분별로 하나의 목적을 향해서 작성된 일관성 있는 보고서이다. 이 교재에서는 실험마다 완성된 보고서 형태의 예를 제시해서 학생들에게 일관성 있는 체계를 공부하도록 유도하고, 이를 바탕으로 학생들 스스로 보고서를 완성할 수 있도록 하였다. 이 교재를 통해 학생들이 생각하는 훈련과 보고서 작성 훈련을 통해서 사회가 요구하는 준비된 학생들로 사회에 나아가길 바란다.

공저자 씀

차 례

PART. I 총 론

PART. II 실험 보고서 작성방법

PART.Ⅲ 실 험

PART.

I 총 론

01 실험의 목적
02 단 위
03 SI 접두어
04 유효숫자
05 그래프

01 실험의 목적

물리는 자연현상을 체계적이고 논리적으로 설명하는 학문이다. 그리고 실험은 그 이론을 뒷받침하는 검증방법이다. 이것은 물리학자들이 하는 일이고, 우리는 이것을 통해서 무엇을 배울 수 있는지 생각해야 한다.

학생들에게 물리실험의 목적은 생각하는 방법을 배우고 훈련하는 것이다. 실험마다 목적이 있고, 그 목적을 이루기 위해 해야 할 것들을 생각하고, 생각한 것들이 맞는지 실험을 통해 검증하고, 틀렸다면 어디서 왜 문제가 발생했는지를 추적하고, 제대로 된 결과를 얻을 때까지 수정 보완해서 생각의 틀을 완성하는 것이다. 이 일련의 과정을 통해 생각하는 방법과 문제 해결능력을 키우는 것이 실험을 공부하는 목적이다.

02 단위

단위의 중요성은 아무리 강조해도 지나치지 않다. 모든 물리량은 숫자와 단위로 구성되어 있다. 실제로 물리량을 결정하는 것은 숫자가 아니고 단위다. 즉 단위는 물리량을 나타내는 표현이다. 따라서 단위의 생략은 정확한 의사 전달이 불가능해질 수도 있으므로 단위를 임의로 생략해서는 절대로 안 된다.

물리량 = 숫자 • 단위

여기 1, 10, 100 이렇게 써 놓는다면 이것이 무엇인지 알 수 있나? 그러면 1 kg, 10 m, 100 km/h 이렇게 쓰면 어떤가? 숫자만 있을 때는 무엇을 말하는지 알 수 없었지만, 단위가 들어가니 질량 · 길이 · 속력을 나타내는 것임을 바로 알 수 있다. 따라서 단위는 임의로 생략하면 안 된다.

또 한 가지, 만일 여러분의 키와 나의 몸무게를 비교한다면? 아마 대부분 "무슨 말도 안 되는 소리를 하나?" 하고 웃을 거다. 왜 그런가? 이 경우, 키와 몸무게는 우리에게 아주 익숙한 물리량이기 때문에 키와 몸무게를 비교한다는 것이 불가능하다는 것을 알기 때문이다. 그러나 실제로 단위의 의미를 정확히 모른다면 이런 실수는 쉽게 한다. 예를 들면 일과 에너지, 일률과 에너지는 비교할 수 있나? 소비전력과 소비된 전기 에너지양은 어떤가? 이것을 구분할 수 있다면 여러분은 제대로 공부해서 정확히 이해한 것이다.

우선 단위는 물리량을 나타내는 것이라고 말했다. 서로 다른 물리량은 비교할 수 없다. 이것은 단위가 다르면 서로 더하거나 빼는 연산이 불가능하다. 따라서 어느 것이 크고 작은지를 비교할 수 없다. 즉, 단위가 다르면 비교할 수 없다. 앞의 예를 다시 설명하면 일과 에너지는 모두 에너지 단위(J 주울)를 갖고 있어서 비교할 수 있지만, 일률은 단위 시간당 에너지 즉 (J/s = W 와트)의 단위를 갖고 있어서 에너지와 단위가 다르므로 비교할 수 없다. 또 소비전력은 일률의 단위를 갖고 소비된 전기 에너지 양은 에너지 단위를 갖고 있어서 일률과 전기 에너지는 서로 다른 단위로 비교할 수 없다.

물리학에서 다루는 기본 물리량은 7가지가 있다. 7가지 물리량과 보조단위를 조합하면 지구상에 존재하는 모든 물리량을 표현할 수 있다. 7가지 물리량은 고유한 물리량으로 이것은 표 1.2.1과 같이 정의된다.

〈표 1.2.1〉 SI 7가지 기본 물리량

물리량	단위	읽기
길이	m	미터
질량	kg	킬로그램
시간	s	초
전류	A	암페어
온도	K	켈빈
물질의 양	mol	몰
광도	cd	칸델라

물리량의 표기시 물리량과 단위사이에는 뛰어쓰기를 원칙으로한다. 단, 각도를 나타내는 (도)는 예외로 한다.

03 SI 접두어

매우 큰 물리량이나 매우 작은 물리량을 표시할 때 사용하는 SI 접두어를 표 1.3.1에 표시하였다. 지금은 컴퓨터가 발달해서 저장용량이 커진 덕에 G(기가, 10^9), T(테라, 10^{12})까지는 그래도 많이 들어 보고 쓴다. 또 미세 연구에 관심이 커지면서 n(나노, 10^{-9})까지 쉽게 만날 수 있다. 그러나 가장 많이 쓰지만 가장 많은 실수를 하는 접두어로 1000배를 나타내는 k를 들 수 있다.

km의 k는 SI 접두어로 1000을 나타내며 이것은 소문자로 표시해야 한다. km를 Km로, kV를 KV로 kW를 KW로 표시된 인쇄물을 쉽게 만날 수 있지만 이것은 오류이다. 왜냐하면 대문자 K는 절대온도를 나타내는 기본단위 K와 혼동될 수 있기 때문이다. k는 1000을 나타내는 SI 접두어로 소문자 k로 표시해야 한다.

〈표 1.3.1〉 SI 접두어

접두어(기호)	의미	발음	접두어(기호)	의미	발음
E(exa)	10^{18}	엑사	d(deci)	10^{-1}	데시
P(peta)	10^{15}	페타	c(centi)	10^{-2}	센티
T(tera)	10^{12}	테라	m(milli)	10^{-3}	밀리
G(giga)	10^{9}	기가	μ(micro)	10^{-6}	마이크로
M(mega)	10^{6}	메가	n(nano)	10^{-9}	나노
k(kilo)	10^{3}	킬로	p(pico)	10^{-12}	피코
h(hecto)	10^{2}	헥토	f(femto)	10^{-15}	펨토
da(deca)	10^{1}	데카	a(atto)	10^{-18}	아토

M와 m의 경우는 대문자로 쓰면 10^6이지만 소문자로 쓰면 10^{-3}이 된다. 이를 혼용해서 쓸 경우, 엄청난 차이가 발생한다. 다행히 k는 대문자가 SI 접두어로 쓰지 않기 때문에 혼돈의 여지는 적지만 그래도 표기법은 지켜야 한다.

04 유효숫자

유효숫자는 측정기의 눈금으로 부터 얻은 확실한 자리수와 눈금과 눈금사이에서 어림으로 취한 불확실한 자리의 수로 이루어져 있다. 그림 1.4.1 에서 눈금은 13과 14 사이에 있으며, 두 눈금 사이에서 어림으로 취하면 13.5 라 할 수 있다. 이 때 정확한 숫자인 13 과 어림으로 취한 5 를 포함하여 이 측정치의 유효숫자는 3자리다. 실험에서 측정과 계산을 할 때 매우 중요하다.

일반적으로 측정 유효숫자는 아날로그 장치의 경우 최소 눈금 한자리 아래에서 반올림한다. 그림 1.4.1의 경우 정확히 13 V와 14 V 중간에 있으므로 13.5 V로 읽는다. 그러나 13 V 또는 14 V로 치우친 경우는 13.3 또는 13.7 등으로 읽을 수 있다.

[그림 1.4.1] Volt

유효숫자는 눈금으로 읽은 정확한 수치와 금과 눈금 사이에서 어림으로 취한 눈 수치로 구성되어 있다. 그림 1.4.2의 경우는 저항을 측정한 것이라 하면 최소 눈금 0.6과 0.5 사이 중간에 있으므로 0.55 Ω 으로 읽으면 된다.

[그림 1.4.2] 멀티미터

숫자 500의 유효숫자는 몇 개인가? 여기서 5 뒤의 두 개의 0은 유효숫자 인지 단순한 자리를 표시한 것인지 알 수 없다. 따라서 유효숫자를 분명히 하려면 다른 표현 방법을 써야 한다.

500.의 경우는 유효숫자는 소수점이 있으므로 3개다. 만일 유효숫자가 두 개라면 5.0×10^2로 쓰고, 3개이면 5.00×10^2로 쓰면 된다. 또 500.0은 유효숫자가 4개이고 이것은 5.000×10^2로 쓸 수도 있다. 연산할 경우 곱셈이나 나눗셈은 연산 후 연산 전 작은 유효숫자 개수로 맞추고 덧셈과 뺄셈은 가장 작은 소수점 이하 자릿수로 맞춘다.

- 곱셈
  2.4 × 3.55 = 8.76 (유효숫자 2자리로 반올림) = 8.8

- 나눗셈
  725/0.125 = 5800 (유효숫자 3자리로 표현하면) = 5.80×10^3

- 덧셈
  23.1 + 0.546 + 1.45 = 25.096 (반올림해서 유효숫자를 소수점 첫째 자리로 맞추면) = 25.1

- 뺄셈
  157 - 5.5 = 151.5 (유효숫자를 소수점 이하가 없도록 맞추면) = 152

05 그래프

실험결과를 표시하는 방법으로 실험에서 얻은 데이터를 그래프로 표현하면 나열된 데이터에서는 볼 수 없던 것을 보게 되고 분석이 편해진다. 실험데이터를 그래프로 표현하는 방법에 대해서 살펴보자.

블로그를 운영하는데 운영날짜 대 방문객 수를 그래프로 표시했더니 그림 1.5.1과 같이 나타났다. 이 그래프에서 추세를 알기 위한 추세선을 넣은 그래프로 그림 1.5.2와 그림 1.5.3중 어느 것이 적당하고 그 이유를 설명해보자.

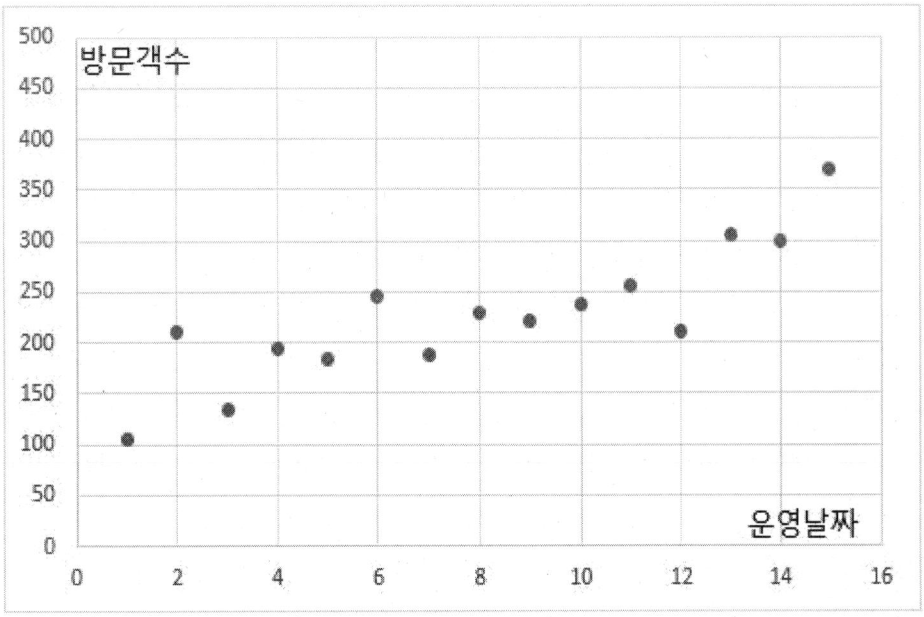

[그림 1.5.1]

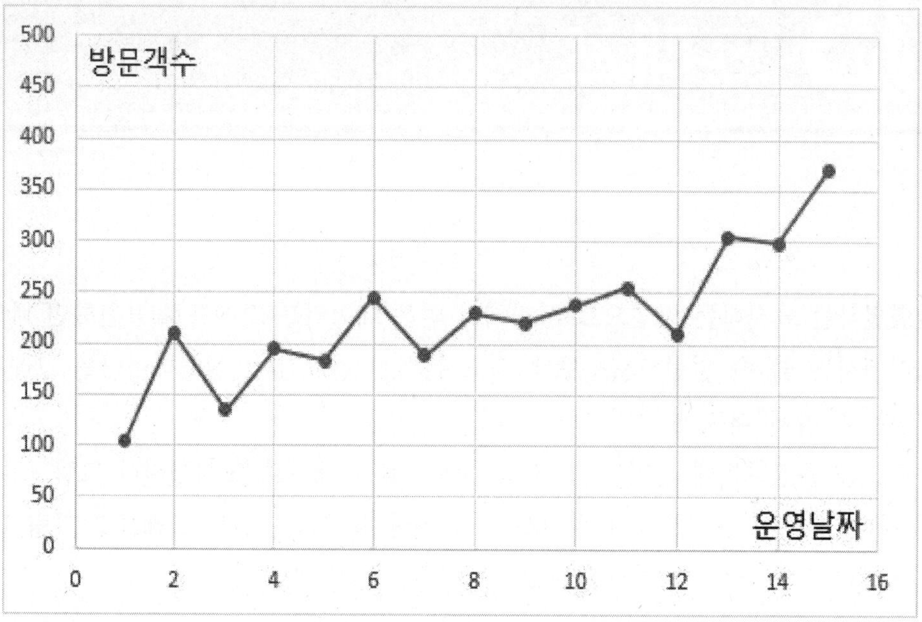

[그림 1.5.2]

그림 1.5.2의 경우는 각 데이터 점 하나하나에 의미를 둔 것으로 전체적인 추세를 설명하려는 목적에 맞지 않는다. 만일 y축이 어떤 측정 데이터라면 측정값은 편차를 지니고 있으므로 그 값 하나하나에 의미를 줄 수 없다. 그러나 각 날짜 별 방문객 수, 즉 요일별로 방문객 수를 설명한다면 각 데이터에 의미를 둘 수 있어서 이 표현이 가능하다. 그렇다 하더라도 각 날짜별 방문객수를 비교하기 위해서는 단순 수량 비교에 좋은 막대그래프로 나타내는 것이 좋다.

그림 1.5.3의 경우는 그래프의 추세선을 그려서 전체적인 추세를 설명할 목적이다. 즉 이 그래프에서 날짜가 증가함에 따라 전체적인 방문객 수가 증가한 것을 이야기할 수 있다. 추세선을 구하는 방법에 따라 ⓐ, ⓑ 그래프를 얻을 수도 있지만, ⓒ 추세선이 가장 좋은 결과를 보여준다. 이처럼 데이터를 그래프로 나타낼 때는 각 데이터 하나하나에 의미를 두기보다는 전체적인 추세를 나타낼 수 있는 추세선으로 나타내는 것이 바람직하다. 추세선을 찾는 방법으로 최소제곱법이 가장 일반적으로 쓰인다. 최소제곱법은 추세선의 값과 실제 데이터값 차이 제곱의 합이 최소가 되는 추세선의 방정식을 찾는 방법이다.

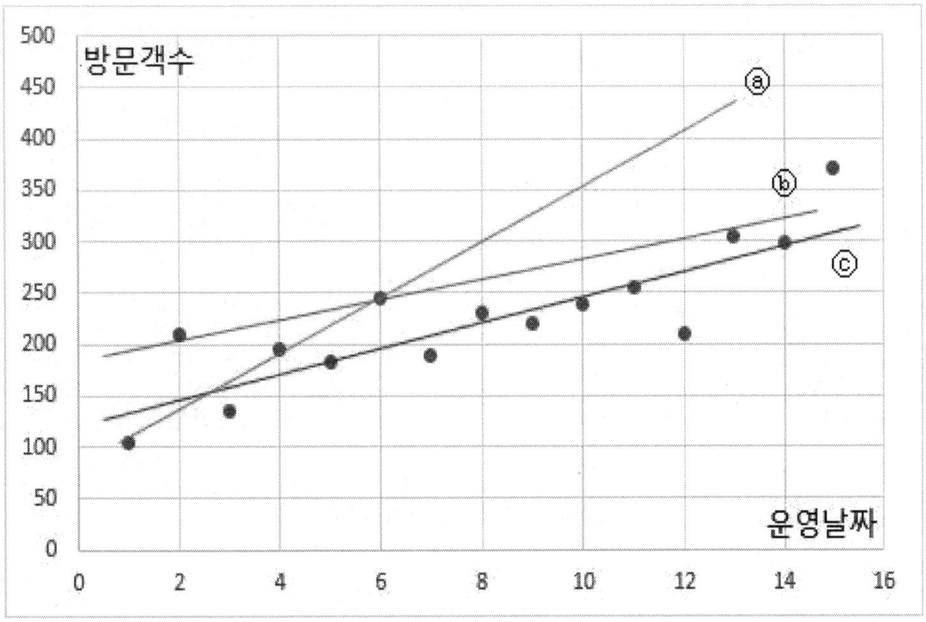

[그림 1.5.3]

그림 1.5.4에서 검은색 점은 실험값이며 파란색 직선은 추정된 함수이다. 이 함수에 해당하는 값이 추정값이다. 거리 d는 측정값과 추정값의 차이로 편차다. 최소제곱법은 측정값마다 편차 제곱의 합이 최소가 되는 함수를 찾는 방법입니다. 즉 거리 d 제곱의 합이 최소가 되는 함수를 찾는 것이다. 편차의 합이 아니라 편차 제곱의 합이 최소가 되는 함수를 찾는 이유는 편차는 + 또는 - 값을 갖기 때문에 합을 구하면 + 값과 - 값이 상쇄되어 실제로는 큰 편차를 갖고 있지만, 합은 작은 값을 지닐 수 있으므로 이 효과를 제거하기 위해 편차 제곱의 합이 최소가 되는 함수를 찾는 것이다. 최소값을 찾는 방법은 미분 값이 0이 되는 조건을 찾으면 된다. 그리고 직선의 방정식을 찾는 경우, 변수는 기울기 a와 y 절편 b 두 개다. 따라서 두 변수에 대해 각각 편미분 값이 0이 되는 방정식을 구하고 이 두 개의 방정식을 연립하여 풀면 기울기 a와 y 절편 b를 구할 수 있어서 최적의 직선 방정식을 찾을 수 있다.

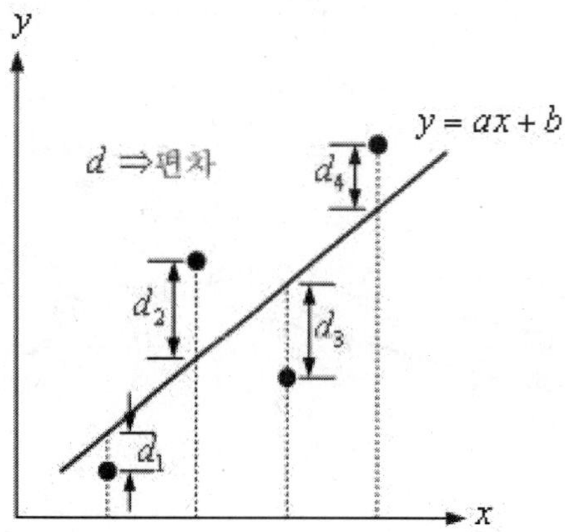

$$S=\sum_{i=1}^{n} d_i^2=\sum_{i=1}^{n}\left(y_i-(ax_i+b)\right)^2$$

최소화

$$a=\frac{n\sum_{i=1}^{n} x_i y_i-\left(\sum_{n=1}^{n} x_i\right)\left(\sum_{n=1}^{n} y_i\right)}{\sum_{n=1}^{n} x_i^2-\left(\sum_{n=1}^{n} x_i\right)}$$

$$b=\frac{\sum_{i=1}^{n} y_i-a\sum_{i=1}^{n} x_i}{n}$$

[그림 1.5.4] 최소제곱법

PART.

II

실험 보고서 작성방법

01 목적과 중요성

02 구성과 형식

03 보고서 작성시 주의할 점

실험 보고서는 실험을 통해 얻게 된 것들을 정확히 전달하기 위해 체계적이고 논리적으로 일정한 형식을 바탕으로 작성한 글이다.

	저항(kΩ)	측정저항 (kΩ)	직렬연결 (kΩ)	오차(%)
R1			-	
R2			-	
R3			-	
저항 색띠로 계산				
저항 측정값으로 계산				
측정				

01 목적과 중요성

보고서의 목적은 실험의 목적에 따른 결과를 정확히 전달하는 데 있다. 때에 따라 실험결과는 목적에 맞는 결과를 얻을 수도 있고, 그렇지 못할 수도 있다. 중요한 점은 사실 그대로를 거짓 없이 전달하는 것이다. 또한 아무리 훌륭한 실험을 하고 좋은 결과를 얻었다 해도 그 내용을 남들에게 이해시키지 못한다면 그 의미가 많이 감소한다. 따라서 보고서는 정직하게, 그리고 쉽게 이해하고 알아볼 수 있도록 작성해야 한다. 보고서 형식의 핵심은 정직을 바탕으로 일관성 · 정확성 · 명확성이다.

실험 수업은 학생들이 직접 실험하는 것과 실험 결과를 바탕으로 보고서를 작성하는 것 두 부분으로 나눌 수 있다. 학생들이 실험 수업의 목적을 달성하기 위해서는 실험뿐만 아니라 보고서 완성도 꼭 필요하다.

보고서는 수업에 들어오기 전에 미리 작성하는 예비보고서와 실험 후 결과를 토대로 작성하는 결과보고서 두 개로 구분된다. 예비보고서는 수업 전에 교재를 이용해서 미리 작성하여 수업을 잘 할 수 있도록 하기 위한 것이다. 만일 수업 중에 설명을 무슨 말인지 모른다거나 실험하는데 어떻게 해야 하는지 모른다면 먼저 예비보고서를 제대로 작성했는지 점검하기를 바란다. 만일 예비보고서를 제대로 작성했는데도 이런 일이 발생한다면 질문으로 해결하면 되는데 아마 바로 문제가 해결될 것이다. 결과보고서는 실험에서 얻은 결과를 정리해서 실험의 목적을 달성했는지 평가를 중심으로 작성해서 제출하고, 잘못된 부분이 있으면 피드백을 받고 수정 후 제출을 반복해서 보고서를 완성한다.

수업에서 보고서는 평가의 한 방법이기도 하나 더 중요한 것은 제대로 완성된 보고서를 작성하는 능력을 키우는 것이다. 학생들이 실험수업을 통해서 실험보고서를 제대로 완성한다면 졸업 후 사회에서 일하면서 보고서 작성에 어려움은 없을 것이다.

02 구성과 형식

1. 예비보고서

1) 표 지

- 표지에는 제목, 날짜, 실험자를 기록한다.

2) 실험제목

3) 개요와 목적

- 실험의 개요와 목적을 정확하게 기록한다.
- 실험의 목적이 하나 이상일 경우는 논리에 맞게 순서를 정해서 기록한다.

4) 이 론

- 실험에 사용된 배경 이론과 계산방법 등을 기록한다.
- 실험결과를 해석하는데 필요한 이론과 정보 등을 기록한다.

5) 실험장치 및 방법

- 실험에 사용된 장치설명과 사용방법을 기록한다.
- 실험방법을 순서대로 기록하고 각 실험과정에서 주의할 점들을 기록한다.
- 어떤 실험 조건변화에 따른 실험을 할 때, 조건이 실험에 미치는 영향과 고정된 조건과 변화된 조건을 순서에 맞게 체계적으로 기록한다.

6) 참고문헌

- 인용 또는 참고한 자료를 모두 기록한다.

2. 결과보고서

1) 표 지

2) 실험제목

3) 목 적

- 실험의 목적을 정확하게 기록한다.

4) 결과 및 분석

- 실험결과는 알아보기 쉽도록 표와 그래프를 이용해서 기록한다.
- 특정 조건이 있다면, 그 조건에 따른 결과를 체계적이고 논리에 맞게 기록한다.
- 계산된 결과를 표 등을 이용해서 넣을 때 계산된 데이터 중 하나는 계산방법과 계산 과정을 모두 넣어야 한다. 그래프를 넣을 때는 그래프 축의 물리량과 단위를 꼭 넣어야 하며, 그래프에서 무엇을 알 수 있는지 설명해야 한다.

5) 결 론

- 실험의 목적을 간략히 제시하고, 결과와 그에 따라 얻은 결론을 기록한다.
- 결론은 반드시 그 근거가 제시되어서 주장이 아닌 논증의 형식을 갖추어야 한다.
- 논리에 모순이 없는지, 반박의 여지가 없는지 등을 잘 살펴야 한다.

6) 참고문헌

- 인용 또는 참고한 자료를 모두 기록한다.

제대로 작성된 보고서는 서론에서 전체적인 큰 틀을 제시하고, 목적에서 실험의 이유와 목적을 분명히 한다. 실험결과의 분석 및 토의, 그리고 결론까지 하나의 일관된 목적과 그에 따른 결과와 논증을 통한 명쾌한 결론을 보여줘야 한다.

03 보고서 작성시 주의할 점

1) 표절과 날조

- 실험에 관한 논의 및 측정값 공유는 공동실험자와 함께할 수 있다. 그러나 결과값 계산 및 보고서 작성은 전적으로 각자 개별 작성해야 한다(공동실험자라도 측정값, 계산값 이외의 부분이 같으면 표절한 것으로 간주한다).
- 측정값이 자기가 실험에 참여한 조의 실험결과가 아닌(다른 조원의 것 또는 인터넷에서 내려받은 것, 자기가 실험에 참여하지 않고 보고서만 제출한 경우 등) 보고서는 날조에 해당한다.

2) 표현방법

- 보고서는 감상문이 아니므로 감정이나 느낌을 표현하면 안 된다(㉠ 재미있었다, 아쉬웠다, 유익한 실험이었다, 친구들과 같이 실험한 것이 좋았다, 앞으로 좀 더 잘해야 하겠다 등).
- 주장이 아닌 논증으로 표현해야 한다.
- 추측성 표현은 피해야 한다.
- 분석 및 토의에서 실험 이론이나 방법의 내용을 다시 설명하는 등 중복된 내용은 피해야 한다.

PART.

III 실 험

01 SparkVue 사용법과 SparkVue 프로그램을 이용해서 스마트폰의 가속도 센서 축 찾기
02 마찰계수 측정
03 일-에너지 정리
04 1차원 충돌에서 운동량 보존
05 자유낙하와 단진자를 이용한 중력가속도의 측정
06 뉴턴의 냉각법칙
07 Hare 장치를 이용한 액체의 밀도 측정
08 기주공명을 이용한 음속 측정
09 전자부품, 저항 측정, Bread Board 사용법, 저항의 직렬 · 병렬연결
10 DMM 사용법과 옴의 법칙
11 직렬 · 병렬회로에서 옴의 법칙
12 휘스톤 브리지
13 최대 전력 전달
14 오실로스코프, 함수 발생기 사용법과 교류 신호 측정
15 축전기 충전 및 방전 실험

01 SparkVue 사용법과 SparkVue 프로그램을 이용해서 스마트폰의 가속도 센서 축 찾기

1) 개요 및 목적

실험에서 데이터를 측정 · 수집하는 것은 매우 중요하며, 그 방법은 실험 환경에 따라 많이 달라진다. 지금은 디지털시대로 대부분의 자료수집은 측정기기에 내장된 디지털 장비를 이용하거나, 측정장비에 컴퓨터를 연결해서 자료를 수집한다.

이 실험에서는 디지털 센서 등 측정장치와 이 장치를 구동하는 소프트웨어인 SparkVue 프로그램 사용법과 장치의 사용법을 배워서 실제 실험에 이용할 수 있도록 한다.

2) SparkVue 사용법

SparkVue는 PASCO에서 만든 디지털 실험장치와 연결해서 실험하는 소프트웨어를 말한다.

(1) SparkVue 설치

SparkVue는 PC용과 휴대폰 또는 태블릿용이 있다. 따라서 환경과 필요에 적합한 프로그램을 설치하면 된다.

[그림 3.1.1] SparkVue 설치

안드로이드 OS를 사용하는 스마트폰 또는 태블릿은 Google Play에서 프로그램을 받아 설치하고, iOS를 사용하는 애플의 iPhone이나 iPad는 App Store에서 프로그램을 받아 설치한다. PC용은 파스코 홈페이지에서 다운로드에서 받아 설치하면 된다. 윈도 컴퓨터와 맥 컴퓨터 두 가지가 모두 지원된다.

www.pasco.com/download/sparkvue

(2) 필요한 장치

- PASCO 센서, Airlink
- SparkVue를 설치한 스마트폰, 태블릿 또는 PC

(3) 연결방법 및 순서

SparkVue를 설치한 스마트폰과 PASCO 센서는 블루투스(Bluetooth)를 이용하여 연결한다. PASCO 센서 종류에 따라 블루투스가 내장된 센서는 직접 스마트폰과 블루투스로 연결하고, 블루투스가 내장되지 않은 센서(힘 센서, 위치 센서 등)는 센서를 AirLink 장치에 연결하여 블루투스로 연결해야 한다.

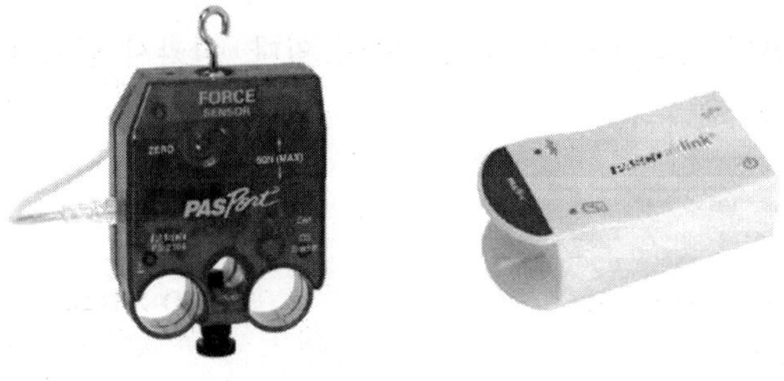

[그림 3.1.2]

① 힘 센서와 Airlink 를 연결하고 Airlink 전원을 켠다. 전원 스위치를 3초 정도 누르고 있으면 켜지고, 다시 3초 정도 누르면 장치가 꺼진다. 센서 또는 Airlink

가 켜지면 블루투스 표시 빨간색 LED가 깜빡거리며 연결 대기 상태임을 나타낸다. 블루투스가 연결되면 블루투스 표시가 빨간색에서 초록색으로 바뀌어 깜빡거린다.

② SparkVue 프로그램을 실행한다.

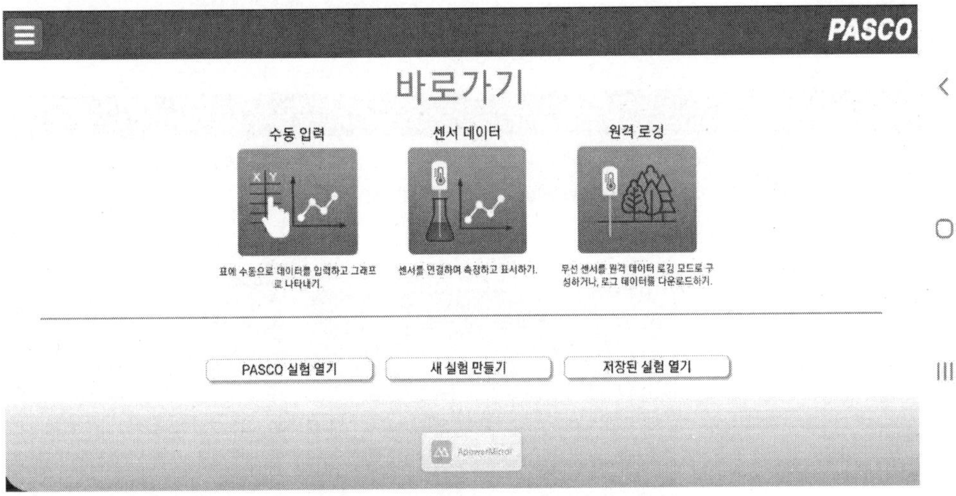

[그림 3.1.3]

③ 그림 3.1.3에서 가운데 센서 데이터를 누르면 주변에 있는 센서를 찾고 연결 가능한 센서를 그림 3.1.4와 같이 보여준다.

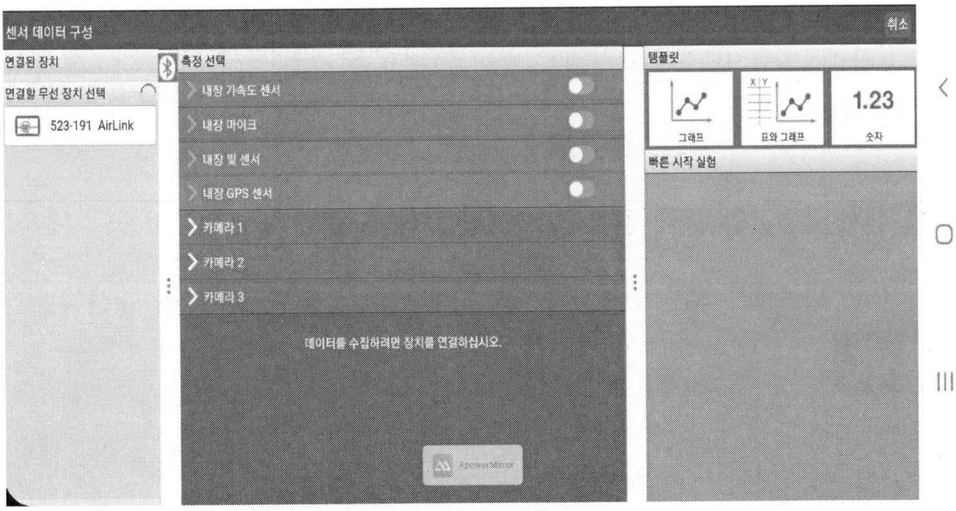

[그림 3.1.4]

④ 이때 장치의 고유번호를 확인하고 연결할 센서의 고유번호를 찾아 누르면 장치가 연결된다. (그림 3.1.5) 이때 센서 블루투스 센서가 연결된 것을 확인하고 만일 장치번호가 내 실험 테이블에 있는 장치번호와 다르면 연결된 장치의 X 버튼을 눌러서 연결을 해제하고 내 장치를 연결해야 한다. 만일 실수로 다른 테이블에 있는 장치를 연결하면 그 장치가 있는 실험 테이블에서는 장치를 연결할 수가 없어서 실험할 수 없는 상태가 된다.

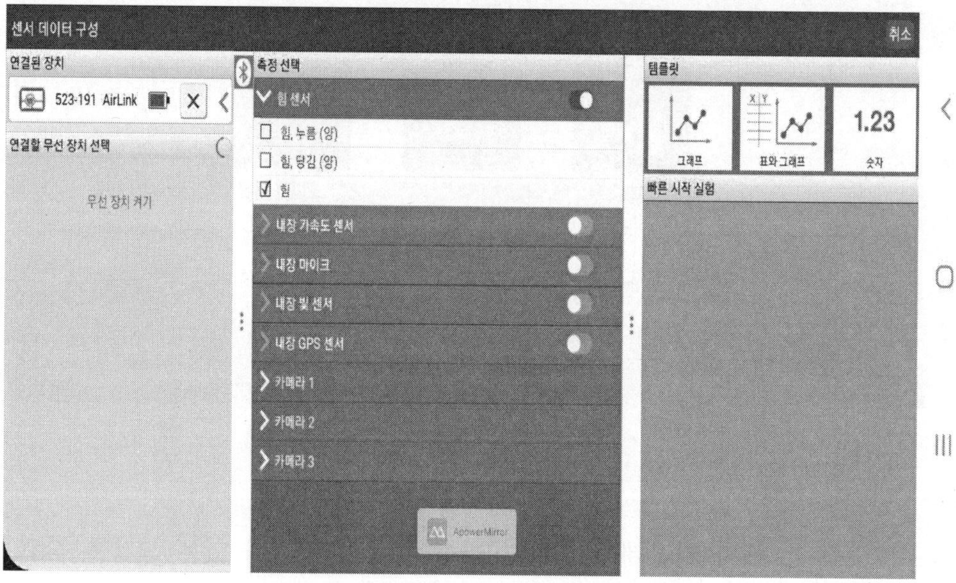

[그림 3.1.5]

⑤ 그림 3.1.5의 오른쪽 서식에서 표와 그래프를 선택하면 그림 3.1.6과 같은 창이 나타난다.

(4) 센서 측정값의 단위, 유효숫자, 표기법 설정

① 그림 3.1.6에서 오른쪽 아래에 있는 버튼 중 실험도구 버튼을 누른다.

② 그림 3.1.7에서 데이터 속성을 선택한다.

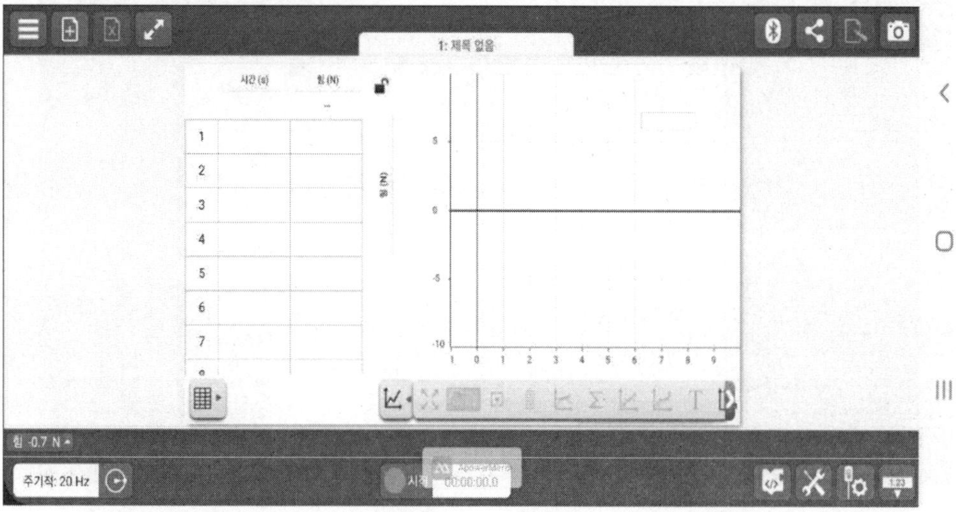

[그림 3.1.6]

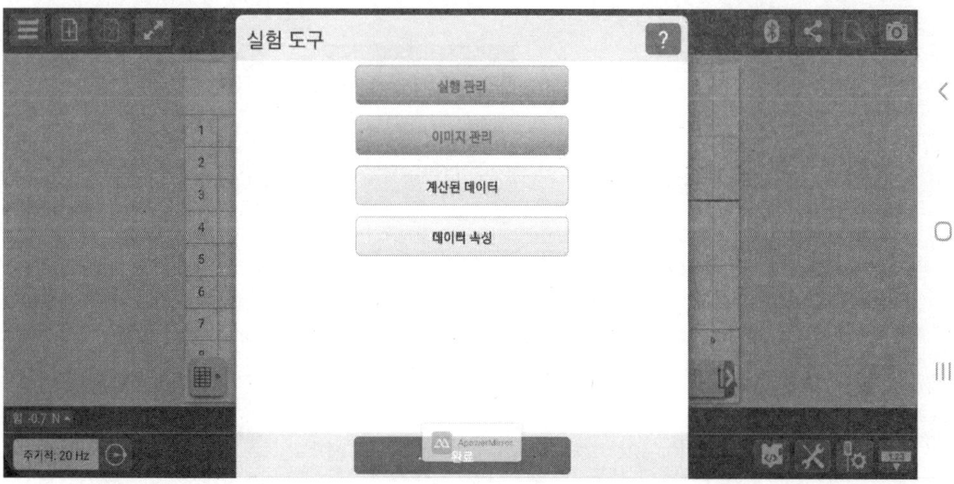

[그림 3.1.7]

③ 그림 3.1.8에서 측정값 선택을 누르면 오른쪽에 연결된 센서들이 나타나고, 여기서 설정할 센서를 선택한다. 이 경우는 힘 센서를 선택하는데 누름 힘과 당김 힘을 따로 선택할 수 있지만, 편의상 둘 다 포함된 힘을 선택한다. (그림 3.1.9)

[그림 3.1.8]

[그림 3.1.9]

④ 힘의 단위는 기본값이 뉴턴(N)이므로 그대로 두고 숫자 포맷을 선택해서 소수점 이하 자릿수를 결정한다.

[그림 3.1.10]

⑤ 뉴턴은 상당히 큰 값이므로 소수점 이하 자릿수를 6~7 정도를 선택하고 확인을 누르고 빠져나온다.

(5) 측정률(Sampling Rate) 설정

① 측정률은 1초에 몇 번 측정할 것인지를 정하는 것이다. 20 Hz는 1초에 20번 측정을 하는 것으로, 0.05초에 한 번 측정하므로 10초 동안 측정했다면 0.05초 간격으로 200개의 측정한 데이터가 기록된다. (그림 3.1.11)

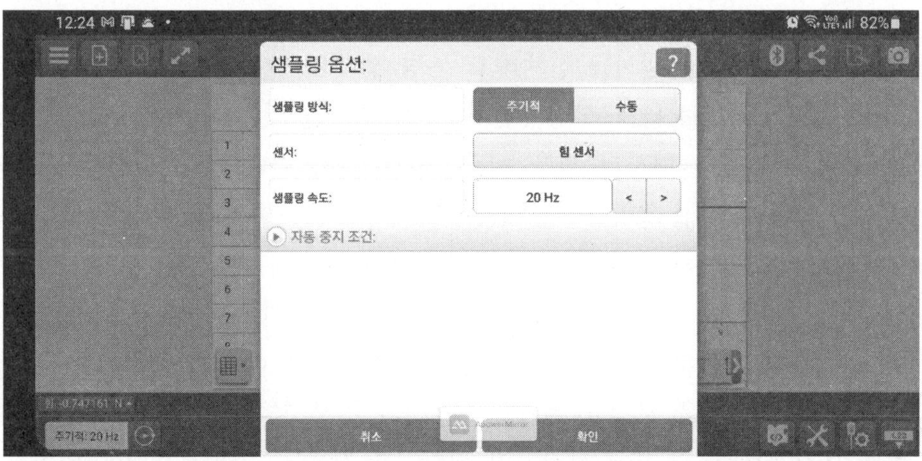

[그림 3.1.11] 측정주기 설정

② 먼저 샘플링 방식을 주기적으로 선택된 것을 확인하고, 센서의 선택이 우리가 이미 정해놓은 힘 센서가 맞는지 확인한다. 그리고 샘플링 속도를 선택하고 확인 버튼을 누르면 된다.

③ 샘플링 방식을 수동으로 설정하면 그림 3.1.6에서 가운데 아래 시작 버튼을 누르면 측정준비가 되고 표에 초록색 체크 버튼이 나타난다. 그 버튼을 누를 때 측정해서 기록한다. 측정이 다 되면 가운데 아래 빨간색 중지 버튼을 누르면 된다. (그림 3.1.12)

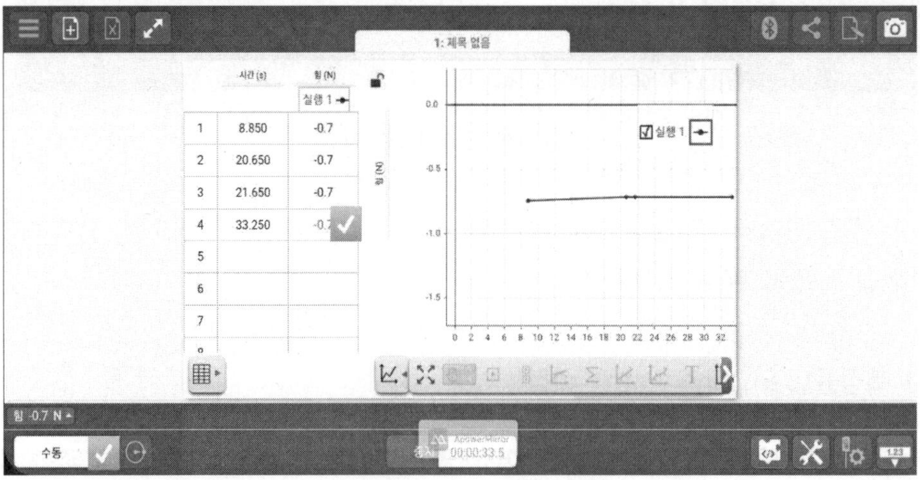

[그림 3.1.12] 수동 측정

(6) 측 정

① 프로그램에서 측정 센서를 선택하고 측정 센서의 단위와 표시 자리수를 정하고 측정방식과 측정률을 설정하면 측정준비가 된 것이다. 측정준비가 되었으면 시작 버튼을 눌러서 측정을 시작하고 측정이 끝나면 중지 버튼을 눌러서 측정을 끝낸다. 이 실험에서는 힘 센서에 당기는 힘과 미는 힘을 가하면서 측정을 한 결과이다. 그 결과는 그림 3.1.13에 있다. 여기서 주의할 점은 힘 센서의 경우 아무 힘을 가하지 않아도 힘이 0이 아니고 − 0.71 N 당기는 힘이 측정된다. 이 값은 기기 오차 값으로 측정값에 이 값만큼 더해서 보정을 해야 한다. 이 값을 보정 하는 다른 방법은 측정 전에 힘 센서의 zero 버튼을 눌러 0 값 상태를 초기에 설정하면 된다. 그 결과는 그림 3.1.14에 있다.

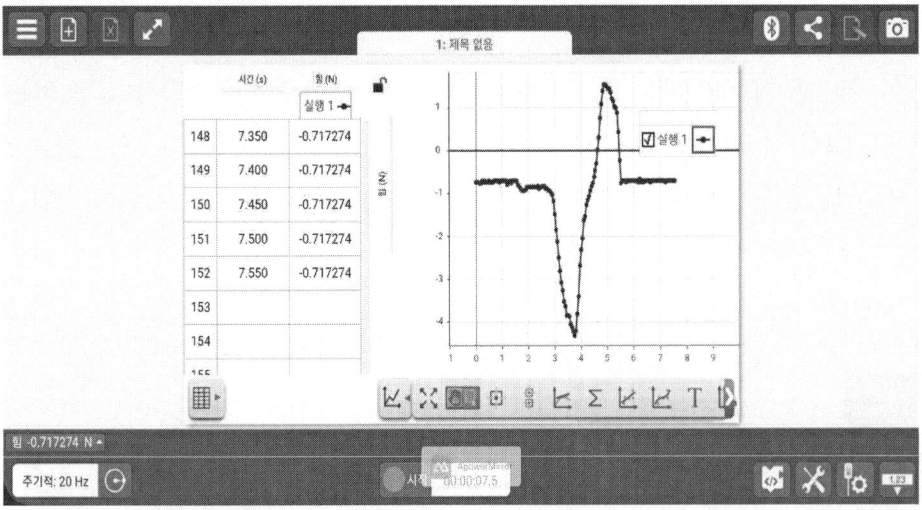

[그림 3.1.13] 힘 측정결과

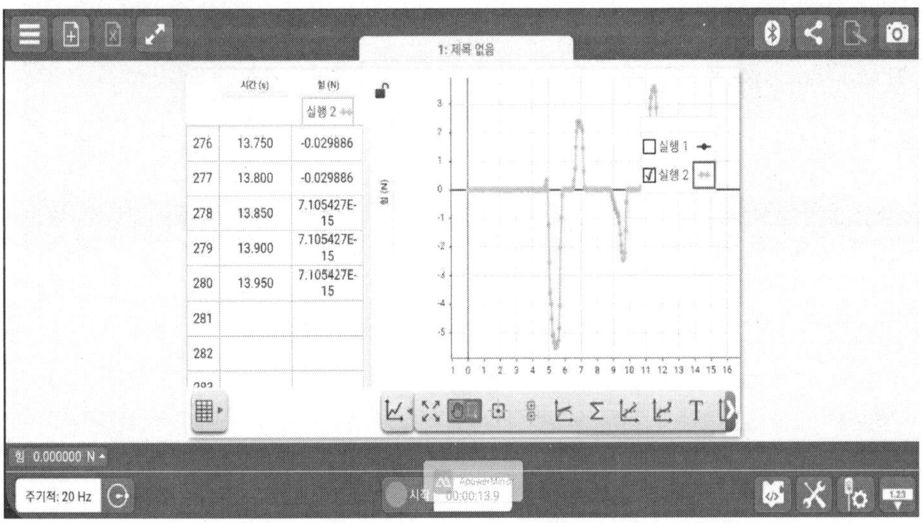

[그림 3.1.14] 힘 측정결과 (0점 보정 후 측정)

② 그림 3.1.13 또는 3.1.14에서 측정값을 기록한 왼쪽 데이터 테이블에서 첫째 행은 시간이고 둘째 행은 힘의 측정값이다. 오른쪽 그래프는 왼쪽 테이블의 데이터를 시간에 따른 측정값을 그래프로 나타낸 것으로 가로축이 시간이고 세로축이 힘 측정값이다.

(7) 실험자료(실험데이터) 보내기

실험이 끝나면 이 데이터를 PC로 보내서 엑셀 등을 이용하여 결과 분석을 하는 것이 편하다. 실험 결과를 보내는 방법은 여러가지가 있지만 이메일로 보내는 것을 추천한다. 전송방법중에 카톡도 보이지만 카톡으로 데이터 전송은 현재 지원하지 않는다. 이메일로 자료를 보내는 방법을 알아보자.

① 그림 3.1.13 또는 3.1.14에서 오른쪽 위 공유버튼을 누른다.

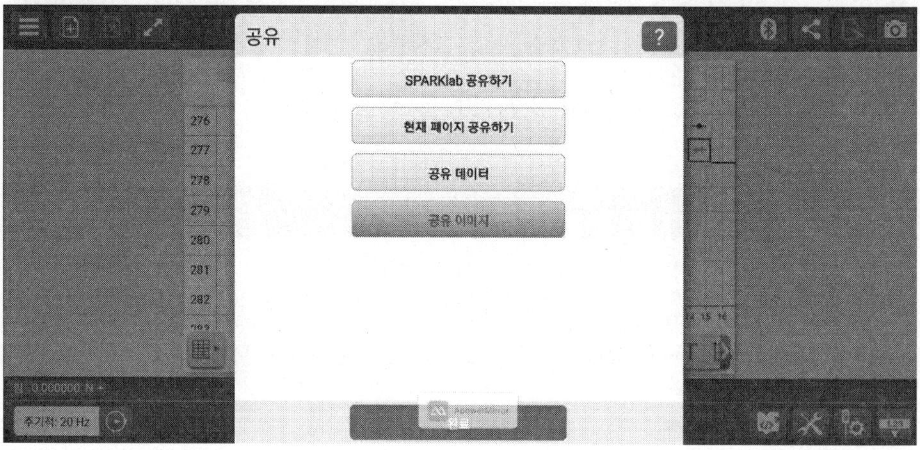

[그림 3.1.15] 실험결과 보내기(공유)

[그림 3.1.16] 실험결과 이메일로 보내기

② 그림 3.1.15가 나타나고, 이때 공유 데이터를 선택하면 연결 프로그램 창이 나타난다. 그곳에서 지메일(구글 메일)이나, 네이버 메일 등 사용하고 있는 메일을 통해 전송한다.

(8) 실험결과를 스마트폰에 저장

실험결과를 SparkVue 프로그램에서 언제든지 열어 볼 수 있도록 스마트폰에 저장하는 방법을 알아보자.

① 그림 3.1.13 또는 3.1.14에서 왼쪽 위 메뉴 버튼을 누른다.

② 이때 나타나는 메뉴는 그림 3.1.17에 있다. 저장은 기존 이름에 덮어쓰는 것이고, 저장하기는 새 이름으로 저장하는 것이 다르다. 처음 저장을 하는 경우에는 두 경우의 차이가 없다.

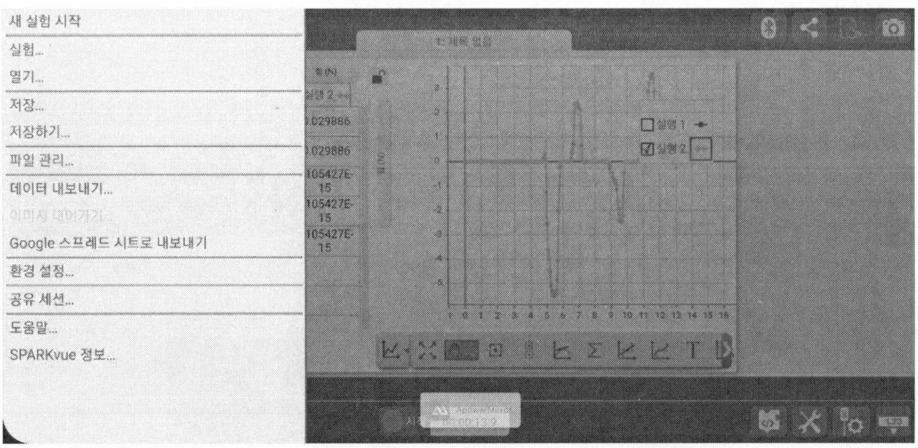

[그림 3.1.17] 실험결과 폰에 저장

③ 저장 또는 저장하기를 누르면 (그림 3.1.18) 이름을 쓸 수 있는 창이 나오고, 여기에 이름을 쓰고 확인 버튼을 누르면 저장된다.

④ 저장된 파일을 불러오려면 메뉴 → 열기에서 파일을 열면 된다.

[그림 3.1.18] 실험데이터를 파일로 저장

3) SparkVue 프로그램을 이용해서 스마트폰의 가속도 센서 축 찾기

(1) 실험방법

① SparkVue 프로그램을 실행시킨다.

[그림 3.1.19]

② 그림 3.1.19에 센서 데이터를 선택한다.
③ 측정선택에서 내장 가속도를 선택한다. 또한 가속도, X, Y, Z를 선택하고 합 벡터는 선택을 해제한다. (그림 3.1.20)
④ 그림 3.1.20에서 오른쪽의 표와 그래프를 선택한다.

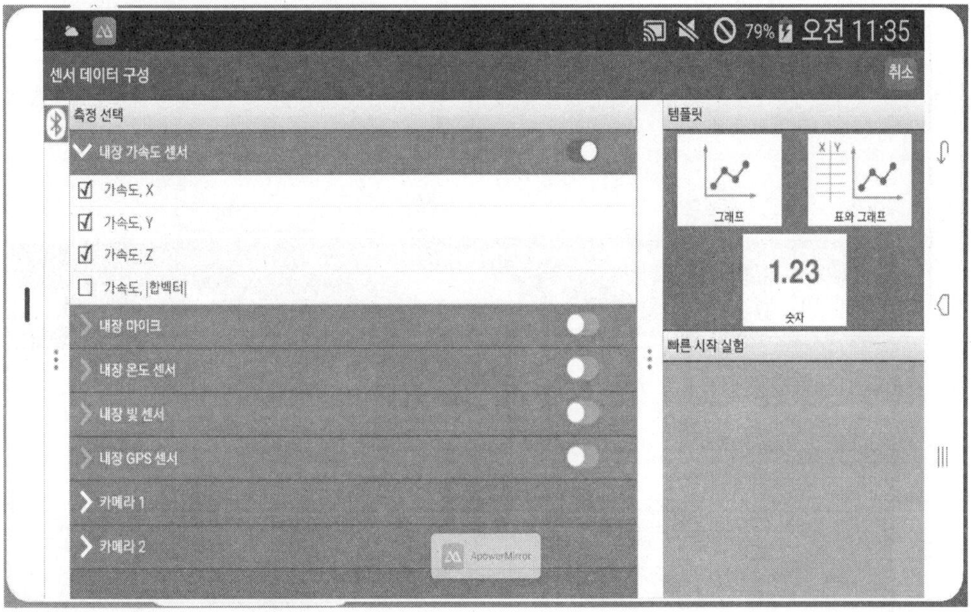

[그림 3.1.20]

⑤ 그림 3.1.21 왼쪽 아래 측정률이 20 Hz임을 확인한다. 20 Hz가 아니면 측정률을 주기적 20 Hz로 맞춘다.

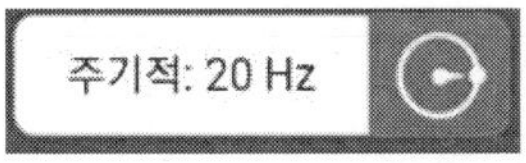

⑥ 휴대전화를 책상 위에 수평으로 놓고 책상 위에서 좌, 우, 앞, 뒤, 위, 아래로 자유롭게 움직일 수 있도록 주변에 장애물을 제거한다.
⑦ 시작 버튼을 누르고 측정을 시작한다.
⑧ 5초 정도 휴대전화를 움직이지 말고 그대로 두어 기준 자료를 수집한다.

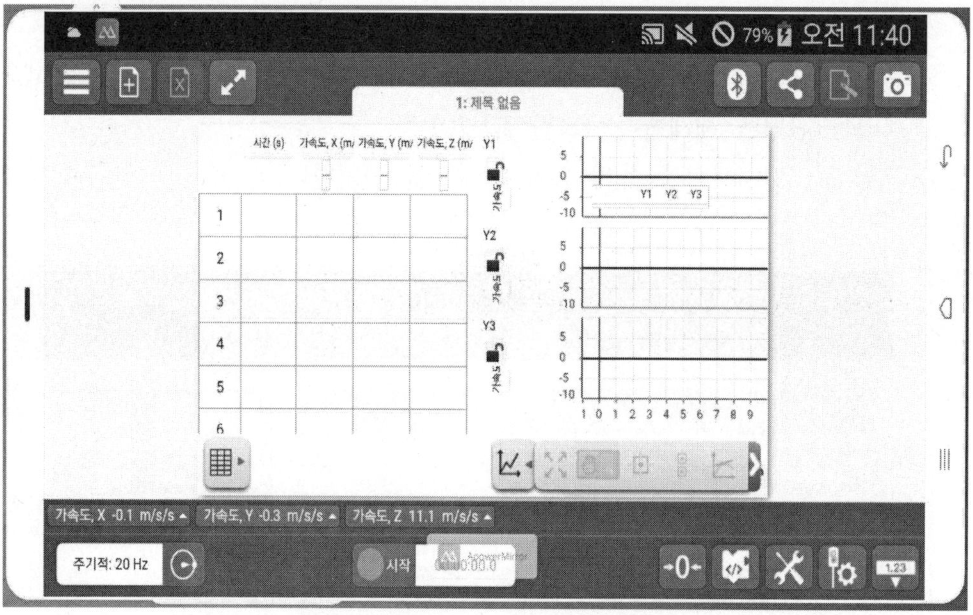

[그림 3.1.21]

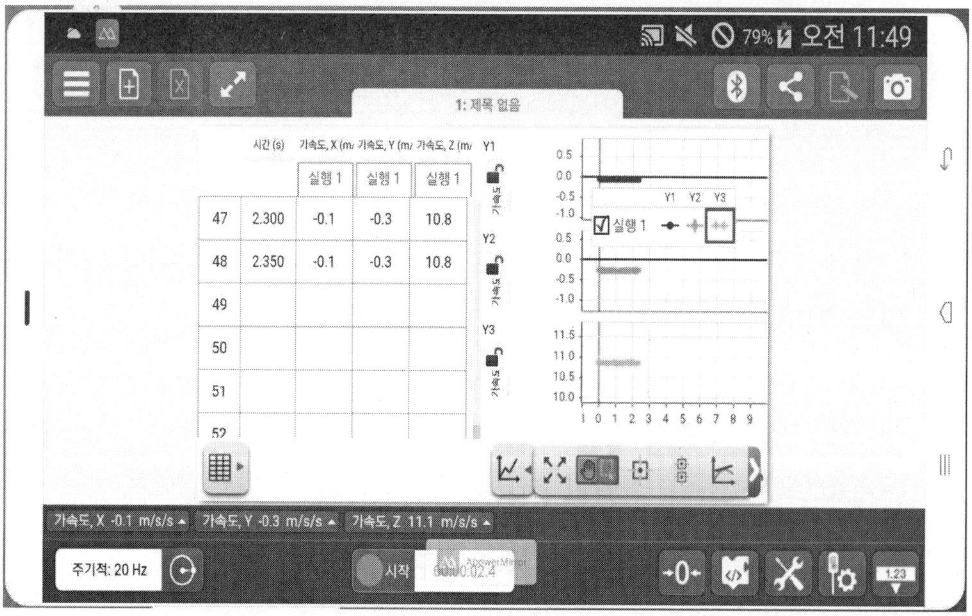

[그림 3.1.22]

⑨ 5초 후 휴대전화를 책상 위에 대고 좌우로 움직이고, 다시 5초를 정지상태로 기다린 후 앞뒤로 움직이고, 다시 5초를 기다린 후 위아래로 움직인다. (그림 3.1.23)

⑩ 정지 버튼을 누르고 데이터를 저장하고, 이메일로 전송한다.

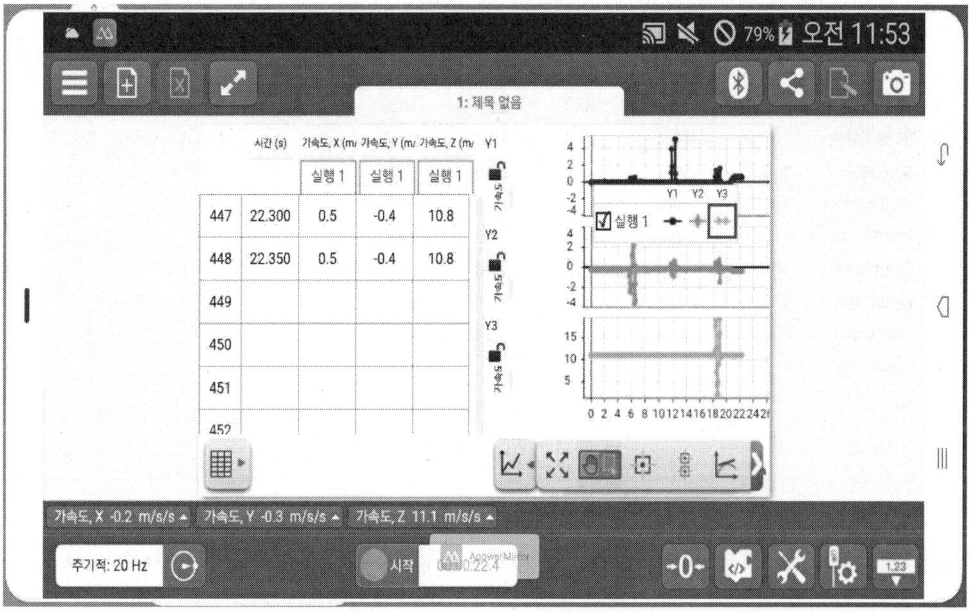

[그림 3.1.23]

(2) 엑셀을 이용한 그래프 그리기

① 이메일로 전송한 데이터는 저장된데이터.csv 이름을 갖는다.

② 엑셀에서 전송한 파일을 불러들이면 그림 3.1.24와 같다. 여기서 첫번째 행에 ?로 글씨가 깨진 것은 unicode 문제로 각 열 제목은 수정해서 넣는다. A 열은 측정 날짜와 시간이 표시된 열로 #로 표시된 것은 열의 너비가 작아서 생긴 문제이고, 열의 너비를 늘려주면 제대로 보인다. 먼저 파일 형식을 엑셀 통합문서로 저장하고 사용한다.

③ 엑셀에서 보면 A 열은 날짜와 시간이고 B 열은 측정시간(초)이다. C, D, F 열이 가속도 센서에서 읽어온 데이터로 각각 x, y, z축에 해당한다.

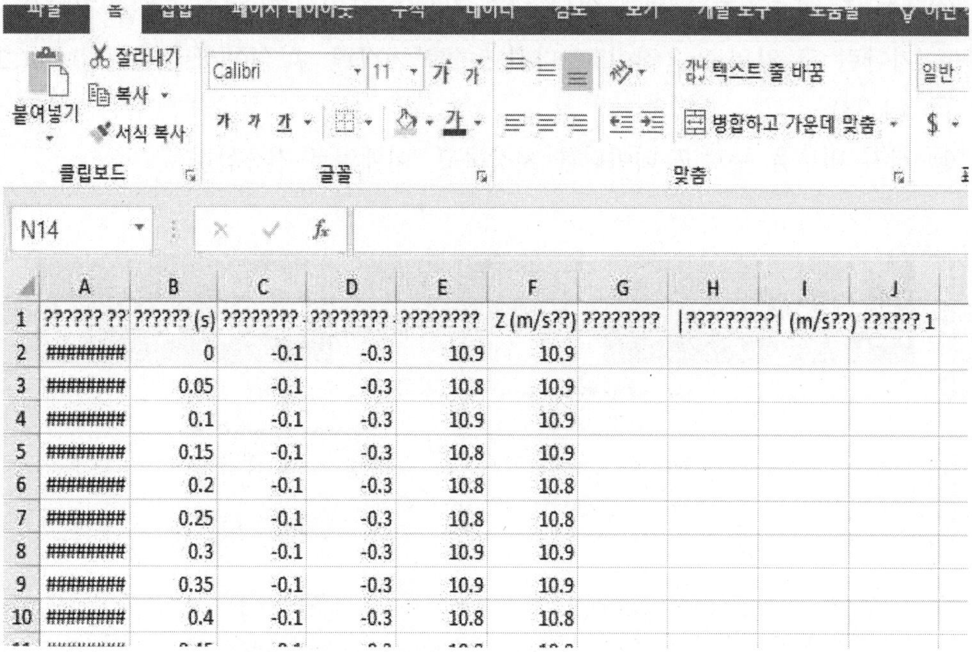

	A	B	C	D	E	F	G	H	I	J
1	?????? ??	?????? (s)	????????	????????	????????	Z (m/s??)	????????	|?????????|	(m/s??)	?????? 1
2	########	0	-0.1	-0.3	10.9	10.9				
3	########	0.05	-0.1	-0.3	10.8	10.9				
4	########	0.1	-0.1	-0.3	10.9	10.9				
5	########	0.15	-0.1	-0.3	10.8	10.9				
6	########	0.2	-0.1	-0.3	10.8	10.8				
7	########	0.25	-0.1	-0.3	10.8	10.8				
8	########	0.3	-0.1	-0.3	10.9	10.9				
9	########	0.35	-0.1	-0.3	10.9	10.9				
10	########	0.4	-0.1	-0.3	10.8	10.8				

[그림 3.1.24]

④ 먼저 각 열 이름을 바꾸고 그래프를 그리자. B 열은 시간, C 열은 가속도 센서 x 축, D 열은 가속도 센서 y 축, F 열은 가속도 센서 z 축으로 써넣는다.

⑤ 그래프를 그리기 위해 그래프에 사용할 축을 선택한다. 그래프의 x 축을 시간, y 축을 선택한 가속도 센서의 가속도 값을 선택한다. 먼저 가속도 센서 x 축에 대한 그래프를 얻어보자.

⑥ B 열과 C 열을 선택하면(B 열 B 라고 쓰인 부분을 누르고, ctrl 키를 누른 상태에서 C열 C 라고 쓰인 부분을 누른다) B, C 열 전체가 선택된 것을 볼 수 있다.

⑦ 메뉴에서 삽입 → 차트 → 분산형을 선택한다. 그러면 그래프의 x 축이 시간이 되고, y 축은 가속도 센서 x 축 값이 된다.

⑧ 같은 방법으로 가속도 센서 y (B 열과 D 열), z 축(B 열과 F 열)에 대한 그래프를 그리자. (그림 3.1.25)

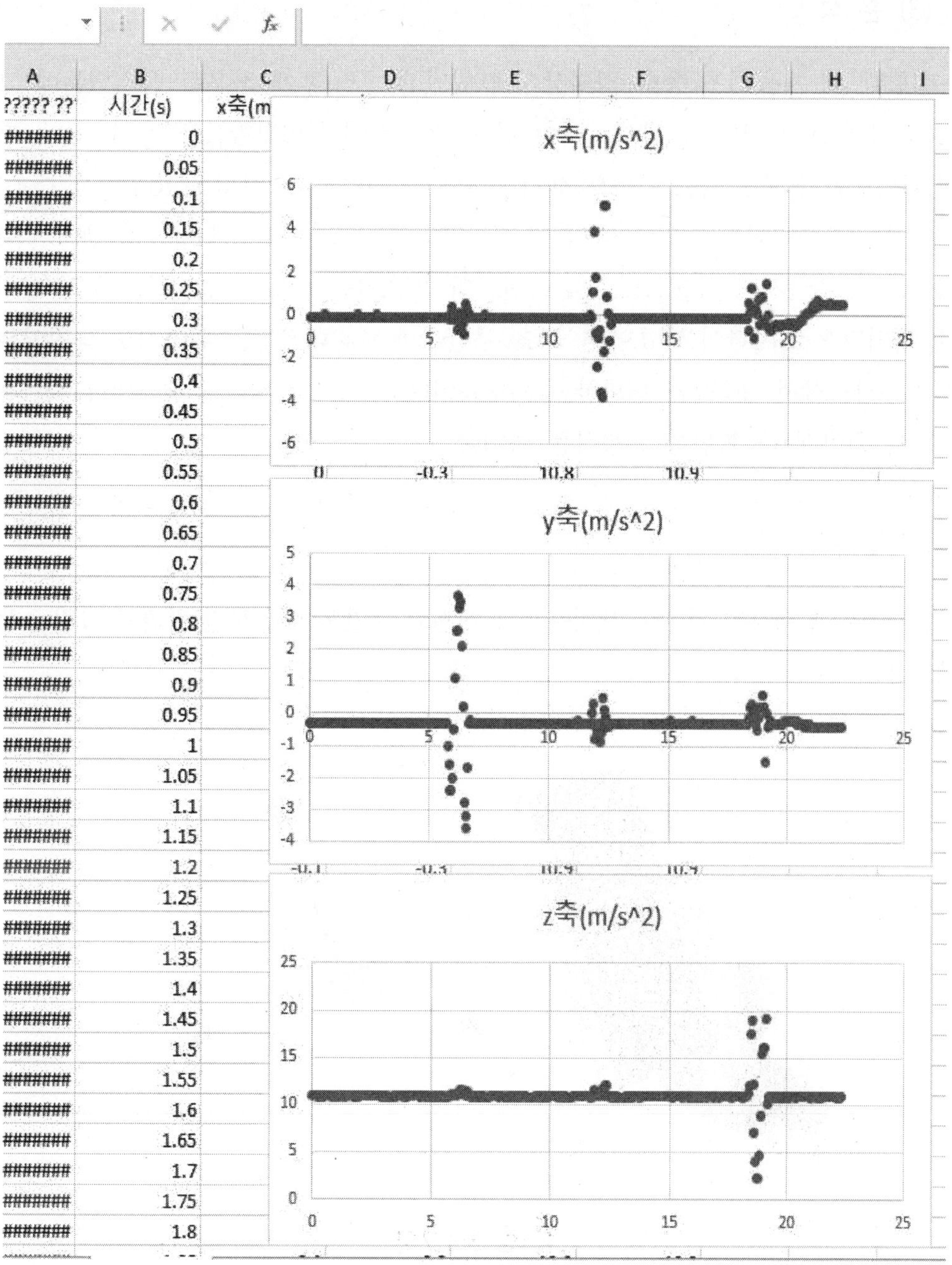

[그림 3.1.25]

(3) 분 석

실험할 때 처음 5초 동안 정지상태에 있었고, 5초 후에 좌우로 움직였는데 그림 3.1.7 그래프에서 가속도 센서 y축이 이 시간 구간에서 변화했음을 알 수 있다. 따라서 휴대전화의 좌우 축은 가속도 센서 y축에 해당한다. 두 번째로 10초에서 15초 구간에서는 휴대전화를 앞뒤로 움직였는데 그림 3.1.7 그래프에서 가속도 센서 x축이 이 시간 구간에서 변화했으므로 휴대전화의 앞뒤 축은 가속도 센서의 x축과 일치한다. 마지막으로 시간이 15초에서 20초 구간에서는 휴대전화를 위아래도 움직였는데 이때 그래프에서 가속도가 변화한 축은 z축이다. 그러므로 가속도 센서의 z축은 휴대전화의 위아래 즉 화면을 관통하는 축이다.

(4) 결 론

휴대전화에 내장된 가속도 센서축과 휴대전화 모양을 대응시킨 결과가 그림 3.1.26에 있다.

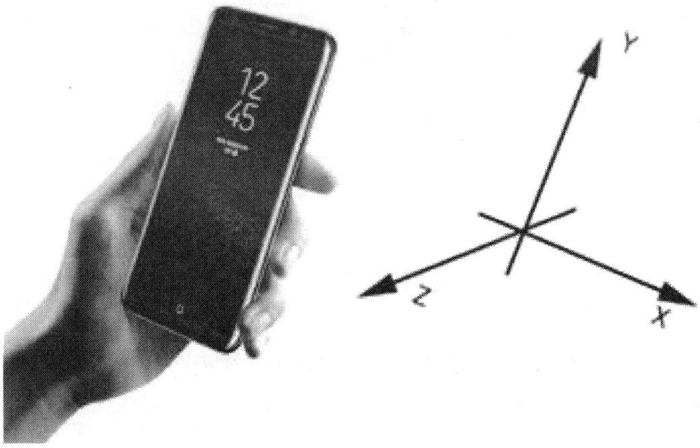

[그림 3.1.26]

02 마찰계수 측정

1) 개요 및 목적

뉴턴의 제1법칙에 따르면 어떤 물체에 외부에서 힘을 가하지 않는 한 그 물체는 운동상태를 유지해야 한다. 즉 정지해 있는 물체는 정지해 있고, 운동하고 있는 물체는 등속운동을 유지해야 한다. 그러나 우리가 사는 지구상에서는 어떤가? 바닥에 있는 물체를 밀어 이동시킬 때 한번 힘을 주어 밀어주어도 힘을 가할 때만 움직이고 힘을 가하지 않으면 물체가 운동상태를 유지하지 못한다. 따라서 물체에는 물체를 이동시키기 위해 가한 힘 외에 물체의 움직임을 방해하는 다른 힘이 존재한다는 것을 알 수 있다.

이 실험에서는 물체의 운동을 방해하는 힘인 마찰력에 대해서 그 특징과 마찰력에 영향을 미치는 요소들이 무엇인지 공부하고 실험을 통해 확인한다.

2) 배경 이론

먼저 빙판길과 보통 길에서 걷는 것을 비교해보자. 어떤 차이점이 있는가? 이것을 기초로 만일 지구상에 마찰력이 없어진다면 어떤 일이 발생할지 생각해보자. 우리는 걸을 수 있을까? 자동차는 이동할 수 있는가? 지붕 위에 기와들은 어떻게 될까? 비행기는 날 수 있을까? 등의 질문을 하고 답을 생각해보자.

(1) 마찰력

한 물체가 다른 물체와 접촉하여 상대운동을 하려고 할 때, 또는 상대운동을 하고 있을 때, 그 접촉면의 접선 방향으로 작용하여 운동을 방해하려고 하는 힘을 마찰력이라 한다.

$$f_s \le \mu_s N \quad \mu_s \text{ 정지마찰계수}$$

$$f_{s_{max}} = \mu_s N \quad \text{최대정지마찰력}$$

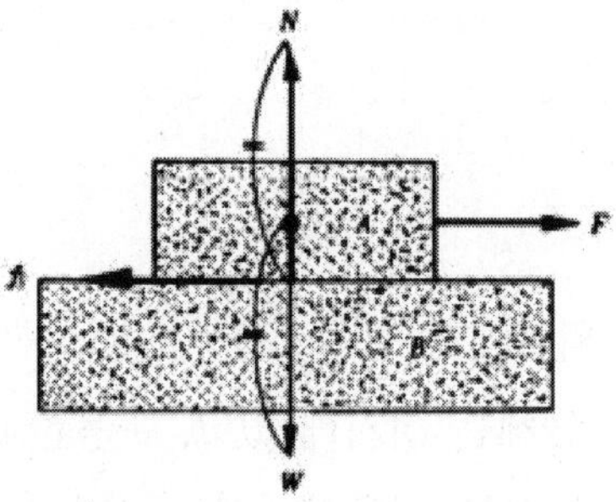

운동마찰력 $f_k = \mu_k N$

μ_k **운동마찰계수**

$\mu_k < \mu_s$

[그림 3.2.1]

마찰력의 크기는 물체의 접촉면에 작용하는 수직항력과 접촉면 사이의 마찰계수에 비례한다. 여기서 N은 바닥이 물체를 받치는 힘, 즉 수직항력으로 물체의 무게와 크기가 같고 방향이 반대인 힘이다. 마찰력은 운동을 방해하려는 힘이므로 운동 방향에 대해서 항상 반대 방향으로 작용한다.

마찰력은 운동상태에 따라 정지 마찰력과 운동 마찰력으로 나누어진다. 정지 마찰력은 외부에서 가한 힘이 물체를 운동하려 할 때 운동을 방해하는 힘으로 가한 힘과 크기는 같고 반대 방향으로 작용한다. 만일 외부에서 가한 힘이 증가하면 마찰력도 같이 증가해서 물체가 운동하지 못하나, 가한 힘이 마찰력의 최대값인 최대정지마찰력 보다 커지는 순간 운동이 시작된다. 물체가 운동이 시작되면 운동을 방해하는 마찰력은 운동 마찰력으로 바뀌게 된다. 운동 마찰력은 최대 정지 마찰력보다 작아서 일단 운동이 시작되면 처음 운동을 시작한 순간에 가한 힘보다 작은 힘으로 물체의 운동을 유지할 수 있다.

그림 3.2.2 (a) 구간에서 마찰력은 물체에 가한 힘에 비례해서 작용하는데 만일 가한 힘이 계속 증가하면 마찰력도 이에 비례해서 증가하면서 운동이 일어나지 않는다. 그러나 물체에 가한 힘이 증가함에 따라 마찰력도 최대정지 마찰력까지는 증가하지만, 가한 힘이 최대정지 마찰력보다 커지면 그 순간에 물체는 움직인다. (그림 3.2.2 (b) 구간)

이때 마찰력은 최대정지 마찰력에서 운동 마찰력으로 줄게 되어 실제 물체의 운동에 영향을 주는 힘은 물체에 가한 힘 - 운동 마찰력이 된다. (그림 3.2.2 (c) 구간)

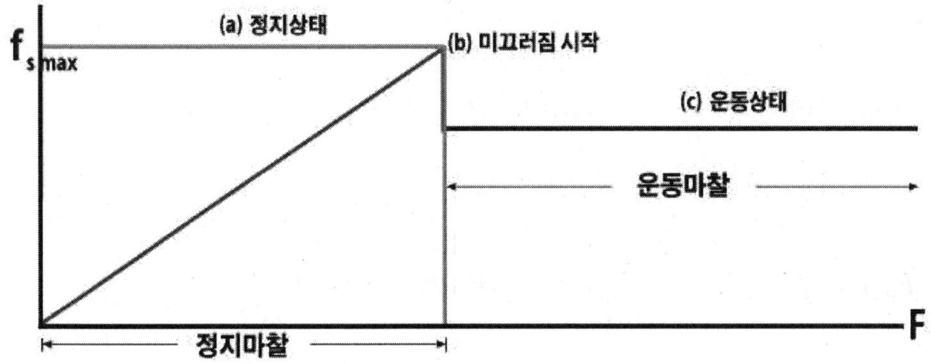

[그림 3.2.2]

$$\mu_k \langle \mu_s$$

일반적으로 운동 마찰력이 정지 마찰력보다 작으므로 운동 마찰계수가 정지마찰계수보다 작다.

(2) 경사면에서 끌어 올리는 경우의 마찰계수

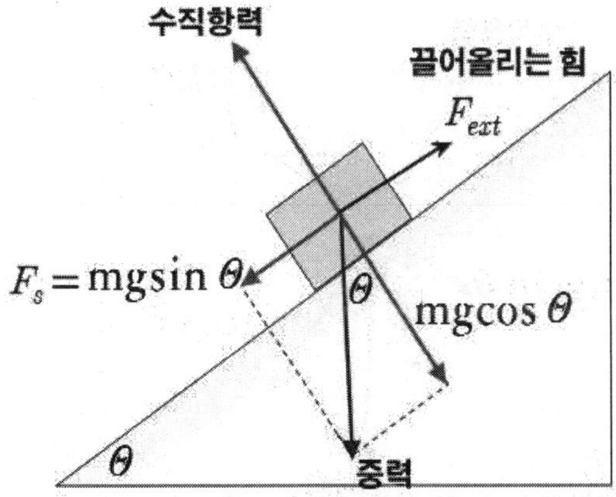

[그림 3.2.3]

그림 3.2.3에서 물체가 경사면에서 물체의 무게에 의해 미끄러져 내려가려는 힘은 F_s 이고, 끌어 올리는 힘은 F_{ext}이다. 만일 물체에 끌어 올리는 힘을 가해서 물체가 끌어 올려진다면 물체에 가해진 총 힘은 다음과 같고, 여기서 W는 중력에 의한 물체의 무게다.

물체에 가해진 총 힘 = 끌어올리는 힘 - 내려가려는 힘 - 마찰력

$$F_s = Wsin\theta \qquad f_s = \mu_s Wcos\theta$$

$$F_{ext} = f_s + F_s \qquad F_{ext} = \mu_s Wcos\theta + Wsin\theta$$

마찰력의 방향은 물체가 끌려 올라가는 방향에 반대 방향으로 물체의 무게에 의해 내려가려는 힘과 같은 방향이 된다. 따라서 마찰계수는 다음과 같이 쓸 수 있다.

$$\mu_s Wcos\theta = F_{ext} - Wsin\theta$$

$$\mu_s = \frac{F_{ext} - Wsin\theta}{Wcos\theta}$$

(3) 경사면에서 미끄러져 내리는 경우의 마찰계수

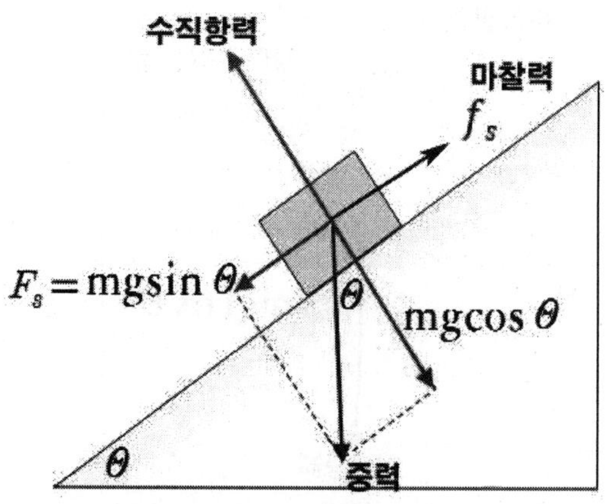

[그림 3.2.4]

미끄러져 내려갈 때 물체에 가해진 힘은 물체의 무게에 의해 내려가려는 힘과 이를 방해하는 마찰력뿐이다. 미끄러지는 순간에 두 힘이 같으므로

$$F_s = Wsin\theta \qquad f_s = \mu_s Wcos\theta$$

$$F_s = f_s$$

여기에서 마찰계수를 구하면

$$Wsin\theta = \mu_s Wcos\theta$$

$$\mu_s = \frac{Wsin\theta}{Wcos\theta} = tan\theta$$

이때 마찰계수는 미끄러지는 순간의 마찰계수이므로 최대정지마찰계수가 된다. 이 실험방법은 물체의 무게나 다른 물리량 측정 없이 미끄러지는 순간의 각 만을 측정해서 마찰계수를 알 수 있는 장점이 있다.

3) 실험장치

마찰계수 측정장치, 나무토막, 힘 센서, Airlink, SparkVue 프로그램과 스마트폰

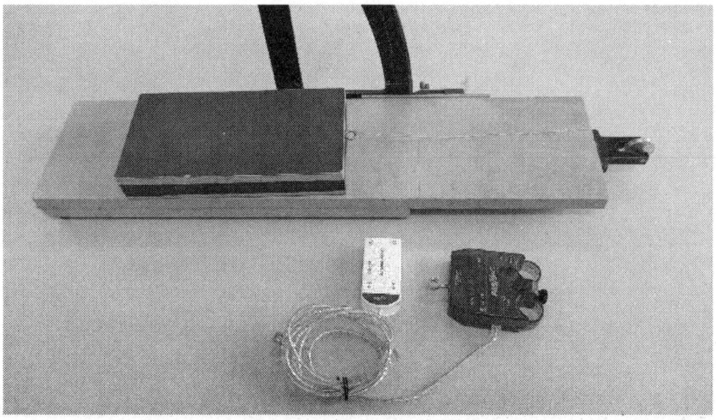

[그림 3.2.5]

4) 실험방법

(1) 수평면에서 마찰계수 측정

- 물체(나무토막)의 무게를 측정한다.
- 마찰계수 측정장치를 수평을 맞추고 물체를 놓는다.
- 힘 센서를 Airlink 모듈과 연결한다.
- SparkVue 프로그램을 실행하고, 힘 센서에 연결된 Airlink 모듈의 전원을 켠다.
- 새 실험을 시작하고 힘 센서를 찾아서 프로그램과 연결한다. 이때 Airlink 모듈 번호를 확인하고 다른 장치를 연결하지 않도록 주의한다.
- 표와 그래프를 선택해서 측정준비를 한다.
- 힘 센서는 기본적으로 뉴턴 단위로 측정되므로 측정 자릿수를 7자리로 맞춘다.
- 측정률을 20 Hz로 맞춘다.
- 힘 센서의 0점 버튼을 눌러 0점을 잡는다. (힘 센서에 0점 버튼이 없는 경우는 처음 0점을 찾는 실험을 먼저 한다.)
- (0점 찾는 실험) 힘 센서에 어떤 힘도 가하지 않은 상태에서 시작 버튼을 누르고, 약 5초간 힘을 측정한다. 이 데이터를 저장하고 이메일로 전송하여 0점 보정용 데이터로 사용한다.
- 힘 센서와 마찰력을 측정할 물체를 연결한 후 프로그램 시작 버튼을 누른다.
- 힘을 가하지 않은 상태에서 2 ~ 3초 정도 기다린 후 (0점 저장) 힘 센서를 당긴

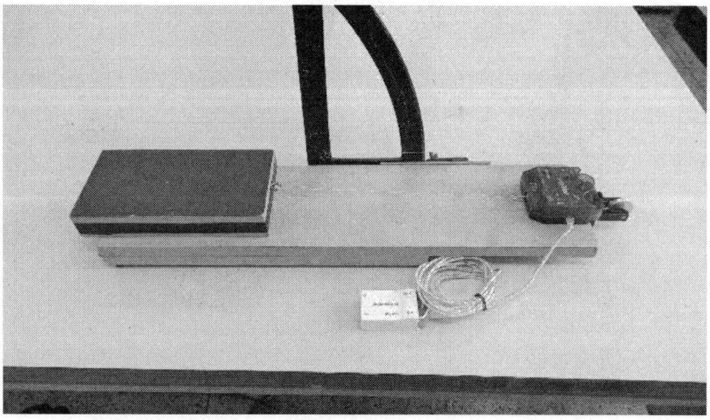

[그림 3.2.6]

다. 물체가 움직이기 시작한 후에도 계속 2초 정도 더 당겨서 운동 마찰력을 측정한다.

- 프로그램 정지 버튼을 눌러서 실험을 끝내고, 데이터를 저장한다.
- 실험을 5회 반복한 후 데이터를 저장하고, 이메일로 전송한다.

(2) 경사면에서 위로 당기면서 마찰계수측정

- 물체(나무토막)의 무게를 측정한다.
- 경사각을 25°에 맞춘다. 만일 이 각도에서 미끄러져 내릴 경우 경사각을 20° 또는 15°로 낮추어 미끄러져 내리지 않는 각도로 조정한다.
- 힘 센서를 Airlink 모듈과 연결한다.
- SparkVue 프로그램을 실행하고, 힘 센서에 연결된 Airlink 모듈의 전원을 켠다.
- 새 실험을 시작하고 힘 센서를 찾아서 프로그램과 연결한다. 이때 Airlink 모듈 번호를 확인하고 다른 장치를 연결하지 않도록 주의한다.
- 표와 그래프를 선택해서 측정준비를 한다.
- 힘 센서는 기본적으로 뉴턴 단위로 측정되므로 측정 자릿수를 7자리로 맞춘다.
- 측정률을 20 Hz로 맞춘다.
- 힘 센서의 0점 버튼을 눌러 0점을 잡는다. (힘 센서에 0점 버튼이 없는 경우는 처음 0점을 찾는 실험을 먼저 한다.)

[그림 3.2.7]

- (0점 찾는 실험) 힘 센서에 어떤 힘도 가하지 않은 상태에서 시작 버튼을 누르고 약 5초간 힘을 측정하고 이 데이터를 0점 보정용 데이터로 사용한다.
- 힘 센서가 마찰력을 측정할 물체에 연결된 것을 확인하고 프로그램 시작 버튼을 누른다.
- 힘을 가하지 않은 상태에서 2 ~ 3초 정도 기다린 후 (0점 저장) 힘 센서를 당긴다.
- 물체가 움직이기 시작한 후에도 계속 2초 정도 더 당겨서 운동 마찰력을 측정한다.
- 프로그램 정지 버튼을 눌러서 실험을 끝내고, 데이터를 저장한다.
- 실험을 5회 반복한 후 데이터를 저장하고, 이메일로 전송한다.

(3) 경사면에서 미끄러지는 각을 측정해서 마찰계수 측정

- 물체를 마찰계수 측정장치의 왼쪽 끝(경사각을 줄 때 제일 많이 올라가는 부분)에 수평으로 놓는다.
- 경사각 잠금 나사를 풀고 천천히 경사각을 증가시킨다.
- 물체(나무토막)가 미끄러지기 시작하는 위치에서 경사각 잠금 나사를 잠그고 경사각을 읽어 기록한다. (유효숫자 주의)

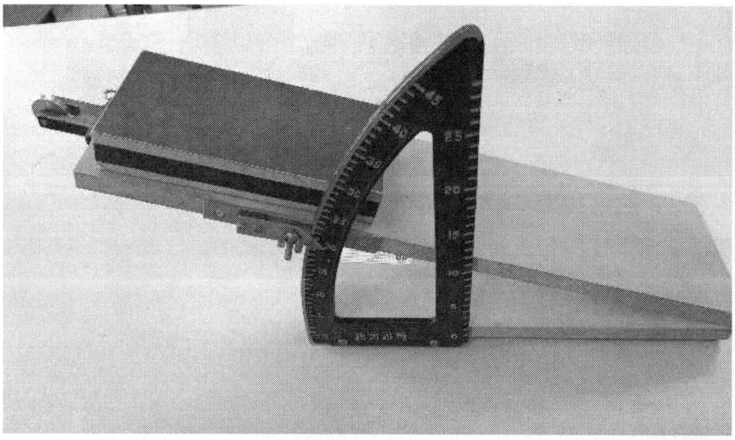

[그림 3.2.8]

5) 데이터 정리 및 계산

(1) 수평면에서 마찰계수 측정

SparkVue에서 실험데이터 파일은 CSV 형식으로 전송이 된다. 이 파일을 엑셀에서 열며 그림 3.2.9와 같이 보인다. 여기서 A, D, G, J 등 열이 ###로 나타나는 것은 셀 폭이 표시하려는 데이터보다 작아서고, 첫번째 행에 ?로 글씨가 깨진것은 unicode 문제로 각 열 제목은 수정해서 넣는다. 실험을 기록한 날짜 시간이므로 이 부분은 데이터 분석에는 필요 없다. 먼저 파일을 엑셀 통합문서로 저장 후 사용하자.

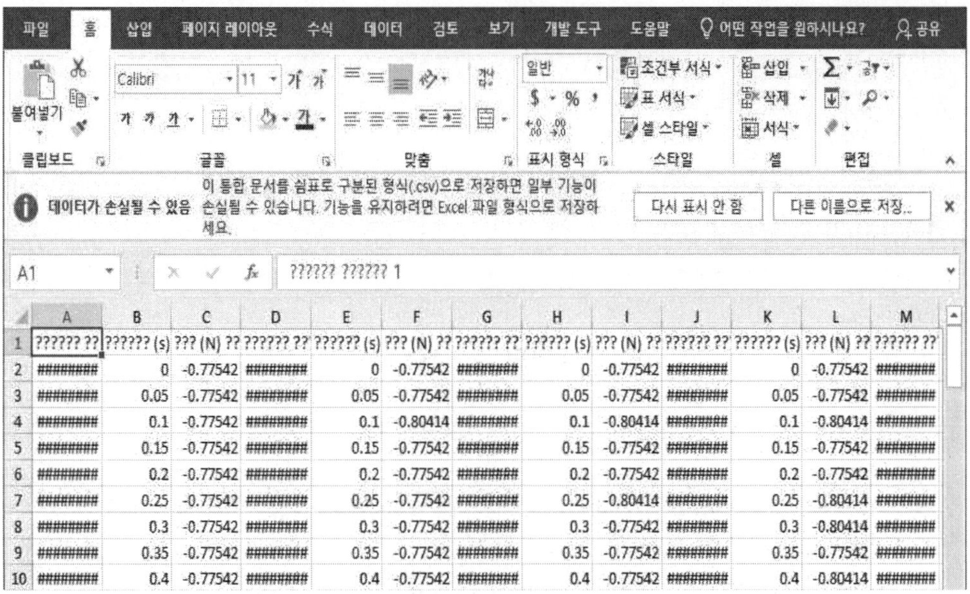

	A	B	C	D	E	F	G	H	I	J	K	L	M
1	?????? ??	??????(s)	??? (N) ??	?????? ??	??????(s)	??? (N) ??	?????? ??	??????(s)	??? (N) ??	?????? ??	??????(s)	??? (N) ??	?????? ??
2	########	0	-0.77542	########	0	-0.77542	########	0	-0.77542	########	0	-0.77542	########
3	########	0.05	-0.77542	########	0.05	-0.77542	########	0.05	-0.77542	########	0.05	-0.77542	########
4	########	0.1	-0.77542	########	0.1	-0.80414	########	0.1	-0.80414	########	0.1	-0.80414	########
5	########	0.15	-0.77542	########	0.15	-0.77542	########	0.15	-0.77542	########	0.15	-0.77542	########
6	########	0.2	-0.77542	########	0.2	-0.77542	########	0.2	-0.77542	########	0.2	-0.77542	########
7	########	0.25	-0.77542	########	0.25	-0.77542	########	0.25	-0.80414	########	0.25	-0.80414	########
8	########	0.3	-0.77542	########	0.3	-0.77542	########	0.3	-0.77542	########	0.3	-0.80414	########
9	########	0.35	-0.77542	########	0.35	-0.77542	########	0.35	-0.77542	########	0.35	-0.77542	########
10	########	0.4	-0.77542	########	0.4	-0.77542	########	0.4	-0.77542	########	0.4	-0.80414	########

[그림 3.2.9]

① 측정값 0점 보정(힘 센서에 0점 버튼이 없는 경우)

- 엑셀 파일을 보면 B · C 열은 처음 0점을 읽은 데이터이고, E · F 열은 첫번째 실험한 자료, H · I 열은 두번째 실험, 이런 순으로 기록되어 있다.
- 통합문서로 저장하고 첫 행의 이름을 넣고 B · C 열을 선택해서 그래프를 그리자.
- B라고 쓰여 있는 부분을 마우스로 선택하고 키보드 Ctrl 을 누른 상태에서 C 열을 마우스로 누르면 B와 C 열이 선택된다.

- 여기서 메뉴 → 삽입 → 차트 → 분산형을 순서대로 선택하면 그래프가 나타난다. (그림 3.2.10)

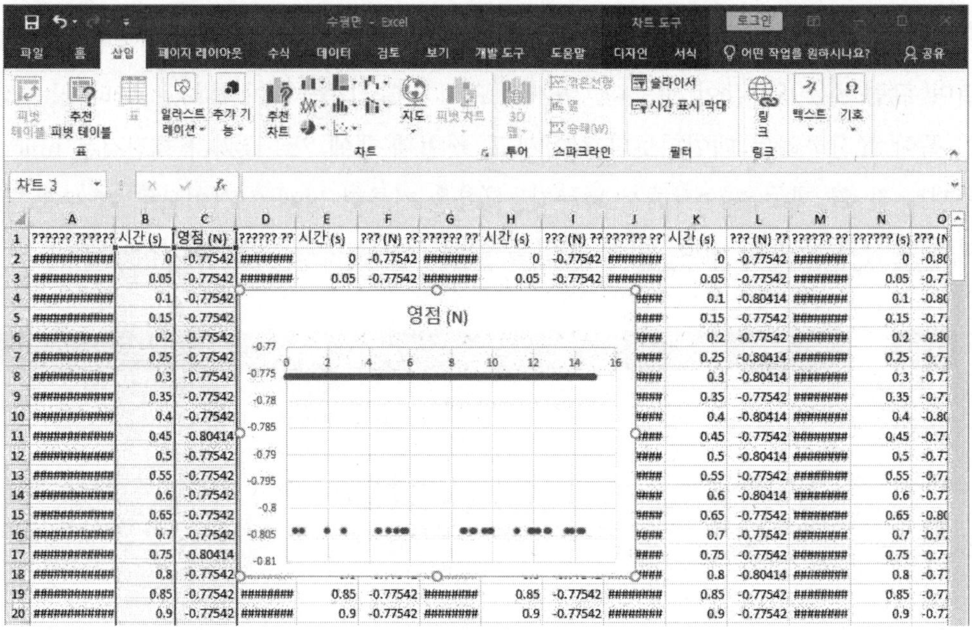

[그림 3.2.10]

- 데이터를 보면 – 0.775164와 중간마다 – 0.80414로 튄 값이 보인다. 이 경우는 – 0.80414는 잡음에 해당하므로 영점데이터를 구간 평균을 구하면 안 되고 – 0.7754164를 써야 한다.
- 이제 측정 데이터 즉 F, I 등 열의 값에서 0전에 해당하는 – 0.7754164 값을 더한다. 엑셀에는 자릿수 때문에 0.77542로 보인다. F2 셀을 선택하면 정확한 셀 값을 알 수 있다. 그래프가 더는 필요 없으면 그래프를 선택하고 키보드 Del을 눌러 삭제한다.

② 최대 정지 마찰력과 최대 정지 마찰 계수

- F 열과 G 열 사이에 새 열을 넣어서 0점이 보정된 값을 기록하자.
- G 열에 맨 위 G라고 쓴 부분을 마우스 오른쪽 버튼을 누르면 메뉴가 나타난다. 여기서 삽입을 선택하면 새로운 G 열이 생기고 이전에 G 열에 있던 것은 F 열로 모두 한 열씩 오른쪽으로 이동한다. (그림 3.2.11)

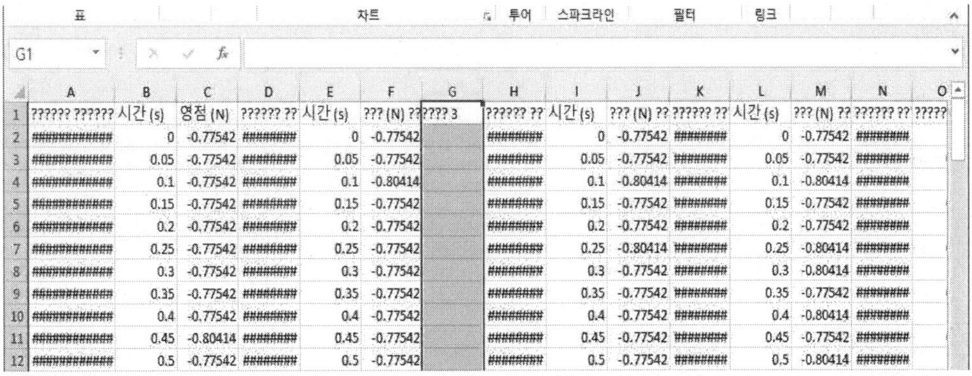

	A	B	C	D	E	F	G	H	I	J	K	L	M	N	O
1	?????? ??????	시간 (s)	영점 (N)	?????? ??	시간 (s)	??? (N) ??	???? 3	?????? ??	시간 (s)	??? (N) ??	?????? ??	시간 (s)	??? (N) ??	?????? ??	?????
2	############	0	-0.77542	########	0	-0.77542		########	0	-0.77542	########	0	-0.77542	########	
3	############	0.05	-0.77542	########	0.05	-0.77542		########	0.05	-0.77542	########	0.05	-0.77542	########	
4	############	0.1	-0.77542	########	0.1	-0.80414		########	0.1	-0.80414	########	0.1	-0.80414	########	
5	############	0.15	-0.77542	########	0.15	-0.77542		########	0.15	-0.77542	########	0.15	-0.77542	########	
6	############	0.2	-0.77542	########	0.2	-0.77542		########	0.2	-0.77542	########	0.2	-0.77542	########	
7	############	0.25	-0.77542	########	0.25	-0.77542		########	0.25	-0.80414	########	0.25	-0.80414	########	
8	############	0.3	-0.77542	########	0.3	-0.77542		########	0.3	-0.77542	########	0.3	-0.80414	########	
9	############	0.35	-0.77542	########	0.35	-0.77542		########	0.35	-0.77542	########	0.35	-0.77542	########	
10	############	0.4	-0.77542	########	0.4	-0.77542		########	0.4	-0.77542	########	0.4	-0.80414	########	
11	############	0.45	-0.80414	########	0.45	-0.77542		########	0.45	-0.77542	########	0.45	-0.77542	########	
12	############	0.5	-0.77542	########	0.5	-0.77542		########	0.5	-0.77542	########	0.5	-0.80414	########	

[그림 3.2.11]

- 셀 F2에 있는 마찰력 측정값을 영점을 보정해서 셀 G2에 (G1은 제목이므로) 넣자. 셀 G2에 다음 식 (+F2 −0.77542)을 넣는다. 그리고 이 식을 G 열에 모두 복사한다. 즉, 셀 G2를 마우스로 선택하면 셀 오른쪽 아래에 작은 네모가 보이고 이곳을 마우스 왼쪽 버튼으로 잡고 누른 상태로 아래로 드래그해서 놓으면 드래그 한 곳까지 식이 복사되어 값이 계산된다. 이렇게 F 열의 모든 값을 G 열에 보정 후 넣는다. (그림 3.2.12)
- 보정된 데이터로 그래프를 그리기 위해 시간 E 열과 마찰력 G 열을 선택한 후 메뉴 → 삽입 → 차트 → 분산형을 순서대로 선택하면 시간에 따른 마찰력 변화 그래프가 나타난다. (그림 3.2.13)

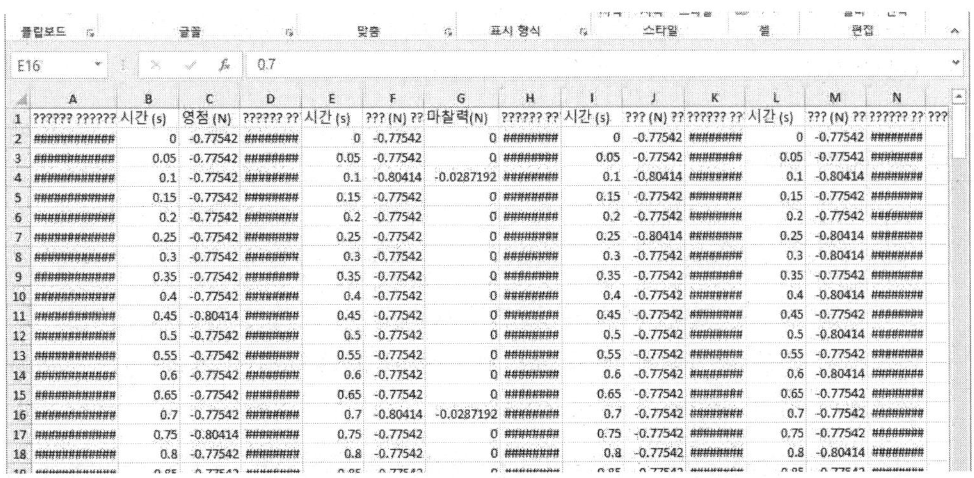

	A	B	C	D	E	F	G	H	I	J	K	L	M	N
1	?????? ??????	시간 (s)	영점 (N)	?????? ??	시간 (s)	??? (N) ??	마찰력(N)	?????? ??	시간 (s)	??? (N) ??	?????? ??	시간 (s)	??? (N) ??	?????? ??
2	############	0	-0.77542	########	0	-0.77542	0	########	0	-0.77542	########	0	-0.77542	########
3	############	0.05	-0.77542	########	0.05	-0.77542	0	########	0.05	-0.77542	########	0.05	-0.77542	########
4	############	0.1	-0.77542	########	0.1	-0.80414	-0.0287192	########	0.1	-0.80414	########	0.1	-0.80414	########
5	############	0.15	-0.77542	########	0.15	-0.77542	0	########	0.15	-0.77542	########	0.15	-0.77542	########
6	############	0.2	-0.77542	########	0.2	-0.77542	0	########	0.2	-0.77542	########	0.2	-0.77542	########
7	############	0.25	-0.77542	########	0.25	-0.77542	0	########	0.25	-0.80414	########	0.25	-0.80414	########
8	############	0.3	-0.77542	########	0.3	-0.77542	0	########	0.3	-0.77542	########	0.3	-0.80414	########
9	############	0.35	-0.77542	########	0.35	-0.77542	0	########	0.35	-0.77542	########	0.35	-0.77542	########
10	############	0.4	-0.77542	########	0.4	-0.77542	0	########	0.4	-0.77542	########	0.4	-0.80414	########
11	############	0.45	-0.80414	########	0.45	-0.77542	0	########	0.45	-0.77542	########	0.45	-0.77542	########
12	############	0.5	-0.77542	########	0.5	-0.77542	0	########	0.5	-0.77542	########	0.5	-0.80414	########
13	############	0.55	-0.77542	########	0.55	-0.77542	0	########	0.55	-0.77542	########	0.55	-0.77542	########
14	############	0.6	-0.77542	########	0.6	-0.77542	0	########	0.6	-0.77542	########	0.6	-0.80414	########
15	############	0.65	-0.77542	########	0.65	-0.77542	0	########	0.65	-0.77542	########	0.65	-0.77542	########
16	############	0.7	-0.77542	########	0.7	-0.80414	-0.0287192	########	0.7	-0.77542	########	0.7	-0.77542	########
17	############	0.75	-0.80414	########	0.75	-0.77542	0	########	0.75	-0.77542	########	0.75	-0.77542	########
18	############	0.8	-0.77542	########	0.8	-0.77542	0	########	0.8	-0.77542	########	0.8	-0.80414	########

[그림 3.2.12]

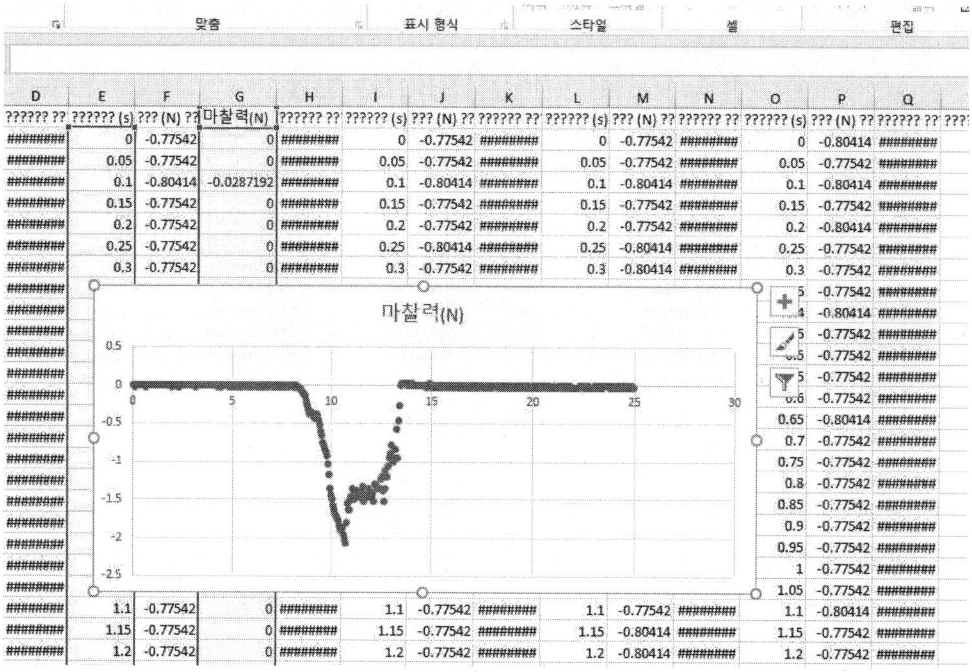

[그림 3.2.13]

- 이 그래프를 보면 마찰력이 최대가 되는 지점이 11초 근처에 있으므로 11초 근처에서 최대값을 찾으면 10.7초에서 − 2.06778 N임을 알 수 있다. 이때 − 부호는 힘의 방향이므로 최대 정지 마찰력은 2.06778 N이다.
- 최대 정지 마찰계수는 마찰력의 정의식으로 부터 최대 정지 마찰력을 마찰면에의 수직항력 크기인 물체의 무게로 나누어 그 결과를 표 3.2.1에 기록한다. (질량 550 g)

③ 운동 마찰력

- 그림 3.2.13에서 그래프를 보면 힘을 가하면 가한 힘에 따라 마찰력이 증가하다가 12초 근처에서 급격히 떨어져서 12초에서 13초 사이에서 일정한 크기로 유지됨을 볼 수 있다. 따라서 12초에서 13초 사이에서 일정한 크기로 유지된 마찰력이 운동 마찰력이 된다. 이 값을 알기 위해서는 12초와 13초 사이의 마찰력을 찾아서 평균을 구하면 된다.
- 먼저 그 구간의 그래프를 그려보면 정확히 12.75초와 13.3초 사이에 운동 마찰력이 작용했고 운동 마찰력은 평균을 통해서 구한다. (그림 3.2.14)

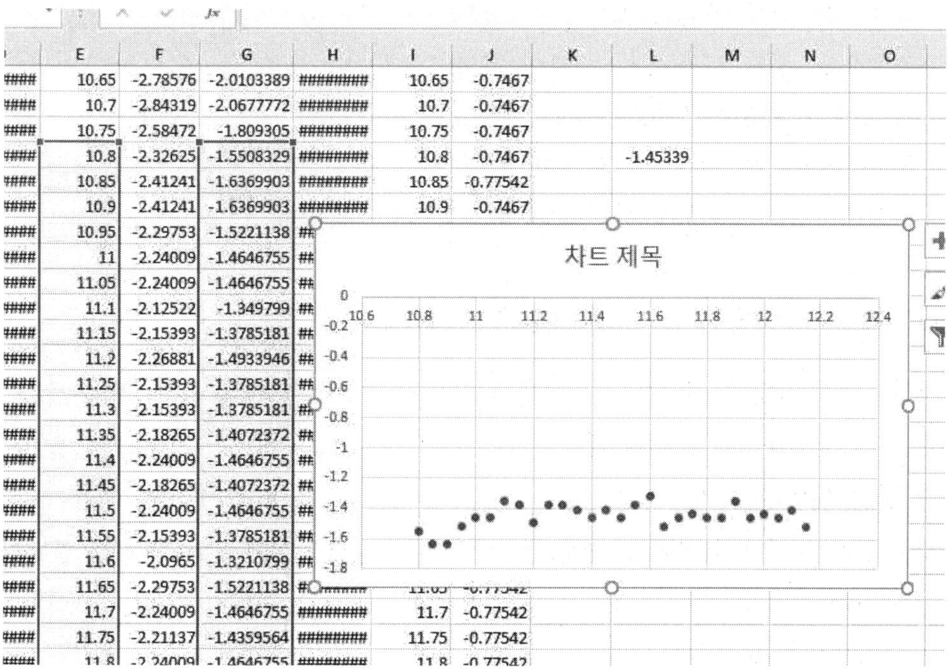

[그림 3.2.14]

〈표 3.2.1〉 수평면에서 마찰력 측정

번 호	최대 정지 마찰력(N)	운동 마찰력(N)	최대 정지 마찰계수	운동 마찰계수
1				
2				
3				
4				
5				
평 균				

• 이 시간 구간에서 운동 마찰력의 평균값을 구하기 위해 엑셀의 아무 셀에나 (여기서 그래프 바로 위 L218 셀에 넣자) 셀 구간 평균을 구하는 식 = AVERAGE(G218 : G245)를 넣으면 셀 값들의 평균값 – 1.45339 N을 얻는다. 여기서도 – 부

호는 마찰력의 방향이므로 운동 마찰력은 1.45339 N이다. 마찬가지로 운동 마찰계수는 운동 마찰력을 물체의 무게로 나누면 구할 수 있고 그 결과를 표 3.2.1에 기록한다. (질량 550 g)

- 같은 방법으로 나머지 4세트의 최대 정지 마찰력과 운동 마찰력 실험결과를 분석해서 그 결과값과 평균값을 표 3.2.1에 기록한다.

(2) 경사면에서 끌어 올리면서 마찰계수 측정

경사면에서 측정한 데이터도 수평면과 같은 방법으로 분석을 한다. 힘 센서를 보정하기 위해 영점데이터를 측정해서 0.8041356 N을 얻고, 이 값으로 측정값을 보정해서 보정된 데이터를 얻는다.

시간에 따른 마찰력 변화를 그래프로 만들면 그림 3.2.15와 같은 결과를 얻는다. 그림 3.2.15에서 최대 정지 마찰력은 6초 근처에 있으므로 정확한 값을 데이터에서 찾으면 3.24526 N을 얻는다.

운동 마찰력을 구하기 위해 6.5초에서 7.5초 구간의 힘을 그래프로 나타내면 그림 3.2.16과 같고 이 시간 구간 마찰력의 평균값을 구하면 2.79881 N을 얻는다. 이 값이 운동 마찰력이다.

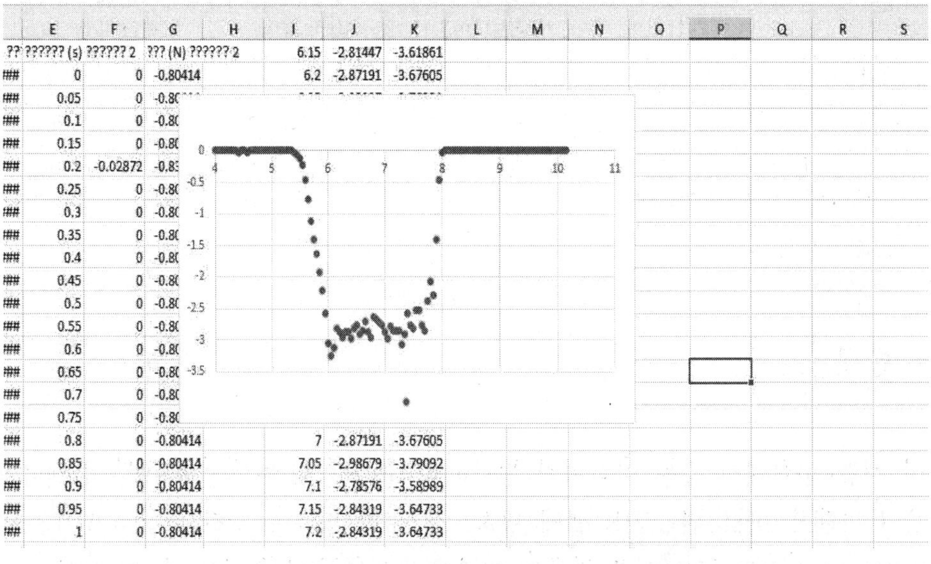

[그림 3.2.15]

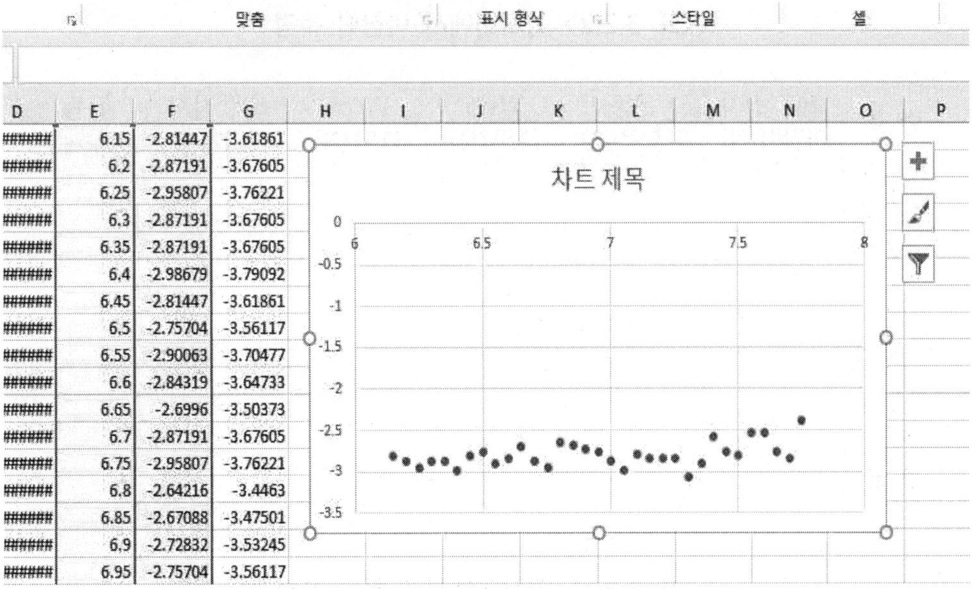

[그림 3.2.16]

경사면에서 끌어 올리는 경우이므로 다음 식을 이용해서 마찰계수를 구한다.

$$F_s = Wsin\theta \qquad f_s = \mu_s Wcos\theta$$

$$F_{ext} = f_s + F_s \qquad F_{ext} = \mu_s Wcos\theta + Wsin\theta$$

이때 물체의 질량은 550 g이고, 경사각은 15도 이다. 이 계산 결과와 평균값을 표 3.2.2에 기록한다. 같은 방법으로 나머지 4세트의 경사면에서 최대 정지 마찰력과 운동 마찰력 실험결과를 분석해서 그 결과를 표 3.2.2에 기록한다.

(3) 경사면에서 미끄러져 내려갈 때 마찰계수 측정

수평 상태에서 물체를 놓고 경사각을 증가시키면서 물체가 미끄러질 때 측정한 각도와 평균 그리고 계산 결과를 표 3.2.3에 기록한다.

〈표 3.2.2〉 경사면에서 마찰력 측정

번 호	최대 정지 마찰력(N)	운동 마찰력(N)	Wsin (15)(N)	Wcos (15)(N)	최대 정지 마찰계수	운동 마찰계수
1						
2						
3						
4						
5						
평 균						

〈표 3.2.3〉 경사면에서 마찰력 측정

번 호	미끄러진 각(°)
1	
2	
3	
4	
5	
평 균	
평균(유효숫자)	
마찰계수	
마찰계수(유효숫자)	

6) 분석 및 토의

표 3.2.3의 결과로부터 표 3.2.4를 계산해서 완성하고 분석 및 토의를 작성한다. 표 3.2.4에서 편차는 측정한 미끄러진 각에서 계산한 마찰계수 – 마찰계수 평균값으로 계산해서 기록한다.

〈표 3.2.4〉 경사면에서 미끄러질 때 최대정지 마찰계수

미끄러진 각(°)	마찰계수	편 차	편차 제곱
마찰계수 평균		편차 제곱 합	

표 3.2.5에서 수평면은 표 3.2.1의 수평에서 측정한 최대 정지마찰계수 데이터를 이용해서 작성한다. 마찰계수는 표 3.2.1의 최대정지마찰계수를 적고 편차 제곱은 마찰계수 – 마찰계수 평균의 제곱을 기록한다. 마찬가지로 경사면도 표 3.2.2에서 구한 최대정지마찰계수를 기록하고 편차 제곱은 마찰계수 – 마찰계수 평균의 제곱을 기록한다. 합은 편차 제곱의 합을 기록한다.

〈표 3.2.5〉 수평면과 경사면에서 최대정지 마찰계수 측정 차이

최대 정지 마찰계수			
수평면		경사면	
마찰계수	편차 제곱	마찰계수	편차 제곱
합		합	

표 3.2.6에는 표 3.2.2에 기록된 수평면과 경사면에서 측정한 운동 마찰계수를 기록하고 표 3.2.5와 같은 방법으로 편차 제곱을 구해서 기록하고 합을 구한다.

〈표 3.2.6〉 수평면과 경사면에서 운동 마찰계수 측정 차이

운동 마찰계수			
수평면		경사면	
마찰계수	편차 제곱	마찰계수	편차 제곱
합		합	

실험방법에 따라 측정된 마찰계수의 평균값과 편차제곱의 합을 표 3.2.7에 기록한다.

〈표 3.2.7〉 측정된 결과값 비교표

실험방법	정지 마찰계수	편차제곱 합	운동 마찰계수	편차제곱 합
미끄러 내림			-	-
수평면 당김				
경사면 당김				

같은 물체, 같은 표면에 대해 3가지 다른 방법으로 마찰계수를 측정했고, 그 결과를 표 3.2.7에 기록했다. 이 결과에서 측정방법에 따라 다른 결과를 얻었지만, 우리는 하나의 값을 선택해서 측정결과를 보고해야 한다. 보고하는 값과 선택 이유를 결론에 작성한다.

수평면에서도 물체의 무게를 늘리면 마찰력도 커져서 손으로 당길 때 더 큰 힘이 필요하게 된다. 이 경우 물체의 무게를 늘렸을 때 수평면에서 마찰력 측정 편차가 줄어드는지 확인해보자.

마찰력의 정의를 보면 마찰력은 물체와 그 물체가 닿는 표면 사이의 마찰계수와 물체의 무게 외에는 그 어떤 것도 마찰력에 영향을 주지 못한다. 정말 그런지 생각하고 검토해보자. 두 번째로 마찰력은 물체의 무게에 비례한다. 이를 확인할 실험방법을 생각해보자. 먼저 접촉면적을 생각해보자. 마찰력 정의를 보면 접촉면적과 마찰력은 관계가 없다. 그런데 접촉면적이 넓어지면 마찰력이 더 커질 것 같다. 이것을 확인할 방법을 생각하고 실험을 해서 그 결과를 보고하라. 마찰력이 물체의 무게에 비례하는지 확인할 수 있는 실험을 생각하고 실행을 해서 그 결과를 보고하라.

결과보고서 작성방법

제 목

목 적

결과 및 분석

- **수평면에서 마찰계수 측정**

- 시간에 따른 마찰력의 변화를 나타낸 그래프(그림 3.2.13에서 그래프만)를 그리고, 그래프 아래 또는 오른쪽 여백에 최대마찰력이 측정된 시간과 마찰력을 기록하고, 운동마찰력을 측정하는 시간 구간 t1과 t2를 기록하라. 또한 이 그래프에서 무엇을 알 수 있는지를 기록하라.
- 운동 마찰력을 측정하는 구간만을 그래프(그림 3.2.14에서 그래프만)를 그리고, 이 구간에서 마찰력을 평균을 구해서 운동 마찰계수를 구하고 기록하라.
- 5회 실험에 대해 위의 분석을 모두 작성한다.
- 표 3.2.1을 작성한다.

- **경사면에서 끌어 올리면서 마찰계수 측정**

- 수평면에서 마찰계수를 측정한 방법과 같은 방법으로 5회 실험에 대해서 그래프를 넣고 분석하고 결과를 기록한다.
- 표 3.2.2를 작성한다.

- **경사면에서 미끄럼 각 측정으로 마찰계수 측정**

- 표 3.2.3을 작성한다.

- **결과의 타당성 비교**

- 표 3.2.4, 표 3.2.5, 표 3.2.6을 계산해서 작성하고 표 아래에 5회 실험 중 하나는 계산을 어떻게 했는지 자세히 기록한다.
- 표 3.2.7을 작성한다.

결 론

- 목적과 결과를 보고 결론을 작성한다.
- 표 3.2.7 결과에서 측정방법에 따라 다른 결과를 얻었지만, 우리는 하나의 값을 선택해서 측정결과를 보고해야 한다. 보고하는 값과 선택 이유를 결론에 작성한다.

03 일-에너지 정리

1) 개요 및 목적

일 = 에너지 개념을 이해하고 실험으로 계에 해준 일과 역학적 에너지 변화를 측정해서 이들이 오차범위 안에서 같은지 비교해서 일-에너지 정리가 성립하는지 확인한다.

2) 배경 이론

힘은 물체의 운동상태를 바꾸는 근원이고 힘으로 운동상태가 바뀐 것은 물체의 에너지 상태 또한 달라진 것이다. 어떤 물체에 일정한 힘(F)이 가해지며 그 힘이 가해지는 동안 어느 거리를 이동했다면, 그 힘이 물체에 해준 일(W)은 가한 힘에 그 힘을 가한 동안 물체가 이동한 거리(d)를 곱하면 된다. 이때 힘과 이동거리는 벡터이므로 두벡터를 스칼라곱을 하면 그 결과는 스칼라로 일은 스칼라이다. 이것을 식으로 나타내면 다음과 같다.

$$W = \boldsymbol{F} \cdot \boldsymbol{d}$$

즉, 한 물체에 작용하는 일정한 힘으로 한 일은 물체가 움직이는 방향의 힘의 성분에 변위의 크기를 곱한 것과 같다.

$$W = \boldsymbol{F} \cdot \boldsymbol{d} = \boldsymbol{F}\boldsymbol{cos}\boldsymbol{\theta}\, d$$

단위는 [Nm] = Joule[J] = [kg m^2/s^2]

일의 단위는 J(주울)이며, 이것은 영국의 과학자 James Prescott Joule(1818~1889)을 기념하기 위하여 이름을 단위로 사용했다.

질량이 m 이고 속도가 v 인 물체의 운동에너지는 $\frac{1}{2}mv^2$ 이다. 질량이 m 인 물체가

속도 v_0 에서 v 로 가속되었을 때 물체가 지니는 운동에너지 변화는 다음과 같다. (그림 3.3.1 을 참고하라. x 는 가속이 되는 동안 이동한 거리다.)

$$F = ma, \quad a = \frac{v^2 - v_0^2}{2x}$$

$$W = Fx = m\left(\frac{v^2 - v_0^2}{2x}\right)x = \frac{1}{2}mv^2 - \frac{1}{2}mv_0^2$$

$$W = \triangle K = \frac{1}{2}mv^2 - \frac{1}{2}mv_0^2$$

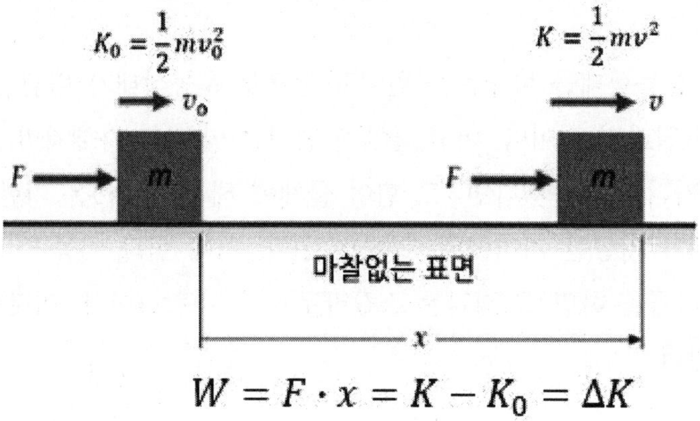

[그림 3.3.1]

운동에너지 변화량은 힘 F가 물체에 해준 일과 같고 이것은 물체의 운동에너지 변화량과 같다.

그림 3.3.2는 실험 모델을 계산하기 위한 개략적인 그림이다. 질량 m_1 인 물체가 수레이고 질량 m_2 인 물체는 추다. 실험할 때 물체에 일정한 힘을 가해야 하는데 그 방법으로 중력을 이용한다. 질량 m_2 인 물체를 수레에 매달아 낙하시키면 수레에는 m_2g 만큼 일정한 힘을 가할 수 있다. 실험의 개요도는 그림 3.3.2와 같다. 질량 m_2 인 물체를 질량 m_1 인 수레에 매달아 떨어뜨리면 수레에는 질량 m_2 의 무게만큼 일정한 힘을 가할 수 있다. 이때 질량 m_2 에는 아래 방향으로 중력이 작용하지만 위 방향

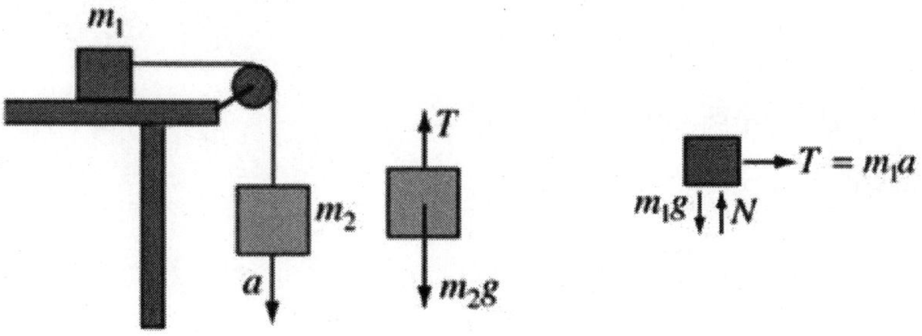

[그림 3.3.2]

으로는 수레를 당기는 줄의 장력 T가 있다. 따라서 질량 m_2 인 물체가 떨어지는 가속도를 a 라 하면 질량이 m_1 인 수레의 가속도도 a 이다. 또한 수레에 작용하는 힘은 줄의 장력 T 와 같다.

수레와 추에 대한 운동방정식을 쓰면 아래와 같이 가속도를 구할 수 있다.

$$m_2g - T = m_2a$$

$$m_2g - m_2a = T$$

$$m_2(g-a) = T \qquad T = m_1a$$

$$m_2g - m_2a = m_1a$$

$$m_2g = (m_2 + m_1)a$$

$$a = \frac{m_2}{m_2 + m_1}g$$

수레의 가속도를 알면 수레에 가해진 힘을 알 수 있다.

$$F = ma$$

이 힘으로 이동한 거리를 x 라 하면 힘이 수레에 한 일은 Fx가 된다. 또한 수레의 운동 시작점 (정지상태)에서 속도는 0 이고, 끝점에서 속도를 v 라 하면 운동에너지의 변화량은 $\frac{1}{2}mv^2$ 이 된다. 따라서 다음 수식으로부터 수레에 가해진 힘을 알 수 있다.

3) 실험장치

실험용 트랙, 실험용 수레, 도르래, 50 g 추, 100 g 추, SparkVue 위치 센서, SparkVue 프로그램

4) 실험방법

- 먼저 트랙에 수준기를 올려놓고 모든 방향으로 트랙의 수평을 맞춘다. 트랙에 수레를 올려놓고 수레가 흐르지 않는지 확인한다. (그림 3.3.3)
- 수레와 추의 질량을 측정한다.
- 트랙의 한쪽 끝에 위치 센서를 고정하고 센서가 수직이 되도록 조정한다.
- 추 걸이와 수레에 고정된 힘 센서를 추가 떨어지는 높이를 고려해서 줄로 묶는다.
- 수레와 추가 함께 잘 움직이고 움직임에 방해를 받는 것이 없는지 확인한다.
- SparkVue 프로그램을 실행시키고 힘 센서와 위치 센서를 프로그램과 연결한다.
- 측정률을 100 Hz로 설정한다.
- 프로그램으로 측정을 시작하고 수레를 움직여서 측정 범위에서 위치 데이터가 제대로 들어오는지 확인하고, 문제가 있다면 조정한다. 힘 데이터도 확인한다.
- 문제가 없고 준비가 되었다면 50 g 추를 사용하고 수레를 출발 위치에 움직이지 않도록 손으로 붙잡고 프로그램에서 측정을 시작한다.
- 처음 1 ~ 2초 정도 0점 데이터를 받고 수레를 놓아서 추가 수레를 당겨 수레가 운동하도록 한다.

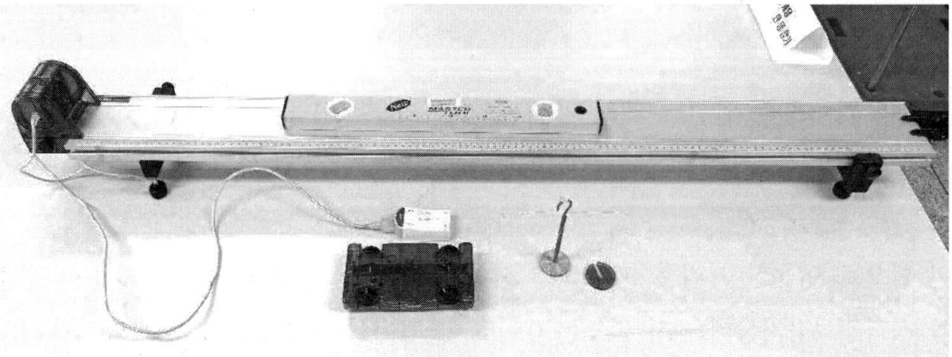

[그림 3.3.3(a)]

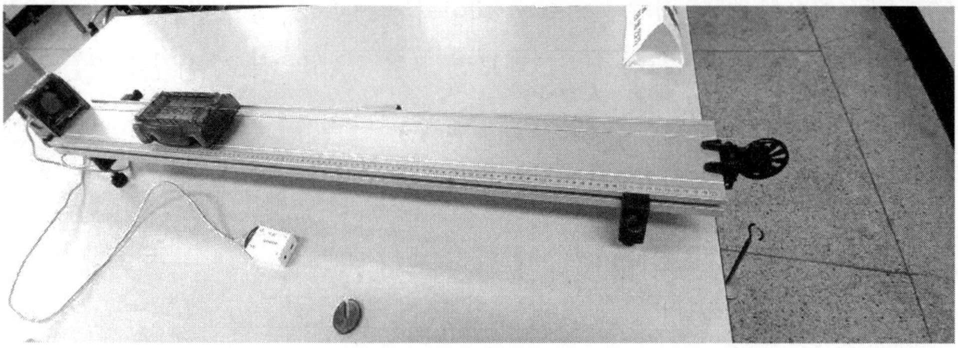

[그림 3.3.3(b)]

- 수레를 놓을 때 어떤 다른 힘이나 영향을 받지 않도록 조심해서 놓아야 한다.
- 추가 바닥에 닿거나 수레가 측정 범위를 벗어나면 바로 수레를 손으로 잡고 측정을 멈춘다.
- 이 실험을 5번 반복하고, 데이터를 저장하고 이메일로 전송한다.
- 추를 100 g 으로 바꾸어서 같은 실험을 5번 반복한다.
- 데이터를 저장하고 이메일로 전송한다.

5) 분석 및 결과

	A	B	C	D	E	F	G	H	I	J	K	L	M
1	시간 (s)	위치 (m)	속도 (m/s)			시간 (s)	위치 (m)	속도 (m/s)			시간 (s)	위치 (m)	속도 (m/
2	0	0.127				0	0.123				0	0.124	
3	0.01	0.126	-0.025			0.01	0.123	0			0.01	0.124	-0.00
4	0.02	0.126	-0.054	-2.065		0.02	0.123	0	-0.005		0.02	0.124	-2.06E-0
5	0.03	0.125	-0.066	-0.378		0.03	0.123	-1.03E-04	0.183		0.03	0.124	0.00
6	0.04	0.124	-0.061	0.891		0.04	0.123	0.003	0.402		0.04	0.124	0.00
7	0.05	0.124	-0.041	1.391		0.05	0.123	0.008	1.155		0.05	0.124	0.01
8	0.06	0.124	-0.026	1.253		0.06	0.123	0.016	2.283		0.06	0.124	0.01
9	0.07	0.124	-0.018	0.952		0.07	0.124	0.056	2.633		0.07	0.124	0.0
10	0.08	0.123	-0.009	1.032		0.08	0.124	0.092	1.187		0.08	0.124	0.02
11	0.09	0.123	-7.20E-04	1.563		0.09	0.126	0.09	-1.296		0.09	0.125	0.02
12	0.1	0.123	0.019	1.979		0.1	0.126	0.053	-2.505		0.1	0.125	0.02
13	0.11	0.123	0.048	1.442		0.11	0.127	0.017	-1.951		0.11	0.125	0.02
14	0.12	0.124	0.061	-0.141		0.12	0.127	0.014	-0.836		0.12	0.125	0.02
15	0.13	0.125	0.044	-1.57		0.13	0.127	0.012	-0.17		0.13	0.126	0.0
16	0.14	0.125	0.015	-1.792		0.14	0.127	0.008	0.536		0.14	0.126	0.01
17	0.15	0.125	1.04E-04	-1.123		0.15	0.127	0.013	1.57		0.15	0.126	0.01
18	0.16	0.125	-0.003	-0.442		0.16	0.127	0.045	1.816		0.16	0.126	0.01
19	0.17	0.125	-0.006	-0.103		0.17	0.128	0.069	0.547		0.17	0.126	0.01

[그림 3.3.4]

50 g 추를 사용한 경우 실험에서 얻은 데이터는 그림 3.3.4와 같다. 이 데이터에서 시간에 따른 위치 변화를 그래프로 그려보면 그림 3.3.5와 같고, 시간에 따른 속도의 변화는 그림 3.3.6과 같다.

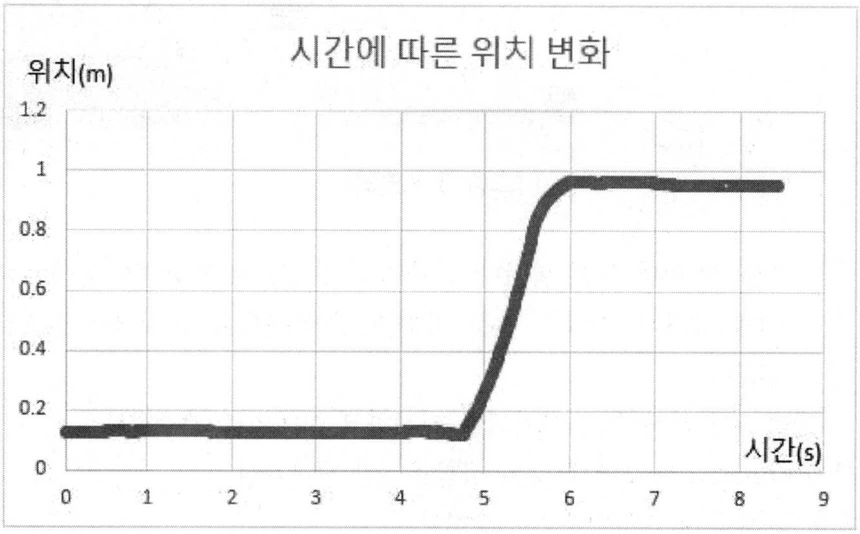

[그림 3.3.5]

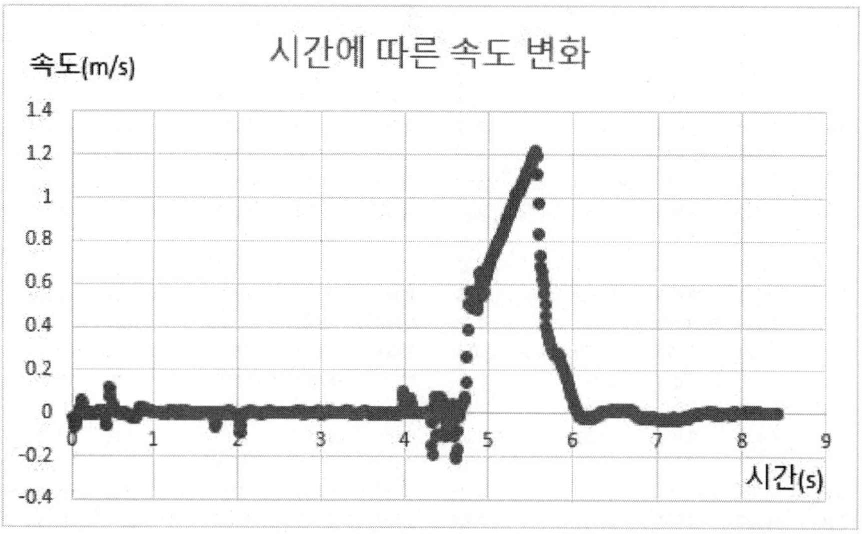

[그림 3.3.6]

그림 3.3.5 시간에 따른 위치 변화 그래프를 보면 이 운동은 등가속 운동이므로, 일정한 힘이 가해진 구간 5초에서 5.5초 사이를 보면 시간에 따른 위치 변화는 포물선 형태를 보인다.

그림 3.3.6 시간에 따른 속도의 변화 그래프에서 시간 구간이 대략 5초에서 5.5초 사이가 일정한 힘이 가해져서 등가속 운동을 한 구간임을 알 수 있다. 이 구간 외의 데이터는 필요 없고 또한 추세선을 구하기 위해서는 사용구간 데이터만을 이용해야 하므로 4.97초에서 5.5초까지의 데이터를 추출해서 만든 데이터는 그림 3.3.7에 있다.

	A	B	C	D
1	시간 (s)	위치 (m)	속도 (m/s)	
2	4.98	0.247	0.648	1.691
3	4.99	0.253	0.666	1.304
4	5	0.26	0.678	0.999
5	5.01	0.267	0.683	0.926
6	5.02	0.274	0.691	1.221
7	5.03	0.281	0.708	1.442
8	5.04	0.288	0.726	1.262
9	5.05	0.295	0.735	0.909
10	5.06	0.303	0.74	0.794
11	5.07	0.31	0.748	0.941
12	5.08	0.318	0.76	1.049
13	5.09	0.325	0.771	1.006
14	5.1	0.333	0.78	0.906
15	5.11	0.341	0.789	0.849

[그림 3.3.7]

그림 3.3.7 데이터를 이용해서 시간에 따른 속도 그래프를 그리고 추세선을 구하면 그림 3.3.8과 같다. 등속운동에서 시간에 따른 속도 그래프에서 기울기가 가속도가 되므로 추세선에서 구한 기울기가 수레의 가속도가 된다. 이렇게 얻은 수레의 가속도는 $0.978\ \mathrm{m/s^2}$이다. 측정된 수레의 질량이 438 g이므로 측정된 가속도에서 힘을 구하면 $0.438\ \mathrm{kg} \times 0.978\ \mathrm{m/s^2} = 0.428\ \mathrm{N}$을 얻는다. 측정한 가속도와 그림 3.3.2에서 계산한 가속도, 그리고 그 차이를 표 3.3.1에 나타냈다. 수레의 가속도를 계산한 값과 측정값

의 차이는 0.0258 m/s² 으로, 계산값을 기준으로 %로 환산하면 2.6 % 의 차이를 의미한다. 그림 3.3.7에 있는 데이터를 이용해서 등가속 구간의 운동에너지를 계산하자.

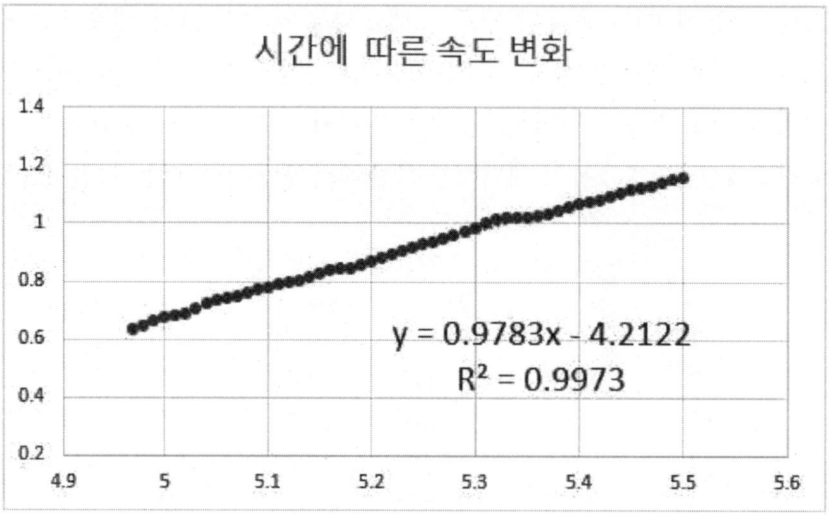

[그림 3.3.8]

〈표 3.3.1〉

실 험	1	2	3	4	5
m_1 (kg)	0.438				
m_2 (kg)	0.05				
추세선 a (m/s²)	0.9783				
계산값 a (m/s²)	1.0041				
a 차이 (m/s²)	0.0258				
a 차이 (%)	2.6				

위치1에서 시간이 4.98초일 때 위치는 0.247 m 이고 속력은 0.661 m/s이다. 위치2에서 시간은 5.48초이고 위치는 0.699 m, 속력은 1.150 m/s 이다. 두 위치에서 운동에너지는 각각 0.096 J 과 0.289 J 이 된다. 따라서 이 두 위치에서 운동에너지 차이는

0.194 J이고, 일 - 에너지 정리에 따라 이 차이가 그 이동 구간에서 힘이 해준 일과 같아야 한다. 그 구간에서 힘이 한 일은 0.193 J이 되고, 0.001 J 차이가 발생했다. 이 결과는 표 3.3.2에 있다.

〈표 3.3.2〉

실 험	1	2	3	4	5
시간 t_1 (s)	4.98				
시간 t_2 (s)	5.48				
위치 s_1 (m)	0.247				
위치 s_2 (m)	0.699				
속도 v_1 (m/s)	0.661				
속도 v_2 (m/s)	1.150				
운동에너지1 (J)	0.096				
운동에너지2 (J)	0.289				
운동에너지 차이(J)	0.194				
이동거리(m)	0.452				
일(측정) (J)	0.193				
일(계산) (J)	0.199				
w측정차이(%)	- 0.16				
w계산차이(%)	2.59				

6) 토의 및 결론

실험으로 측정한 자료를 이용한 일과 운동에너지 차이는 0.16 %로 아주 잘 일치한다. 그러나 가속도를 이론으로 계산한 것을 이용하면 차이가 2.6 % 정도로 조금 차이가 난다. 실제 중력에 의해 가해진 힘이 수레의 가속도를 만드는데 수레의 구름 저항

등으로 측정된 가속도가 2.6% 정도 작아서 발생했다. 일-에너지 정리가 잘 일치함을 실험을 통해서 확인했다.

결과보고서 작성방법

제 목

목 적

결과 및 분석

- **50g 추를 사용**

- 시간에 따른 위치 변화 그래프(그림 3.3.5 참조)를 그리고 그래프 아래 또는 오른쪽 여백에 그래프에서 무엇을 알 수 있는지 기록한다.
- 시간에 따른 속도 변화 그래프(그림 3.3.6 참조)를 그리고 그래프 아래 또는 오른쪽 여백에 그래프에서 무엇을 알 수 있는지와 등가속 운동 구간의 시간 t1과 t2를 기록한다.
- 시간에 따른 속도 변화 그래프에서 등가속운동 구간만을 잘라낸 그래프(그림 3.3.8 참조)를 그리고 추세선과 추세선 방정식을 구한다.

- **이 그래프에서 무엇을 얻었는지와 추세선 방정식에서 무엇을 얻었는지 설명**

- 5회 실험에 대해 위의 분석을 모두 작성한다.
- 표 3.3.1을 작성하고 표 아래에 5회 실험 중 하나는 계산을 어떻게 했는지 자세히 기록한다.

- **100g 추를 사용한 경우도 50g 추와 같은 방법으로 작성**

결 론

- 목적과 결과를 보고 결론을 작성한다.

04 1차원 충돌에서 운동량 보존

1) 개요 및 목적

물체의 운동상태를 알 수 있는 물리량으로 운동량이 있다. 이 실험에서는 운동량의 개념을 이해하고 운동량 보존법칙을 실험을 통해서 확인한다.

2) 배경 이론

운동량은 물체의 운동상태를 나타내는 물리량이다. 운동량은 기호 P로 표기한다. 질량이 m인 물체가 속도 v로 운동을 한다면 이 물체가 갖는 운동량은 다음과 같이 정의한다.

$$P = mv$$

운동량의 단위는 kg m/s이다. 운동량에는 선형운동에 있는 선운동량과 회전운동에 존재하는 각운동량이 있는데 여기에서는 선운동량만을 다룬다.

(1) 힘과 운동량

물체의 운동상태는 운동량으로 표현되고, 물체의 운동 상태를 변화시키기 위해서는 힘이 필요하다. 따라서 운동량과 힘 사이의 관계를 살펴보면 다음과 같다.

$$F = ma, \quad a = \frac{v_2 - v_1}{\Delta t}$$

따라서 $F = ma = \dfrac{mv_2 - mv_1}{\Delta t} = \dfrac{P_2 - P_1}{\Delta t} = \dfrac{\Delta P}{\Delta t}$이다. 즉, 힘은 시간에 따른 운동량의 변화량이고, 이 식을 미분 형태로 다시 쓰면 다음과 같다.

$$F = ma = m\frac{dv}{dt} = \frac{d}{dt}(mv) = \frac{dP}{dt}$$

$$F = \frac{dP}{dt}$$

운동량보존법칙은 '만일 $F = 0$ 이면 P는 일정하다.' 이다. 즉, 외부에서 물체에 힘을 가하지 않으면 그 물체의 운동상태는 변하지 않는다.

(2) 충 돌

충돌에는 탄성충돌과 비탄성충돌 두 가지가 존재한다. 운동량은 두 경우 모두 보존되어 운동량보존법칙은 탄성충돌과 비탄성충돌 모두에서 성립한다. 그러나 운동에너지는 탄성충돌의 경우만 보존되어 탄성충돌의 경우 역학적 에너지 보존법칙이 성립하지만, 비탄성충돌의 경우에 역학적 에너지 보존법칙은 성립하지 않는다.

(3) 탄성충돌에서 운동량과 운동에너지

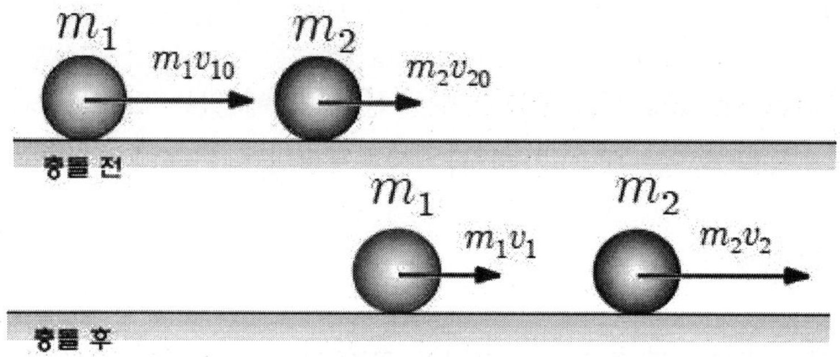

[그림 3.4.1]

충돌 전 두 물체의 속력을 각각 v_{10}, v_{20} 충돌 후 두 물체의 속력을 v_1, v_2 라고 정하자.

운동량 보존 : $P = m_1v_{10} + m_2v_{20} = m_1v_1 + m_2v_2$

운동에너지 보존 : $K = \frac{1}{2}m_1v_{10}^2 + \frac{1}{2}m_2v_{20}^2 = \frac{1}{2}m_1v_1^2 + \frac{1}{2}m_2v_2^2$

따라서 충돌 후 두 물체의 속력은 다음과 같다.

$$v_1 = \left(\frac{m_1 - m_2}{m_1 + m_2}\right)v_{10} + \left(\frac{2m_2}{m_1 + m_2}\right)v_{20}$$

$$v_2 = \left(\frac{2m_1}{m_1 + m_2}\right)v_{10} - \left(\frac{m_1 - m_2}{m_1 + m_2}\right)v_{20}$$

여기서 질량 m_2는 정지해 있는 특별한 경우를 생각해 보자. 즉 v_{20}가 0인 경우 이다.

① 두 물체의 질량이 같은 경우

$$m_1 = m_2 = m$$

$$v_1 = -\frac{0}{2}v_{10} = 0 \qquad v_2 = \frac{2}{2}v_{10} = v_{10}$$

충돌 후 운동하던 물체는 정지하고 정지해 있던 물체는 운동하던 물체와 같은 속력으로 충돌 전 운동하던 물체가 운동하던 방향으로 운동한다. 충돌 전후의 운동량을 비교해보면 다음과 같다.

$$m_1v_{10} = m_1v_1 + m_2v_2 = 0 + m\frac{2}{2}v_{10} = mv_{10}$$

두 물체의 질량 같으므로 충돌 전후의 운동량이 같으므로 운동량 보존법칙이 성립한다.

② 앞의 물체(처음 운동을 시킨)가 정지해 있는 물체 질량의 ½인 경우

$$m_1 = m, \qquad m_2 = 2m$$

$$v_1 = -\frac{1}{3}v_{10} \qquad v_2 = \frac{2}{3}v_{10}$$

운동하던 물체는 그 속도의 1/3로 운동하던 방향과 반대 방향으로 튕겨 나오고 충돌 전 정지해 있던 물체는 운동하던 물체의 2/3 속력으로 충돌 전 운동하던 물체가

운동하던 방향으로 운동한다. 충돌 전후의 운동량을 비교해보면

$$m_1 v_{10} = m_1 v_1 + m_2 v_2 = -m\frac{v_{10}}{3} + 2m\frac{2}{3}v_{10} = mv_{10}$$

이므로 운동량이 보존된다.

③ 앞의 물체(처음 운동을 시킨)가 정지해 있는 물체 질량의 2배인 경우

$$m_1 = 2m, \qquad m_2 = m$$

$$v_1 = \frac{1}{3}v_{10} \qquad v_2 = \frac{2}{3}v_{10}$$

충돌 전 운동하던 물체는 충돌 후 운동하던 방향으로 처음 속도의 1/3의 속도로 진행하고 충돌 전 정지해 있던 물체는 충돌 후 운동하던 물체의 2/3 속력으로 충돌 전 운동하던 물체가 운동하던 방향으로 운동한다. 충돌 전후의 운동량을 비교해보면 다음과 같다.

$$m_1 v_{10} = 2mv_{10} = m_1 v_1 + m_2 v_2$$
$$= 2m\frac{v_{10}}{3} + 2m\frac{2}{3}v_{10} = 2mv_{10}$$

따라서 운동량이 보존된다.

3) 실험장치

충돌 실험용 트랙, 충돌 실험용 수레, SparkVue 위치 센서, SparkVue 프로그램

4) 실험방법

- 충돌 실험용 트랙의 수평을 맞춘다.
- 수레의 질량을 측정하고 수레 무게를 늘릴 나무토막을 끼우고 질량을 측정한다.

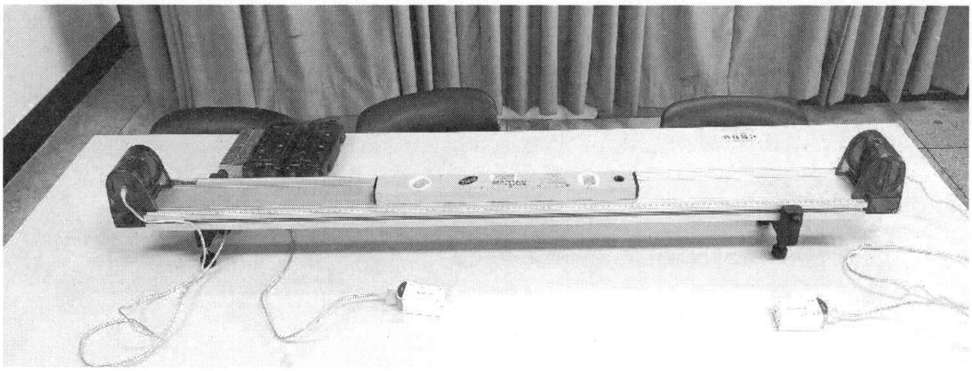

[그림 3.4.2] 충돌 트랙의 수평 조정

- 먼저 두 수레의 질량이 같은 경우에 실험하고 한번은 앞 수레에 나무토막을 끼워 앞 수레가 무겁게 해서 실험하고 마지막으로 앞 수레는 나무를 빼고 뒤 수레에 나무를 끼워 뒤 수레를 무겁게 해서 실험을 한다.
- 위치 센서의 위치를 확인하고, 위치 센서가 정확하게 수직으로 정렬되었는지 확인한다. 만일 위치 센서가 정확하게 수직으로 놓이지 않으면 수레가 멀어지면 수레를 검출하지 못해서 데이터에 문제가 발생하므로 주의해야 한다.
- 두 수레의 좌석이 있는 쪽이 충돌하도록 방향을 잡아서 트랙 위에 놓는다.
- 위치 센서 AirLink 장치를 켜고 프로그램을 실행시켜 위치 센서 두 개를 모두 설정한다.
- 위치 센서 데이터 자릿수를 4자리까지(0.1 mm) 설정한다.
- 측정 주기를 0.01 초, 즉 측정 주파수를 100 Hz로 설정한다.
- 프로그램을 실행시키고 손으로 수레를 양쪽 끝까지 움직여서 수레의 위치를 제대로 읽는지 확인을 한다.
- 충돌 전에 정지 상태에 있는 수레를 트랙의 중간위치에 놓는다.
- 운동을 시킬 수레를 한쪽 끝에 위치시킨다.
- 측정을 시작하고 두 두레 위치 데이터를 모두 읽기 시작하면 1초 정도 자료를 수집 후 수레를 손으로 밀어서 충돌을 일으킨다. 수레를 밀 때 손으로 오래 붙들고 있으면 안 되고 트랙의 끝부분에서 살짝 손가락으로 수레를 밀어 운동을 시킨다.
- 충돌이 일어난 후 1 ~ 2초 정도 자료를 수집한 후에 프로그램을 정지시킨다.
- 이 실험을 5회 반복하고 데이터를 저장한 후 이메일로 전송한다.

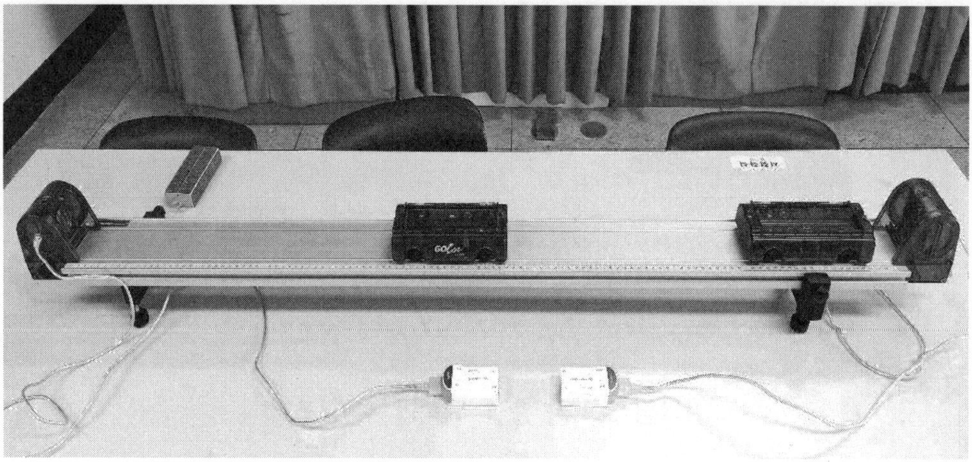

[그림 3.4.3] 질량이 같은 두 수레의 충돌

- 그림 3.4.4와 같이 오른쪽 수레에 나무토막을 올려서 질량을 늘려서 같은 실험을 5회 반복하고 데이터를 저장한 후 이메일로 전송한다.

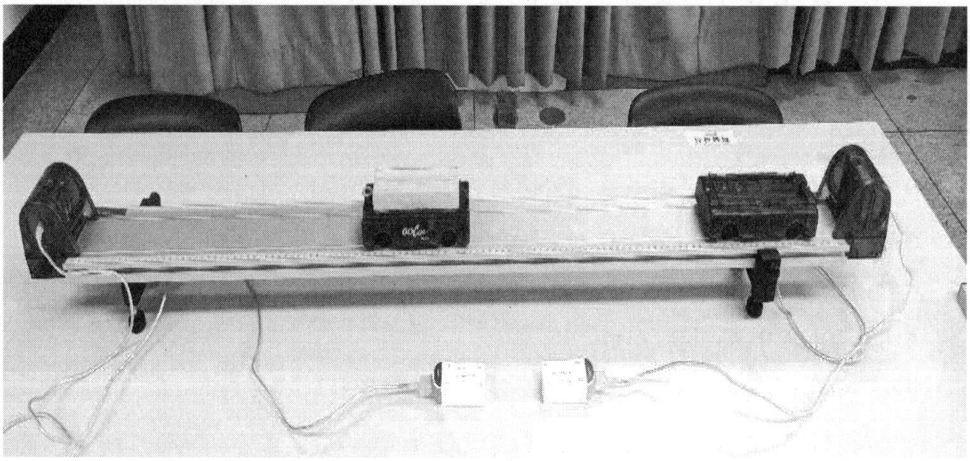

[그림 3.4.4] 질량이 다른 두 수레의 충돌

- 그림 3.4.5와 같이 충돌 전 정지해 있는 수레의 질량을 늘려서 같은 실험을 5회 반복하고 데이터를 저장한 후 이메일로 전송한다.

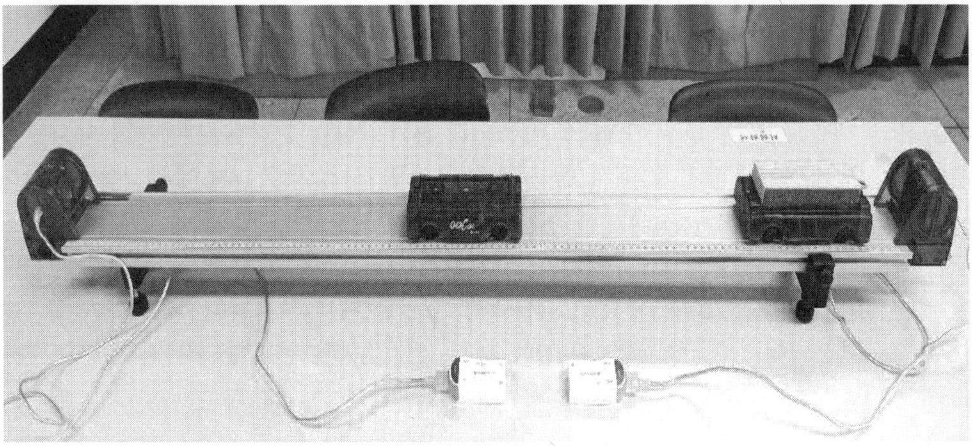

[그림 3.4.5] 질량이 다른 두 수레의 충돌

5) 데이터 분석 및 계산

(1) 질량이 같은 수레의 충돌

힘을 가해 운동을 시킨 수레를 수레1이라 하고, 정지해 있다가 충돌 후 운동상태가 변하는 수레를 수레 2라고 하자. 수레1의 시간에 따른 위치와 속도의 그래프를 보면

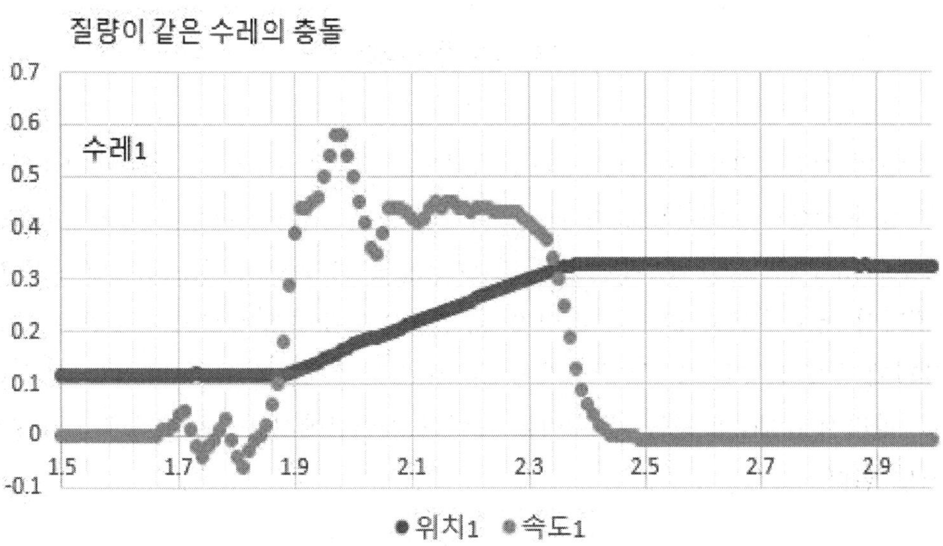

[그림 3.4.6] 수레 1

그림 3.4.6과 같다. 그래프를 보면 힘을 가한 구간은 대략 1.85초에서 1.98초 사이이고 2.3초 근처에서 충돌이 일어났다. 시간에 따른 속도의 그래프를 보면 수레를 손으로 밀었기 때문에 힘을 가한 부분에 잡신호가 있다. 수레가 등속운동 상태로 충돌하므로 충돌 전 속도를 구하기 위해서 등속운동 구간인 시간이 2.14초에서 2.26초 사이의 속도 값의 평균을 구해서 수레 1의 충돌 전 속도를 얻는다. 이렇게 얻은 수레1의 충돌 전 속도는 0.44 m/s이다. 또한 충돌 후 수레1의 속도는 0 m/s임을 알 수 있다.

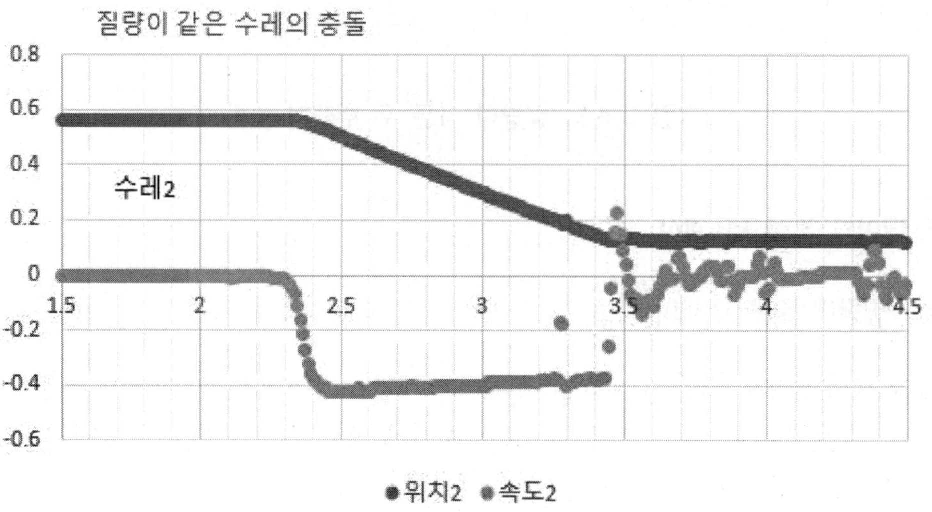

[그림 3.4.7] 수레2

수레2의 시간에 따른 위치와 속도의 그래프는 그림 3.4.7과 같다. 수레2의 위치는 충돌 전에는 정지 상태이므로 변화가 없다가 충돌 후 위치가 변한다. 수레2의 속도는 충돌전 0 m/s에서 충돌 후 어떤 값을 갖는다. 충돌 후 속도 데이터를 보면 충돌 때문에 갑자기 어떤 속도를 갖게 되고 마찰 등 영향으로 조금씩 속도가 감소한다. 그리고 마지막에 속도가 0이 되는 부분에 잡신호는 손으로 수레 2를 잡아서 정지시켰기 때문이다. 따라서 수레2의 충돌 후 속력은 데이터 테이블에서 2.5초 근처에서 최대값을 찾으면 된다.

충돌 후 수레2의 속도는 0.42 m/s이다. 수레2의 속도는 - 로 관측되는데 위치와 속도는 위치 센서와 수레가 멀어지면 + 이고, 가까워지면 - 값을 지닌다. 따라서 수레1의 위치 센서는 왼쪽에 있어서 왼쪽에서 오른쪽으로 수레1이 운동할 때 수레1이 위치 센서와 멀어지므로 + 값을 지니고 수레2의 위치 센서는 오른쪽에 있어서 수레2가 왼쪽에서 오른쪽으로 움직일 때 수레2가 위치 센서와 가까워지므로 - 값을 지닌다. 따라서 수레2의 속도가 - 일 때 수레1의 처음 진행 방향과 같으므로 측정된 수레2의 부호는 바뀌어야 한다.

(2) 수레2의 질량이 수레1의 질량보다 큰 경우

수레1의 시간에 따른 위치와 속도의 그래프를 보면 그림 3.4.8과 같다. 수레에 힘을 가한 시간 구간은 대략 1초에서 1.1초 사이이고 충돌은 1.5초 근처에서 일어났다. 위치는 정지 상태에서 수레1에 힘을 가한 시간부터 증가하다가 충돌 후 아주 천천히 감소한다. 위치가 감소하는 것은 충돌 후 수레가 튕겨 나온 것으로 수레 진행 방향이 바뀐 것이다.

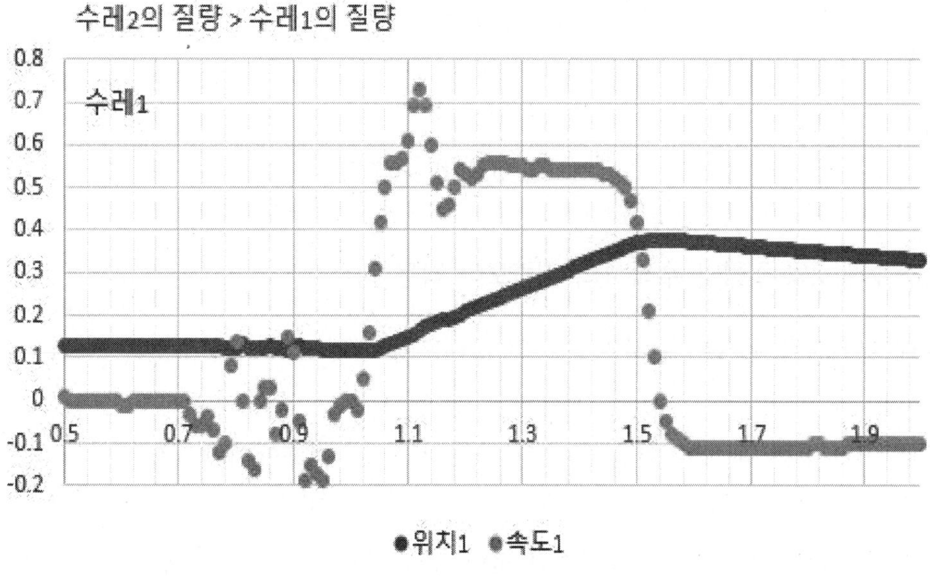

[그림 3.4.8] 수레 1

수레1의 충돌 전 속도는 0.55 m/s이고 충돌 후 속도가 - 0.11 m/s임을 알 수 있다. 여기서 속도가 - 값을 지닌 것은 충돌 후 수레1의 운동 방향이 바뀌어서 진행 방향과 반대 방향으로 밀려난 것이다.

수레2의 시간에 따른 위치와 속도의 그래프는 그림 3.4.9와 같다. 충돌 후 수레2의 속도는 시간이 1.8초 근처에서 최대값을 찾으면 된다. 수레2의 충돌 전 속도는 0 m/s이고, 충돌 후 속도는 - 0.42 m/s이다. 여기서 - 는 수레2의 경우 왼쪽에서 오른쪽으로 진행하는 방향이 - 이므로 - 는 버려야 계산이 된다.

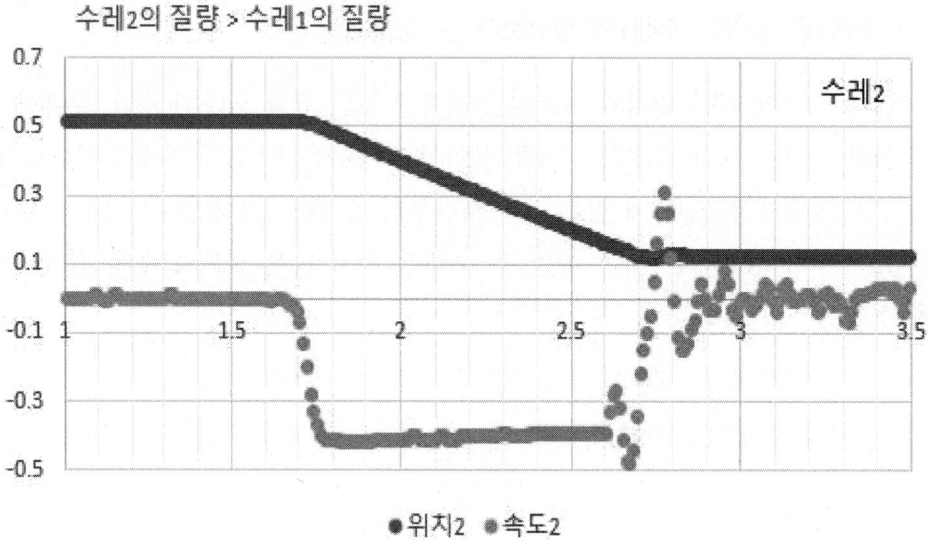

[그림 3.4.9] 수레 2

(3) 수레 2의 질량이 수레 1의 질량보다 작은 경우

수레 1의 시간에 따른 위치와 속도의 그래프를 그림 3.7.10에 보였다. 그래프를 보면 수레 1에 힘을 가한 시간 구간은 약 1.1초에서 1.2초 구간이고 충돌은 1.7초 근처에서 일어났다. 수레 1의 충돌 전 속도는 시간 구간 1.4초에서 1.6초 사이의 속도 평균값으로 0.43 m/s이다.

충돌 후 위치 그래프는 아주 천천히 거리가 증가한다. 이것은 수레 1이 충돌 후에도 진행하던 방향으로 천천히 이동하는 것을 알 수 있다. 충돌 후 수레 1의 속도는 천천

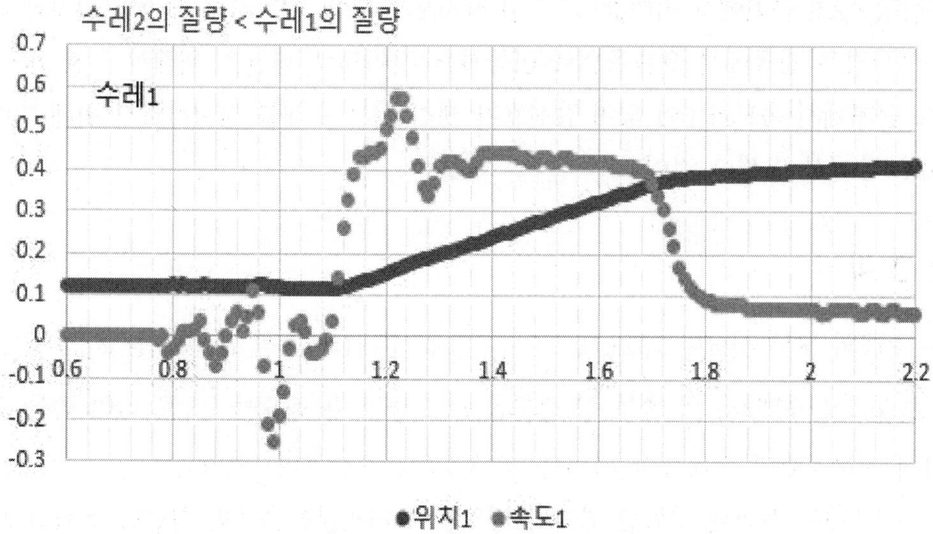

[그림 3.4.10] 수레 1

히 감소하므로 충돌 후 수레의 속력은 시간 구간 1.8초 근처에서 속도가 어느 정도 일정한 값을 갖는 최대값으로 0.08 m/s이다.

수레 2의 시간에 따른 위치와 속도의 그래프는 그림 3.4.9와 같다. 충돌 후 수레 2

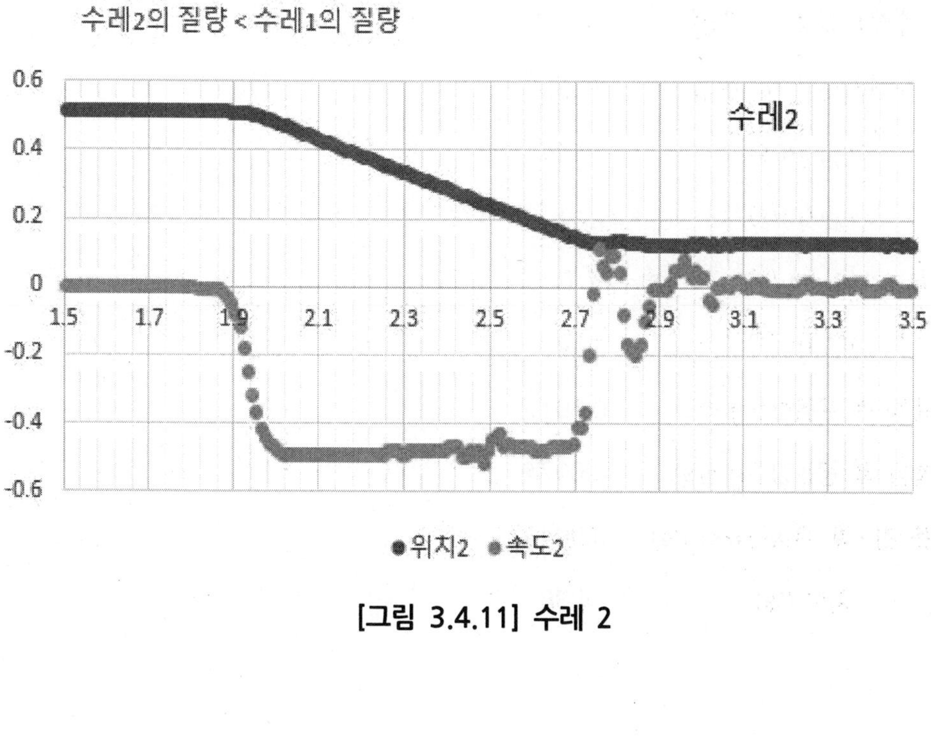

[그림 3.4.11] 수레 2

의 속도는 2초 근처에서 최대값으로 – 0.49 m/s가 된다. 여기서 수레 2의 위치와 속도가 – 인 경우 왼쪽에서 오른쪽으로 이동하는 것이므로 계산을 위해서 – 를 버린다. 2.7초 근처에서 속도가 0이 되며 잡신호가 생긴 것은 수레를 정지시키기 위해 수레를 손으로 잡아서 발생한 것이다.

6) 결 과

두 수레의 모두 질량이 232 g으로 같은 경우 수레1의 충돌 전 속도를 v_{10}, 충돌 후 속도를 v_{11}로 수레2의 의 충돌 전 속도를 v_{20}, 충돌 후 속도를 v_{21}로 하여 충돌 전후 각각의 총운동량과 총운동량 차이를 표 3.4.1에 계산하여 넣었다.

표 3.4.1에는 첫번째 실험한 결과만 넣었는데 여러분들은 5번 실험한 결과를 모두 계산하여 표를 완성해야 한다. 일반적으로 반복실험의 경우 각 실험결과를 평균을 내어 최종 결과를 얻는데 이 경우는 평균을 각 실험의 평균을 구하면 안 된다.

〈표 3.4.1〉 질량이 같은 두 수레의 운동량

실험번호	1	2	3	4	5
수레1 질량 m_1 (kg)	0.232				
수레2 질량 m_2 (kg)	0.232				
v_{10} (m/s)	0.44				
v_{11} (m/s)	0				
v_{20} (m/s)	0				
v_{21} (m/s)	0.42				
충돌 전 운동량(kgm/s)	0.1019				
충돌 후 운동량(kgm/s)	0.0974				
충돌 전·후 운동량(kgm/s)	0.0045				
차이 (%)	4.38				

각 실험의 경우 손으로 수레를 밀기 때문에 수레의 미는 속도가 실험마다 달라서 운동량 값이 다르므로 각각 결과를 보고해야 합니다. 첫번째 실험한 결과에서 충돌 전후의 운동량 차이가 약 4 % 발생했다.

수레 1의 질량이 232g, 수레2의 질량이 356 g 일 때 충돌 전후의 실험결과와 운동량을 표 3.4.2에 넣었다. 여러분은 5회 실험에 대해 모든 결과를 넣어 표 3.4.2를 완성해야 한다.

〈표 3.4.2〉 수레 2의 질량이 수레1보다 큰 경우의 운동량

실험번호	1	계산1	2	계산2	3
수레1 질량 m_1 (kg)	0.232	0.232			
수레2 질량 m_2 (kg)	0.356	0.356			
v_{10} (m/s)	0.55	0.55			
v_{11} (m/s)	- 0.11	- 0.12			
v_{20} (m/s)	0.00	0.00			
v_{21} (m/s)	0.42	0.43			
충돌 전 운동량(kgm/s)	0.1269	0.1269			
충돌 후 운동량(kgm/s)	0.1240	0.1240			
충돌 전·후 운동량(kgm/s)	0.0029	0.0000			
차이 (%)	4.38	0.00			

충돌 후 수레1의 속력이 - 0.11 m/s로 수레 2의 질량이 수레 1보다 큰 경우 충돌 후 수레 1이 진행하던 방향과 반대 방향으로 튕겨 나왔다. 수레 1의 질량이 356 g, 수레 2의 질량이 232 g 일 때 충돌 전후의 실험결과와 운동량을 표 3.4.3에 기록했다. 앞에 수행한 두 실험과 마찬가지로 5회 실험에 대해 모든 결과를 넣어 표 3.4.3을 완성해야 한다.

〈표 3.4.3〉 수레 1의 질량이 수레 2보다 큰 경우의 운동량

실험번호	1	계산1	2	계산2	3
수레1 질량 m_1 (kg)	0.356	0.356			
수레2 질량 m_2 (kg)	0.232	0.232			
v_{10} (m/s)	0.42	0.42			
v_{11} (m/s)	0.08	0.09			
v_{20} (m/s)	0.00	0.00			
v_{21} (m/s)	0.49	0.51			
충돌 전 운동량(kgm/s)	0.150	0.150			
충돌 후 운동량(kgm/s)	0.142	0.150			
충돌 전 · 후 운동량(kgm/s)	0.007	0.000			
차이 (%)	4.92	0.00			

7) 분석 및 토의

두 수레의 질량이 같은 경우는 충돌 후 수레 1은 정지하고 수레 2는 수레 1이 지니고 있던 속도로 운동해야 하는데 충돌 전 수레 1의 속력은 0.44 m/s이나 충돌 후 수레 2의 속력은 0.42 ms로 0.02 m/s 만큼 차이가 생겼다. 즉, 충돌 후 속력은 이론값과 4.7 % 정도의 차이가 발생했다.

수레 2의 질량이 수레 1의 질량보다 큰 경우 충돌 후 수레의 속력 v_{11}과 v_{21}을 계산하면 다음과 같다.

$$v_{11} = \left(\frac{m_1 - m_2}{m_1 + m_2}\right)v_{10} + \left(\frac{2m_2}{m_1 + m_2}\right)v_{20}$$

에서 $v_{20} = 0$ 이므로

$$v_{11}=\left(\frac{m_1-m_2}{m_1+m_2}\right)v_{10}=\left(\frac{0.232-0.356}{0.232+0.356}\right)0.55\left(\frac{m}{s}\right)=-0.12m/s$$

$$v_{21}=\left(\frac{2m_1}{m_1+m_2}\right)v_{10}-\left(\frac{m_1-m_2}{m_1+m_2}\right)v_{20}$$

에서 $v_{20}=0$ 이므로

$$v_{21}=\left(\frac{2m_1}{m_1+m_2}\right)v_{10}=\left(\frac{0.464}{0.232+0.356}\right)0.55\left(\frac{m}{s}\right)=0.43m/s$$

충돌 전 수레 1의 속력을 기준으로 충돌 후 수레 1의 속력을 계산하면 -0.11535 m/s로 실험값 -0.11 m/s와 4.8 % 정도 차이가 나고, 수레 2의 속력은 0.4316 m/s로 실험값 0.42 m/s와 2.8 % 차이가 난다.

같은 방법으로 수레 1의 질량이 수레 2보다 큰 경우 두 수레의 충돌 후 속력을 계산하면 다음과 같다.

$$v_{11}=\left(\frac{m_1-m_2}{m_1+m_2}\right)v_{10}=\left(\frac{0.356-0.232}{0.356+0.232}\right)0.42\left(\frac{m}{s}\right)=0.09m/s$$

$$v_{21}=\left(\frac{2m_1}{m_1+m_2}\right)v_{10}=\left(\frac{0.712}{0.356+0.232}\right)0.42\left(\frac{m}{s}\right)=0.5169m/s$$

충돌 전 수레 1의 속력을 기준으로 충돌 후 수레1의 속력을 계산하면 0.088 m/s로 실험값 0.08 m/s와 9.7 % 정도 차이가 나고, 수레 2의 속력은 0.5085 m/s로 실험값 0.49 m/s와 3.8 % 차이가 난다.

8) 결 론

1차원 충돌에서 오차범위 내에서 충돌 전후 운동량이 보존됨을 확인했다. 두 수레의 질량이 같은 경우 충돌 전후의 운동량이 4.4 % 정도 차이를 보였고, 수레2의 질량이 수레 1보다 큰 경우 2.3% 정도 차이가 났으며, 수레 1의 질량이 수레 2보다 큰 경우 4.9% 정도 차이를 보였다. 두 수레의 질량이 다른 경우 충돌 후 수레 1의 속도 측정보다 충돌 후 수레 2의 속도 측정에서 오차가 더 크게 발생했다.

결과보고서 작성방법

제 목

목 적

결과 및 분석

- **수레의 질량이 같은 경우**
  - 수레 1에 대한 시간에 따른 위치와 속도 그래프(그림 3.4.6 참조)를 그리고 그래프 아래 또는 오른쪽 여백에 충돌 전후의 속도와 속도를 읽은 시간을 같이 기록한다.
  - 수레 2에 대한 시간에 따른 위치와 속도 그래프(그림 3.4.7 참조)를 그리고 그래프 아래 또는 오른쪽 여백에 충돌 전후의 속도와 속도를 읽은 시간을 같이 기록한다.
- **5회 실험에 대해서 수레 1과 2에 대한 분석용 그래프를 모두 작성**
  - 표 3.4.1을 기록하고 계산한다.
  - 표 아래에 5회 실험 중 하나는 계산을 어떻게 했는지 자세히 기록한다.
- **수레 2의 질량 〉 수레 1의 질량**
  - 수레의 질량이 같은 경우와 같은 방법으로 그림 3.4.8과 3.4.9를 참조해서 작성한다.
  - 표 3.4.2를 기록하고 계산하며 표 아래에 5회 실험 중 하나는 계산을 어떻게 했는지 자세히 기록한다.
- **수레 2의 질량 〈 수레 1의 질량**
  - 수레의 질량이 같은 경우와 같은 방법으로 그림 3.4.10과 3.4.11을 참조해서 작성한다.
  - 표 3.4.3을 기록하고 계산하며 표 아래에 5회 실험 중 하나는 계산을 어떻게 했는지 자세히 기록한다.

결 론

- 목적과 결과를 보고 결론을 작성한다.

05 자유낙하와 단진자를 이용한 중력가속도의 측정

1) 개요 및 목적

지구 위에 있는 모든 물체는 지구의 중력가속도 영향을 받게 된다. 이 실험에서는 중력가속도를 측정하는 방법을 생각하고, 각 실험방법으로 얻은 중력가속도 값을 비교하여 오차 발생원인과 재연성 등을 검토하여 중력가속도 측정 방법을 평가한다. 이 실험에서는 중력가속도를 측정하고 측정방법에 따른 결과의 오차 분석으로 측정방법의 타당성을 검증한다.

2) 배경 원리

중력가속도를 측정하는 가장 간단한 방법으로는 자유낙하를 이용한 방법과 진자를 이용한 방법이다.

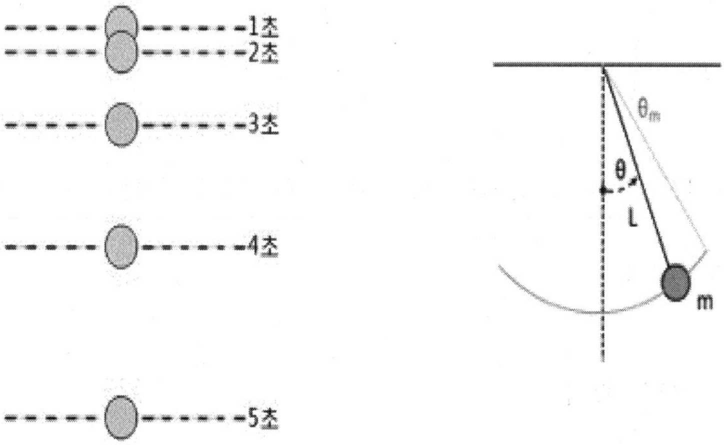

[그림 3.5.1] 자유낙하와 단진자

(1) 자유낙하를 이용한 방법

중력가속도 g가 존재하는 지구에서 어떤 높이 y에서 물체를 떨어뜨리면 높이에 따라 바닥에 떨어지는 시간이 결정된다. 이때 떨어진 높이와 낙하시간을 측정하면 중력가속도를 구할 수 있다.

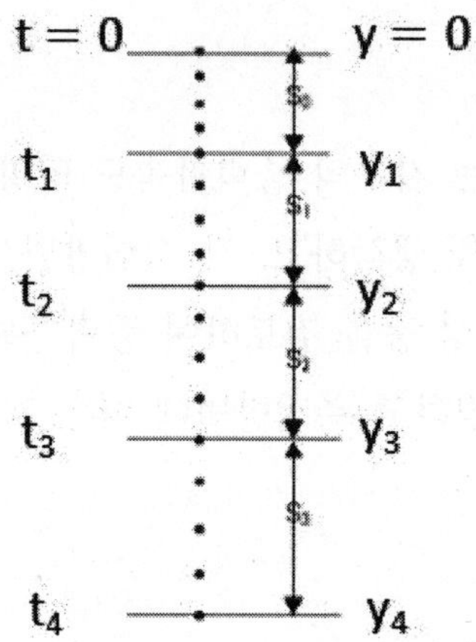

[그림 3.5.2] 낙하시간과 거리

중력장에서 자유낙하 운동은 등가속도 운동이다. 등가속도 운동에서 시간에 따른 위치의 관계는 다음 식으로 표현된다.

$$y = y_0 + v_0 t + \frac{1}{2} g t^2$$

이때 처음 출발 위치$y_0 = 0$, 초기 속도 $v_0 = 0$ 이므로 낙하 위치는 $y = \frac{1}{2} g t^2$, 중력가속도는 $g = \frac{2y}{t^2}$ 이다.

(2) 단진자를 이용한 방법

단진자에 작용하는 힘은 추에 작용하는 무게 $w = mg$ 이지만, 이 힘은 줄의 장력 T와 복원력 F로 나누어져 진자에 작용한다. 이렇게 분해된 두 힘은 $F = -mg\sin\theta$,

$T = mgcos\theta$ 과 같이 쓸 수 있고, 진자의 운동방정식은 $F = ma$, 즉 $ma = -mgsin\theta$ 로 쓸 수 있다.

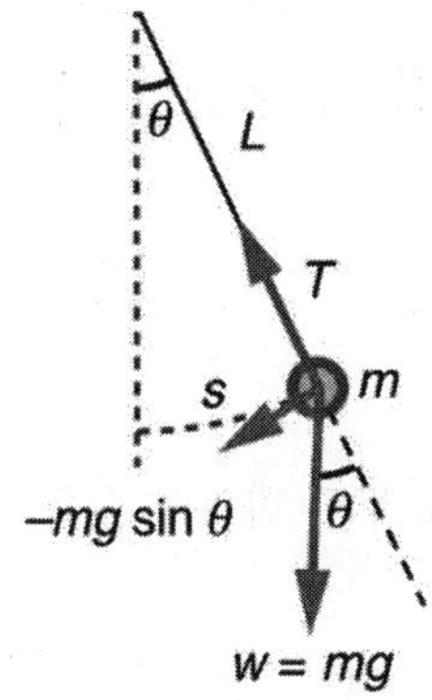

[그림 3.5.3] 단진자

만일 θ 가 작다면 $sin\theta \cong \theta$, $L\theta = s$, $\theta = \frac{S}{L}$ 이므로, 진자의 운동방정식은 $m\frac{d^2s}{dt^2} = -mg\frac{s}{L}$ 가 된다. 이 미분 방정식을 풀기 위해 S를 추의 위치로 $s = Acos\omega t$ 로 가정하면, cos 을 두 번 미분한 것은 $-cos$ 이 되므로 이것을 운동방정식으로 쓸 수 있다. 가정한 s 를 대입하고 정리하면 $-m\omega^2 Acos\omega t = -mg\frac{Acos\omega t}{L}$ 이다. 따라서 방정식이 성립하려면 $\omega^2 = \frac{g}{L}$ 가 되어야 한다.

$\omega = \sqrt{\frac{g}{L}}$ 이고, $T = \frac{2\pi}{\omega}$ 이므로 $T = 2\pi\sqrt{\frac{L}{g}}$ 이다. 따라서 중력가속도는 $g = \frac{4\pi^2}{T^2}L$ 이다. 단진자를 이용한 중력가속도 측정에서 측정하는 중력가속도는 줄의 길이와 주기에만 관계한다. 추의 질량과는 관계없음을 알 수 있다.

(3) 보다진자(물리진자)를 이용한 방법

단진자는 이론적인 가상의 진자다. 진자운동은 회전운동의 일부로 실제 진자는 회전축이 있고 회전축에 대한 회전 관성 모멘트를 고려해야 한다. 또한 여기에 작용하는 힘은 회전축에 토크를 주게 된다. 추의 질량에 비해 줄의 질량이 아주 작아 진자의 무게 중심이 추의 무게 중심과 일치하고 질량중심을 지나는 회전축에 대해 뉴턴의 제 2법칙을 적용하면 $\tau = I\alpha$, $\omega = \frac{d\theta}{dt}$ 과 같이 쓸 수 있다.

각, 각속도, 각가속도의 관계에서 $\alpha = \frac{d\omega}{dt} = \frac{d}{dt}\frac{d\theta}{dt} = \frac{d^2\theta}{dt^2}$ 이다. 따라서 $\tau = I\frac{d^2\theta}{dt^2}$ 이고, 진자의 추에 가해지는 힘, 즉 추의 무게는 진자에 토크로 작용하게 되며, 토크는 $\boldsymbol{\tau} = \boldsymbol{r} \times \boldsymbol{F}$, $F = -mg sin\theta$, $\tau = -mg sin\theta L$ 이다. 만일 진자의 진동하는 각이 작다면 $sin\theta \cong \theta$ 이고, 따라서 $\tau = -mgL\theta$ 이다. 이 토크를 운동방정식에 넣어 다시 정리하면 다음과 같다.

$$I\frac{d^2\theta}{dt^2} = -mgL\theta \qquad \frac{d^2\theta}{dt^2} = -\frac{mgL\theta}{I}$$

이 미분 방정식을 풀면 진자의 구성요소와 중력가속도의 관계를 알 수 있다. 풀이 방법은 먼저 조건에 맞는 θ 를 가정하고 이를 방정식에 넣어 변수를 결정한다. 먼저 $\theta = A cos\omega t$ 라 가정하면 다음과 같다.

$$\frac{d\theta}{dt} = -\omega A sin\omega t \qquad \frac{d^2\theta}{dt^2} = -\omega^2 A cos\omega t$$

따라서 $-\omega^2 A cos\omega t = \frac{mgL}{I} A cos\omega t$ 이고, 이 방정식 조건에 맞는 각속도 ω 와 주기 T 를 구하면 다음과 같다.

$$\omega = \sqrt{\frac{mgL}{I}} \qquad T = \frac{2\pi}{\omega} \qquad T = 2\pi\sqrt{\frac{I}{mgL}}$$

중력가속도는 $g = \dfrac{4\pi^2}{T^2}\dfrac{I}{mL}$ 이고, 반지름이 r인 구의 중심을 지나는 축에 대한 회전 관성 모멘트는 $I_{cm} = \dfrac{2}{5}mr^2$ 이다. 진자의 경우 회전축이 추의 중심을 지나지 않고 추의 중심에서 $(L+r)$만큼 떨어져 있으므로 평행 축 정리를 적용하며 회전 관성 모멘트는 다음과 같다.

$$I = I_{cm} + m(\text{거리})^2 = \frac{2}{5}mr^2 + m(L+r)^2$$

정리하면 중력가속도는 다음과 같이 쓸 수 있다.

$$g = \frac{4\pi^2}{T^2}\left[\frac{2}{5}\frac{r^2}{(L+r)} + (L+r)\right]$$

3) 실험장치

(1) 자유낙하를 이용한 방법

낙하 거리를 측정할 수 있는 줄자, 초 시계 또는 휴대전화 스톱워치, 지우개

(2) 단진자를 이용한 방법

줄자, 가느다란 실, 추로 사용할 지우개, 진자 끝을 고정할 압정 또는 핀, 휴대전화 스톱워치

4) 실험방법

(1) 자유낙하

- 낙하 높이를 3번 측정하고 기록한다. (바닥에서 천장까지의 거리) m 단위로 소수점 둘째 자리 즉 cm까지 측정한다.
- 지우개의 두께를 3번 측정하고 기록한다. 마찬가지로 cm까지 측정한다.

- 낙하 높이에서 지우개의 두께를 빼서 실제 낙하거리를 기록한다.
- 한 사람은 스톱워치를 준비하고 다른 한 사람은 지우개를 천장에 손으로 붙이고 하나, 둘, 셋 하는 동시에 지우개를 놓고, 스톱워치를 준비한 사람은 시작 버튼을 누른다.
- 지우개가 바닥에 떨어지는 순간 딱 소리가 나면 바로 스톱워치 정지 버튼을 눌러서 낙하시간을 측정한다.
- 10회 낙하 실험을 반복한다.
- 낙하 높이 평균값과 낙하시간 평균값으로 중력가속도를 계산한다.

(2) 단진자를 이용한 방법

- 지우개 중앙을 실로 묶고, 실의 다른 한쪽은 압정에 묶어서 천장에 고정한다. 이때 실의 길이가 1.5 미터 정도가 되도록 한다.
- 진자의 길이를 3번 측정하고 기록한다.
- m 단위로 소수점 둘째 자리 즉 cm까지 측정한다.
- 진자가 자유롭게 진동하는지 확인하고 그렇지 못하면 방해요소를 제거한다.

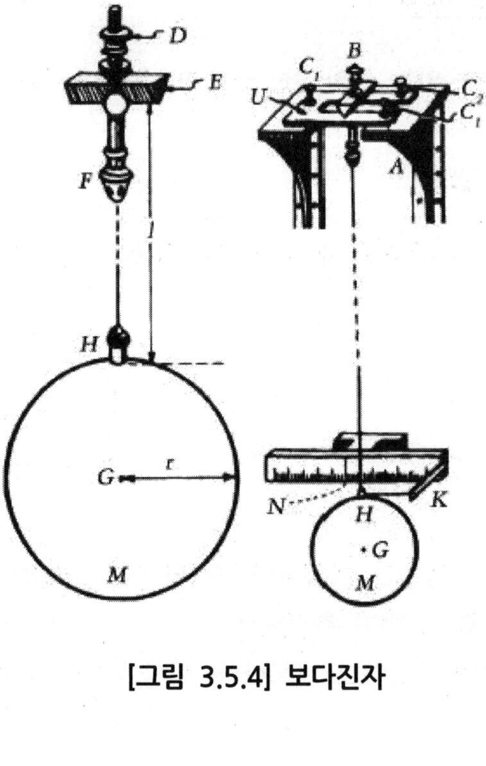

[그림 3.5.4] 보다진자

- 스톱워치를 준비하고 진자를 당겼다 놓는 순간 스톱워치를 시작한다. 이때 진자의 진동 각도는 3도 이하가 되도록 한다.
- 10회 진동할 때마다 기록 버튼을 눌러 구간 시간을 측정한다.
- 200회 진동할 때까지 10회 간격으로 시간을 측정한다. 만일 진폭이 너무 작아져서 측정이 어려우면 100회 진동을 두 번 실시하여 시간을 기록한다.
- 10회 진동 시간의 평균값을 구하고 10으로 나누어서 주기를 구한다.
- 주기와 진자 길이의 평균값으로 중력가속도를 계산한다.

(3) 보다진자를 이용한 방법

보다진자를 이용한 실험방법은 기본적으로 단진자를 이용하는 방법과 같다. 차이는 보다 진자는 실험을 준비할 때 추 걸이의 진동이 진자의 진동에 영향을 주기 때문에 추 걸이의 진동주기를 진자의 진동주기에 맞추어 조정해야 한다.

5) 준비 실험

- 그림 3.5.4와 같이 고정 받침대 A 위에 ㄷ 자형 판 U를 올려놓고 나사 C1, C2, C3를 조절해서 수평을 맞춘다.
- 받침 날 E에 붙어 있는 철사 고정나사 F를 풀어 추를 분리해서 받침 날만 U에 올려놓는다.
- 받침 날을 진동시키고 10회 진동 시간을 측정하고, 10으로 나누어 주기 T1을 구한다.
- 진자의 길이를 1 m 정도가 되도록 철사 길이를 조정해서 추를 연결하고 고정나사 F로 추가 달린 철사를 고정한다.
- 진자의 진동 각이 3도가 넘지 않도록 진동시키고 10회 진동 시간을 측정한다. 진동 시간을 10으로 나누어 주기 T2를 구한다.
- 만일 T1과 T2 차이가 1초보다 작으면 본 실험을 진행하고, 1초보다 크면 받침 날 위의 나사 D를 조절하여 T1이 T2와 1초 차이보다 작도록 조정한다.

6) 본 실험

단진자를 이용한 방법과 같은 순서로 진행한다.

7) 결 과

(1) 자유낙하 실험

- 자유낙하 실험에서 낙하 거리 등 측정결과는 표 3.5.1에 기록한다.

〈표 3.5.1〉 낙하 거리 측정

횟 수	천장높이(m)	지우개 두께(m)	낙하거리(m)
1			
2			
3			
평 균			

- 자유낙하 실험에서 낙하시간 결과를 표 3.5.2에 기록한다.

〈표 3.5.2〉 낙하시간 측정

횟 수	낙하시간(s)
1	
2	
3	
4	
5	
6	
7	
8	
9	
10	
평 균	

- 자유낙하 실험에서 낙하시간의 평균을 이용해서 중력가속도를 계산한다.

(2) 단진자

- 진자의 길이를 측정해서 표 3.5.3에 기록한다.
- 진자를 진동시키고 매 10회 진동마다 시간을 측정해서 표 3.5.4에 기록한다.
- 10회 진동 시간은 처음 10회는 시간과 10회 진동 시간은 같다. 두번째 20회 때 10회 진동 시간은 20회 시간 - 10회 시간으로 구한다.
- 같은 방법으로 30 ~ 200회 때는 30회 ~ 200회 시간 - 0회 ~ 190회 시간으로 모두 계산한다.
- 평균은 전체 10회 진동 시간의 평균을 구해서 기록한다. 이 평균값을 10으로 나누면 주기가 된다.
- 진자의 길이 평균값과 주기 평균값을 이용해서 중력가속도를 계산한다.

〈표 3.5.3〉 단진자

횟 수	진자 길이(m)
1	
2	
3	
평 균	

〈표 3.5.4〉 단진자 진동주기

진동횟수(회)	시간(s)	10회 진동시간(s)
10		
20		
30		
40		
50		
60		
70		
80		
90		
100		
110		
120		
130		
140		
150		
160		
170		
180		
190		
200		
평 균		

(3) 보다진자

- 철사 길이는 추 가장자리 끝에서 받침 날 끝까지 길이를 측정해서 표 3.5.5에 기록한다. 진자 추의 지름을 버니어 캘리퍼스로 측정하고 2로 나누어 반지름을 표 3.5.5에 기록한다.
- 철사 길이와 추 반지름길이를 더해서 진자 길이에 기록한다.
- 평균은 추의 반지름과 진자 길이를 구해서 기록한다.

〈표 3.5.5〉 보다진자

횟 수	철사길이(m)	추 반지름(m)	진자길이(m)
1			
2			
3			
평 균			

- 진자를 진동시키고 매 10회 진동마다 시간을 측정해서 표 3.5.6에 기록한다.
- 10회 진동 시간은 처음 10회는 시간과 10회 진동 시간은 같다. 두번째 20회 때 10회 진동 시간은 20회 시간 - 10회 시간으로 구한다.
- 같은 방법으로 30 ~ 200회 때는 30회 ~ 200회 시간 - 20회 ~ 190회 시간으로 모두 계산한다.
- 평균은 전체 10회 진동 시간의 평균을 구해서 기록한다. 이 평균값을 10으로 나누면 주기가 된다.
- 진자의 길이 평균값과 추 반지름 평균값 그리고 주기 평균값을 이용해서 중력가속도를 계산한다.

〈표 3.5.6〉 보다진자 진동주기

진동횟수(회)	시간(s)	10회 진동시간(s)
10		
20		
30		
40		
50		
60		
70		
80		
90		
100		
110		
120		
130		
140		
150		
160		
170		
180		
190		
200		
평 균		

(4) 자유낙하 실험방법의 타당성 검증

- 낙하 높이가 2 m일 경우 각 낙하시간에 따른 중력가속도를 계산해서 표 3.5.7에 기록하라.
- 표 3.5.7의 결과에서 자유낙하를 이용한 중력가속도 측정 방법의 정밀도를 설명하라.

〈표 3.5.7〉 자유낙하

낙하시간(s)	중력가속도(m/s^2)
0.6	
0.61	
0.62	
0.63	
0.64	
0.65	
0.66	
0.67	
0.68	
0.69	
0.7	

결과보고서 작성방법

제 목

목 적

결과 및 분석

■ **자유낙하**

- 표 3.5.1 표 3.5.2 측정 결과 작성
- 중력가속도 계산 설명과 결과 기록

■ **보다진자**

- 표 3.5.5 표 3.5.6 측정 결과 작성
- 중력가속도 계산 설명과 결과 기록

■ **자유낙하 실험방법의 타당성에 대해 검증하라.**

- 표 3.5.7 참조

결 론

- 목적과 결과를 보고 결론을 작성한다.

06 뉴턴의 냉각법칙

1) 개요 및 목적

온도는 물질이 가진 평균 운동에너지를 나타내므로 온도가 높은 것은 물질의 평균 운동에너지가 큰 것을 의미한다. 또한 온도는 높은 곳에서 낮은 곳으로 이동하며 열평형을 이루면, 즉 온도가 같아지면 더는 에너지 이동은 없다. 이때 이동하는 에너지가 '열'이다.

뉴턴의 냉각법칙은 냉각속도 또는 냉각률에 관한 법칙이다. 이 실험에서는 냉각속도에 영향을 주는 요소들을 알아보고 냉각률을 나타내는 비례상수를 측정한다. 그리고 실험에서 구한 냉각률로 물질에 따른 냉각률의 차이를 비교하고 그 의미를 알아본다.

2) 배경 이론

(1) 온도와 열

물질이 가진 내부에너지 중 평균 운동에너지가 물체 온도다. 물체가 지니는 내부에너지는 크게 분자의 운동에너지와 분자 상호 간의 내부 힘에 의한 위치에너지로 구분되면 분자의 운동에너지는 분자들의 진동, 병진, 회전운동에 의한 에너지로 이루어진다.

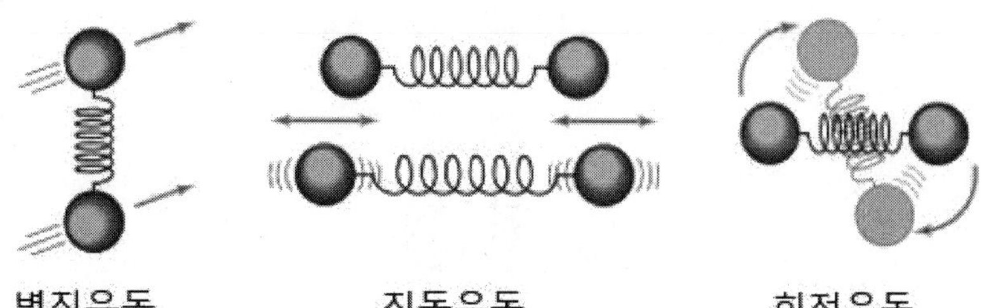

[그림 3.6.1]

이상기체의 경우 부피가 일정할 때 온도와 압력은 비례하며 압력이 일정할 경우 온도와 부피도 비례한다. 또한 온도가 일정할 경우는 부피와 압력은 반비례한다. 이것을 식으로 표현하면 다음과 같다.

$pV = nRT$ **이상기체 상태방정식**

$$\frac{pV}{T} = \text{일정}$$

온도에는 SI 기본단위로 쓰이는 절대온도와 우리가 일반적으로 사용하는 섭씨온도 그리고 미국이나 유럽에서 사용하는 화씨온도가 있다. 온도의 기준은 물의 삼중점의 온도를 273.16 K(절대온도)로 정의한다. 물의 삼중점이란 물의 세 가지 상태, 즉 기체(수증기), 액체(물), 고체(얼음)가 함께 공존하는 온도와 압력으로 물 뿐 아니라 모든 물질마다 고유한 값을 지닌다.

(2) 섭씨온도와 화씨온도

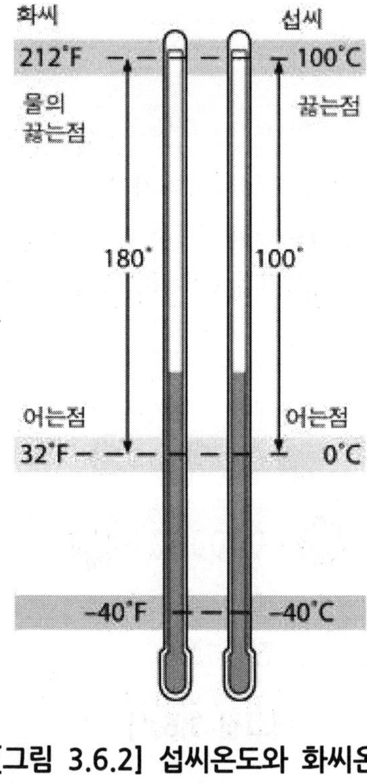

[그림 3.6.2] 섭씨온도와 화씨온도

섭씨온도는 물의 어는점의 온도를 0℃로 어는점을 기준으로 끓는점 온도를 100℃로 정했다. 물의 어는점에서 끓는점까지 100등분을 해서 1도 간격을 정한 것이 섭씨온도이고, 화씨온도는 물의 어는점을 32℉로 놓고 끓는점을 212℉로 정하고 1도 간격을 어는점에서 끓는점까지 180등분을 해서 정한 온도다.

섭씨온도와 화씨온도 사이의 관계는 x축을 섭씨온도 y축을 화씨온도로 놓고 물의 어는점과 끓는점 두 점을 표시하고, 그 두 점을 지나는 직선을 놓으면 그림 3.6.3과 같다.

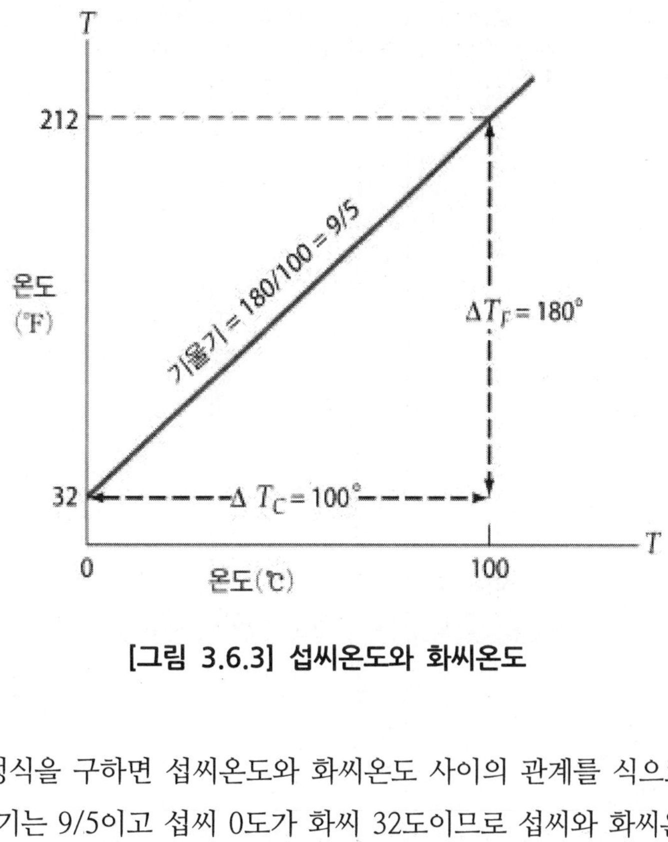

[그림 3.6.3] 섭씨온도와 화씨온도

이 직선의 방정식을 구하면 섭씨온도와 화씨온도 사이의 관계를 식으로 쓸 수 있다. 그림에서 기울기는 9/5이고 섭씨 0도가 화씨 32도이므로 섭씨와 화씨온도 사이의 관계는 다음과 같다.

$$F = \frac{9}{5}C + 32$$

$$C = \frac{5}{9}(F - 32)$$

여기에 절대온도도 같이 비교하면 그림 3.6.4와 같다. 섭씨온도와 절대온도는 1도 간격이 같고 물의 어는점이 섭씨온도는 0도이고, 절대온도는 273.15도이므로 둘 사이의 관계는 다음과 같다.

섭씨온도 = 절대온도 - 273.15

절대온도 = 섭씨온도 + 273.15

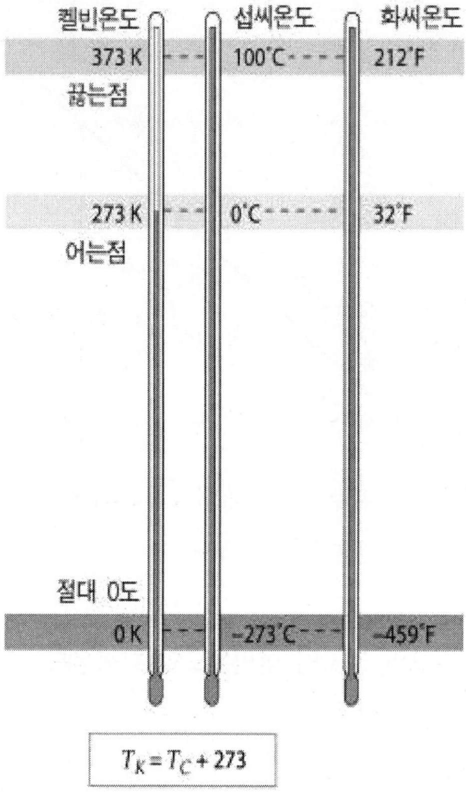

[그림 3.6.4] 섭씨온도와 화씨온도 그리고 절대온도

(3) 열역학 제0법칙

열역학 제0법칙은 그림 3.6.5에서 같이 A · B 두 물체가 서로 열적 평형상태에 있고, 동시에 A · C 두 물체가 서로 열적 평형상태에 있다면 B · C 두 물체는 서로 열적 평형상태에 있다는 것이다.

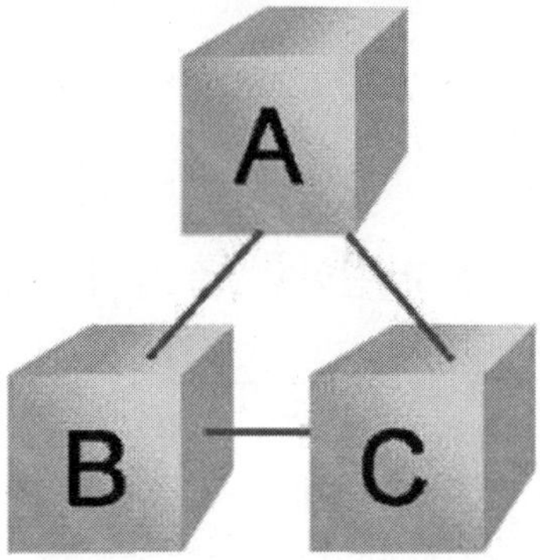

[그림 3.6.5] 열역학 제0법칙

(4) 열역학 제1법칙

열역학 제1법칙은 좀 더 일반화된 에너지 보존법칙으로 어떤 계의 내부에너지 변화량은 공급된 에너지에서 외부에 한 일의 양을 뺀 것과 같다.

$$\triangle U = Q - \triangle W$$

내부에너지 변화량 = 공급된 에너지 - 한 일

(5) 열역학 제2법칙

열역학 제2법칙은 표현 방법이 다른 3가지가 있다.

- 열은 고온에서 저온으로 흐르고 자발적으로 즉 외부의 에너지 공급 없이 저온에서 고온으로는 흐를 수 없다.
- 열효율이 100 %인 기관은 만들 수 없다. 즉, 2종 영구기관은 불가능하다.
- 자연계의 모든 변화는 엔트로피가 증가하는 방향으로 진행된다.

(6) 뉴턴의 냉각법칙

뉴턴의 냉각법칙은 열역학 제2법칙을 따른 것으로 냉각속도는 냉각되는 물체 온도와 주변 온도 차에 비례한다는 것이다. 이 관계를 식으로 표현하면 다음과 같다.

$$\frac{dT}{dt} = -k(T - T_s)$$

이 식에서 $\frac{dT}{dt}$는 시간에 따른 온도 변화율, 즉 냉각률이고 k는 냉각 비례상수로 물질마다 지니는 고윳값이다. T는 물체의 온도 T_s는 주변 온도이다. 물질의 냉각률을 알기 위해 이 미분 방정식을 온도에 대해 풀어보자. 먼저 온도 T와 시간 t를 변수분리하면 다음과 같다.

$$\frac{dT}{T - T_s} = -kdt$$

각각 미분변수로 적분을 하면 다음과 같다.

$$\int \frac{dT}{T - T_s} = \int -kdt \qquad \int \frac{dx}{x} = \ln|x| + C$$

정리하고 적분하면 다음과 같다.

$$\ln|T - T_s| = -kt + C$$

로그를 벗겨내고 상수 e^c를 r_0라 하면 다음과 같다.

$$T - T_s = e^c e^{-kt} = r_0 e^{-kt} \qquad T - T_s = r \qquad r = r_0 e^{-kt}$$

여기서 r은 물체와 주변의 온도 차로 상대온도를 나타내며 r_0는 냉각이 일어나기 전 상대온도이다. 이 식을 그래프로 나타내면 그림 3.6.6과 같다.

k는 냉각률로 수식에서 시간 항에 곱해지는 상수다. 그래프에서 k값에 따라 상대온도가 0에 접근하는 속도가 달라진다. k가 클수록 상대온도가 0에 근접하는 속도가 빠르다. 즉 k가 크면 냉각속도가 빠르고 작으면 냉각속도가 느리다.

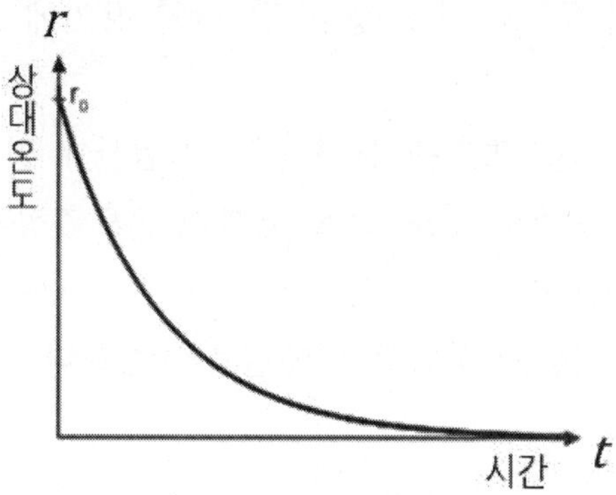

[그림 3.6.6] 냉각곡선

3) 실험장치

SparkVue 온도계 2개, 단열용 스티로폼 용기, 시험관 2개, 고운 모래, 물, 커피포트

4) 실험방법

(1) 모래의 냉각률 측정

- 시험관 하나에 SparkVue 온도계를 넣고 모래를 80 %쯤 채운다.
- SparkVue 프로그램을 실행시키고 온도계를 프로그램과 연결한다. 측정률을 1 Hz(1초에 1회 측정)로 하고 측정을 시작하고 10초정도 기다린다.
- 단열 용기에 끓는 물을 70 %쯤 넣고 뜨거운 물을 넣은 단열 용기에 온도를 측정 중인 모래 시험관을 넣는다.
- 모래 온도가 뜨거운 물에 의해 올라가다가 온도가 더 오르지 않으면 모래 시험관을 빈 다른 단열 용기에 넣는다.
- 모래 온도가 실온보다 5도 정도 높을 때까지 온도측정을 하고 SparkVue 프로그램에서 측정을 멈춘다.
- 측정이 끝나면 데이터를 저장하고 이메일로 전송한다.

(2) 물의 냉각률 측정

- 빈 시험관을 준비하고 SparkVue 프로그램을 실행하여 온도계를 연결한다. 측정률을 1 Hz(1초에 1회 측정)로 하고 측정을 시작하고 10초정도 기다린다.

- 시험관에 끓는 물을 70 % 정도 넣고 빈 단열 용기에 뜨거운 물이 든 시험관을 넣는다.
- 온도 측정중인 온도계를 뜨거운 물이 담긴 시험관에 넣는다.
- 물의 온도가 실온보다 5도 정도 높을 때까지 온도측정을 하고 SparkVue 프로그램에서 측정을 멈춘다.
- 측정이 끝나면 데이터를 저장하고 이메일로 전송한다.

5) 결 과

(1) 모 래

실험에서 얻은 데이터를 엑셀로 열면 표 3.6.1(a)와 같다. 행 이름은 시간과 온도로 넣고 실내 온도도 여기에 같이 기록한다.

〈표 3.6.1(a)〉

A	B	C
시간(s)	온도(℃)	실온 25.3(℃)
0	25.3	
5	25.3	
10	25.3	
15	25.3	
20	25.3	
25	25.3	
30	25.5	
35	26.6	
40	28.9	
45	31.9	
50	35.3	
55	38.9	
60	42.5	
65	46	
70	49.3	
75	52.4	
80	55.3	
85	58	
90	60.6	

표 3.6.1에서 시간에 따른 온도 그래프를 그리고 그림 3.6.7에 표시하라.

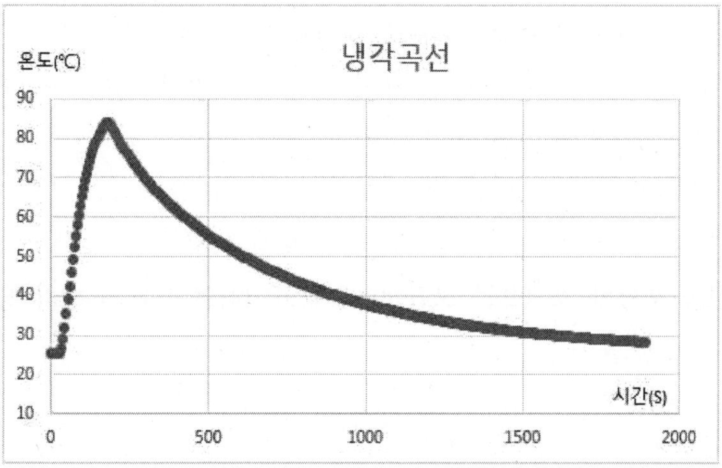

[그림 3.6.7] 냉각곡선 예

〈표 3.6.1(b)〉

M	N	O	P
시간(s)	온도(℃)	시간(s)	상대온도(℃)
300	69.8	0	44.5
305	69.3	5	44
310	68.9	10	43.6
315	68.4	15	43.1
320	68	20	42.7
325	67.5	25	42.2
330	67.1	30	41.8
335	66.7	35	41.4
340	66.2	40	40.9
345	65.8	45	40.5
350	65.4	50	40.1
355	65	55	39.7
360	64.6	60	39.3
365	64.2	65	38.9
370	63.8	70	38.5
375	63.5	75	38.2
380	63.1	80	37.8
385	62.7	85	37.4
390	62.4	90	37.1
395	62	95	36.7

모래 온도가 최고점에서 내려가기 시작한 지점에서 약 10도 정도 낮은 위치에서 실온까지 데이터를 복사해서 그림 3.6.8과 같이 M, N 열에 넣는다. O 열에 시간을 넣는데 복사를 한 데이터 시작 부분을 0초로 설정해서 시간을 표시한다. 이 경우는 300초 위치가 0초이므로 M 열에서 300초를 빼서 O 열에 표시하면 된다. P 열은 상대온도로 N 열 온도에서 실온을 뺀 온도를 기록한다.

표 3.6.1(b)의 O와 P 열을 이용해서 시간대 상대온도 그래프를 그리고 추세선을 구하라. 이때 함수는 지수함수를 택하고 절편은 보정된 시간이 0초에서 상대온도를 넣는다. 추세선을 포함한 그래프를 그림 3.6.8에 표시하고 모래의 냉각 상수를 구하라.

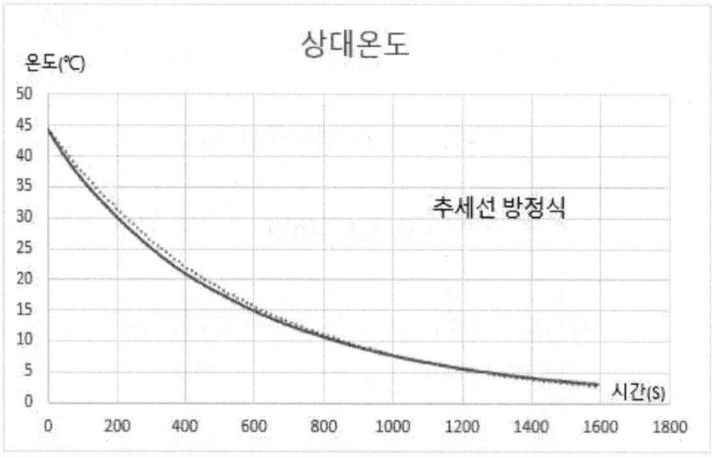

[그림 3.6.8] 상대온도 냉각곡선 예

엑셀에 냉각함수를 넣어 온도 변화를 계산하고 전체 편차 제곱의 합을 구해서 이 값이 최소가 되는 온도계수를 찾아보자. S2 셀에 절편값 44.5를 넣고, 구하려는 냉각상수는 S4 셀에 넣는다. 그리고 전체 편차 제곱의 합은 S6 셀에 넣는다. 냉각함수는 다음과 같다.

$$r = r_0 e^{-kt}$$

냉각함수에서 온도 계산 값은 Q 열에 넣는데 Q2 셀에 식(= S2*EXP(-1*S4*O2)) 을 넣고 데이터가 있는 행까지 복사하면 된다.

〈표 3.6.2〉

O	P	Q	R	S
시간(s)	상대온도(°C)	계산(°C)	편차제곱(°C²)	절편(°C)
0	44.5	44.5	0	44.5
5	44	44.10129686	0.010261053	온도계수
10	43.6	43.70616594	0.011271207	0.0018
15	43.1	43.31457525	0.046042537	편차제곱합(°C²)
20	42.7	42.92649306	0.051299106	74.12856112
25	42.2	42.54188794	0.116887365	
30	41.8	42.16072874	0.130125223	
35	41.4	41.78298458	0.146677188	
40	40.9	41.40862486	0.258699252	
45	40.5	41.03761927	0.289034479	
50	40.1	40.66993774	0.324829033	
55	39.7	40.30555051	0.366691417	
60	39.3	39.94442804	0.4152875	
65	38.9	39.5865411	0.471338676	
70	38.5	39.23186068	0.535620058	
75	38.2	38.88035807	0.462887104	

식에서 S2는 절편으로 식에서 r_0에 해당한다. k는 S4 이고 셀 O2 는 시간이다. S2 셀과 S4 셀에 $를 붙인 것은 Q2 셀을 아래로 복사할 때 절편과 냉각 상수값은 고정된 셀이므로 이를 지정하는 방법이다.

R 열에는 편차 제곱을 넣는데 이 값은 (측정값 – 계산값)의 제곱으로 셀 R2 에 들어가는 식은 = (P2–Q2)^2 이다. 그리고 전체 편차 제곱의 합인 S6 셀에 들어갈 식은 = SUM(R2 : R 데이터 끝 열 번호) 이다. 만일 데이터가 R2 에서 R300 까지 있다면 식은 =SUM(R2 : R300)이 된다. S4 셀은 냉각상수로 추세선에서 구한 값을 넣으면 된다. 또한 결과를 그래프로 확인을 하려면 시간(O), 상대온도(P), 계산(Q) 행을 선택하고 차트 – 분산형 – 곡선이 있는 분산형으로 그래프를 그리고 그림 3.6.9에 표시하라. S4 셀에 냉각 상수값을 변화시키면 전체 편차 제곱 합이 변하는데 이 값이 작아지도록 냉각 상수 값을 변화시켜 최적값을 찾는다.

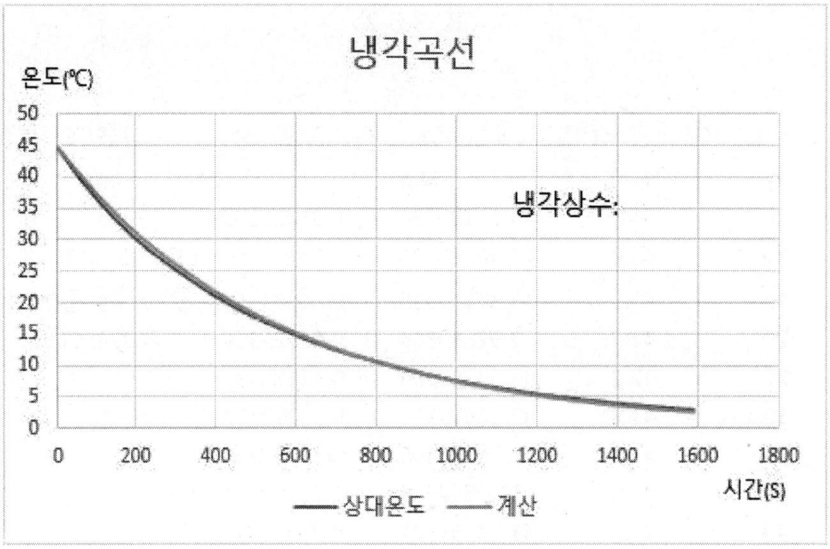

[그림 3.6.9] 실험과 계산 냉각곡선 비교 예

같은 방법으로 물에 대해서 결과를 작성하고 그래프를 그려라. 물과 모래에 대해 냉각 상수를 추세선을 이용한 방법과 직접 계산하여 전체 편차 제곱의 합이 최소가 되도록 한 방법으로 구한 결과를 표 3.6.3에 기록하고 비교하라.

〈표 3.6.3〉

	냉각 상수	
	추세선	계산(최소 편차)
모 래		
물		

표 3.6.3을 근거로 결론에 물과 모래에서 실험으로 얻은 냉각 상수를 보고하고 선택 이유를 설명한다.

결과보고서 작성방법

제 목

목 적

결과 및 분석

■ **물과 모래에 대해서 각각 다음을 작성한다.**

- 시간에 따른 온도 그래프 그림 3.6.7을 넣고 설명을 기록한다.
- 상대온도 냉각곡선 그래프 3.6.8을 그리고 추세선을 넣고 추세선 방정식을 얻어서 냉각상수를 기록한다.
- 그림 3.6.9와 같이 직접 계산에서 편차제곱합이 최소가 되는 냉각상수를 구하고 그래프를 그린다. 그래프 아래에 계산 방법 등을 상세히 기록한다.

■ **물과 모래에서 얻은 결과를 표 3.6.3에 하나로 작성하고 두 값을 비교 설명한다.**

결 론

- 목적과 결과를 보고 결론을 작성한다.

07 Hare 장치를 이용한 액체의 밀도 측정

1) 개요 및 목적

밀도의 정의와 의미, 그리고 물질의 밀도로 무엇을 알 수 있고 설명할 수 있는지 생각하자. 액체의 밀도를 측정할 수 있는 실험방법을 생각하고 그 방법들의 장 · 단점을 이야기해보자.

이 실험에서는 물과 혼합된 에탄올의 밀도를 측정해서 에탄올 함량을 측정하고, 물과 혼합된 에탄올의 밀도와 에탄올 함량의 정확도 사이의 관계를 알아본다.

2) 배경 원리

밀도는 질량을 부피로 나눈 값으로 정의한다. 단위는 kg/m^3, g/cm^3 을 사용한다.

$$\rho = \frac{M}{V}$$

금속으로 밀도가 가장 큰 금속은 오스뮴[Osmium, 원자번호 76 (Os)]으로 밀도가 22.570 g/cm^3 이고, 밀도가 가장 작은 금속은 리튬[Lithium, 원자번호 3 (Li)] 이고, 그 밀도는 0.534 g/cm^3 로 알려져 있다. 밀도는 물질이 지닌 고유의 물리량으로 물질마다 고유값을 갖고 있다.

(1) 아르키메데스의 원리

물질마다 고유의 밀도를 지닌 것을 알고 있었던 아르키메데스는 왕의 금관이 순금인지를 확인하라는 명령을 받고 부력에 대한 원리 즉 아르키메데스의 원리를 발견했다. 부력은 어떤 물체를 어떤 액체에 담그면 그 물체는 물체의 잠긴 부분의 부피에 해당하는 액체의 무게만큼 물체를 액체에서 밀어내려는 힘(뜨는 힘)을 말한다.

$$F = \rho V g$$

아르키메데스의 원리는 어떤 물체를 유체에 넣었을 때 받는 부력의 크기가, 물체가 유체에 잠긴 부피만큼의 유체에 작용하는 무게와 같다는 것이다. 그림 3.7.1에서 5 kg 인 추를 물에 담갔더니 부력을 받아 무게가 3 kg 으로 줄었다. 이 경우 부력이 2 kg 이므로 무게가 5 kg 인 추의 부피는 물 2 kg 에 해당하는 물의 부피와 같다.

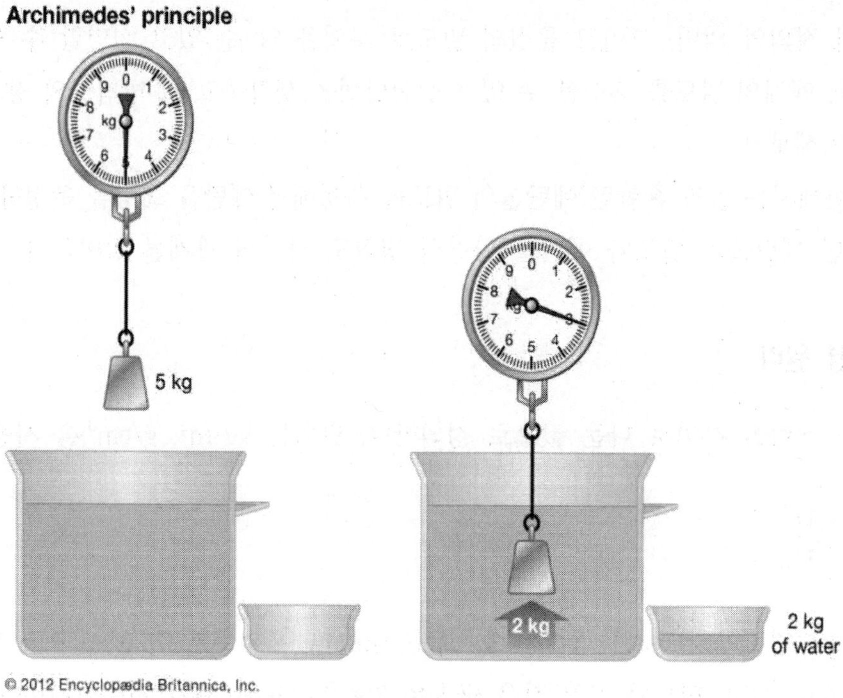

[그림 3.7.1] 아르키메데스의 원리 (출처 : https://www.britannica.com)

비중의 정의는 다음과 같다.

$$\text{비중} = \frac{\text{물체의 무게}}{\text{같은 부피의 4℃ 물의 무게}}$$

밀도 정의에서 무게는 밀도에 부피를 곱한 값이므로 비중은 다음과 같이 쓸 수 있다.

$$S=\frac{W_m}{W_w}=\frac{\rho_m V_m g}{\rho_w V_w g}$$

이때 (물체의 부피 = 물의 부피)이므로

$$S=\frac{\rho_m}{\rho_w}=\frac{\text{물체의 밀도}}{4℃\ \text{물의 밀도}}$$

즉, 비중은 물과 물체의 밀도 비이다. 비중은 무게의 비로 단위를 지니지 않는 숫자이다. 일반적으로 비중이 물과 밀도의 비와 같으므로 비중이 1보다 크면 물에 가라앉고 1보다 작으면 물에 뜬다. 액체의 밀도 또한 액체의 질량을 액체의 부피로 나누면 된다.

$$\text{액체의 밀도}=\frac{\text{액체의 질량}}{\text{액체의 부피}}$$

액체의 밀도 측정 방법을 알기 위해 유체를 다루는데 필요한 물리량들을 먼저 살펴보자. 유체도 무게를 지니며 유체에서 무게는 압력의 형태로 나타난다. 우리가 사는 지구에는 공기가 있고 이 공기층을 대기라고 한다. 우리가 지상에서 받는 대기의 압력을 대기압이라고 한다. 대기압의 근원은 공기의 무게인데 물체의 무게는 중력이 작용하는 방향, 즉 아래 방향으로 작용하지만, 공기는 유체로 어떤 모양을 지니지 않기 때문에 중력이 아래 방향으로만 작용해도 공기분자의 무게는 분자들의 상호작용으로 모든방향으로 작용한다. 따라서 유체에서 무게에 해당하는 물리량을 압력이라고 하고 이것은 단위면적당 가한 힘 즉 단위면적당 무게로 정의한다.

$$P=\frac{F}{A}\ \frac{[N]}{[m^2]}\ \text{또는}\ [Pa](Pascal)$$

압력 = 단위면적당 가한 힘 (N/m^2 = Pa(**파스칼**))

밀도가 ρ 인 유체의 깊이 h 인 곳에서 압력은 다음과 같다. (단면적이 A 높이가 h 인 직육면체를 생각하고 직육면체 아래의 부분에서 압력을 계산한다.)

$$\text{밀도} = \frac{\text{질량}}{\text{부피}}$$

$$\text{질량} = \text{부피} \times \text{밀도}$$

$$w = mg = \rho Vg = \rho(Ah)g$$

$$P = \frac{w}{A} = \frac{\rho Vg}{A} = \rho gh$$

만일 유체의 표면을 대기압 p_0 로 누른다면 (그림 3.7.2) 깊이 h 인 곳에서의 압력 p 는 다음과 같다.

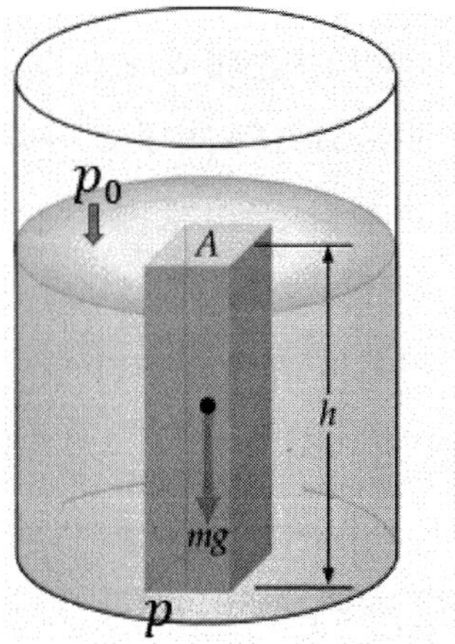

$$p = p_0 + \rho gh$$

[그림 3.7.2]

(2) 대기압

대기압은 공기의 무게로 인한 압력으로 대기층의 무게에 해당한다. 최초로 대기압을 측정한 사람이 이탈리아 물리학자 에반젤리스타 토리첼리이다. 그는 펌프로 물을 퍼 올릴 수 있는 깊이가 10미터가 한계인 이유를 찾기 위해 연구했고 그 결과 대기압을 발견하게 되었다. 그림 3.7.3에 지상에서 대기압과 같은 압력을 만들기 위한 수은 기둥, 물기둥의 높이 h는 물기둥의 경우 10.3 m이며, 밀도가 13.5배 큰 수은이 경우 76 cm가 된다.

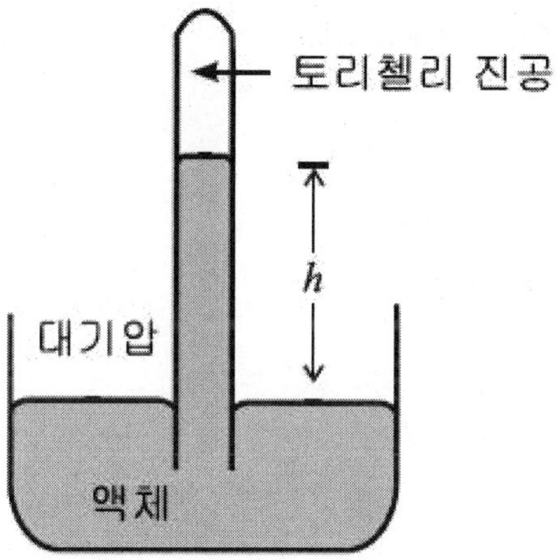

[그림 3.7.3] 대기압과 토리첼리 진공

지상에서의 기압을 1기압이라고 하며, 이 값은 760 mmHg를 쓰는데 이것은 수은 기둥 760 mm에 해당하는 압력이란 뜻으로 mmHg는 압력의 또 다른 단위인 torr와 같다. 대기압을 계산해보면 다음과 같다.

$$1\text{기압} = 1\,atm = 760\,mmHg = 760\,Torr$$

$$p = \rho gh = 13.5\ \ g\ /cm^3 \times 980\ \ cm/s^2 \times 76\ \ cm$$

$$= 1{,}012{,}928\ \ g/cm \cdot s^2 = 101{,}292.8\ \ kg/m \cdot s^2$$

$$[Pa] = \frac{N}{m^2} = \frac{kgm/s^2}{m^2} = \frac{kg}{m \cdot s^2}$$

$$1\ Pa = 10^{-5}\ bar$$

따라서 1기압은 다음과 같이 쓸 수 있다.

$$1\ \ atm = 760\ \ mmHg = 760\ \ Torr$$

$$= 1013\ \ hPa = 1013\ \ mbar$$

(3) Hare 장치

첫번째 위치에서 관내의 압력

$$\rho_1 g h_1 + P = \rho_2 g h_2 + P = P_0 \qquad (1)$$

두번째 위치에서 관내의 압력

$$\rho_1 g h_1' + P' = \rho_1 g h_2' + P' = P_0 \qquad (2)$$

식(1) - 식(2)

$$\rho_1 (h_1 - h_1') = \rho_2 (h_2 - h_2')$$

$$\rho_2 = \frac{h_1 - h_1'}{h_2 - h_2'} \rho_1 \qquad (3)$$

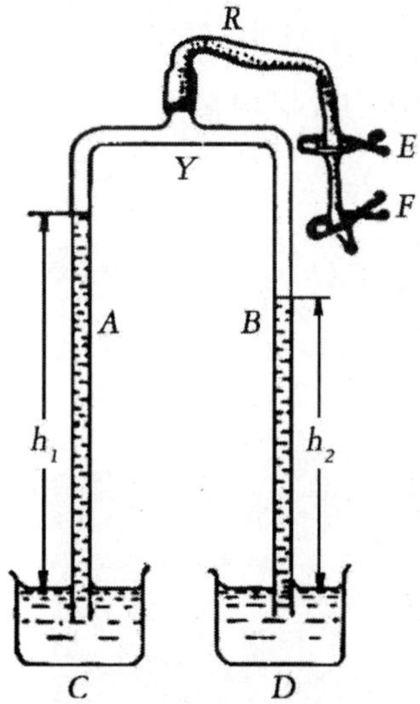

p: 관내의 기압
대기압

[그림 3.7.4]

이 경우 수식 3에서 첨자 1이 있는 쪽이 기준시료로 증류수고, 첨자 2는 밀도를 측정할 시료가 된다.

따라서 기준이 되는 액체의 밀도를 알고 있다면 모르는 액체의 밀도는 높이차와 아는 액체의 밀도로부터 계산할 수 있다. 액체의 밀도 측정실험에서는 소금물의 밀도를 측정하고, 에탄올 함량을 모르는 시료의 밀도를 측정하고, 에탄올 함량에 따른 밀도의 기준 자료를 이용해서 에탄올 함량을 알아낸다.

- 소금물의 밀도를 측정한다.
- 에탄올 함량을 모르는 시료의 밀도를 구한다.
- 에탄올 함량이 각각 100%, 75%, 50%, 25%인 에탄올과 물이 혼합된 액체의 밀도를 측정한다.
- 에탄올 함량에 따른 밀도 자료로부터 에탄올 함량을 모르는 시료의 에탄올 함량을 알아낸다.
- 오차 분석을 통해서 측정밀도의 정확도에 따른 에탄올 함량의 정밀도를 알아본다.

3) 실험장치

Hare 장치, 비커, 소금물, 증류수, 100 % 에탄올

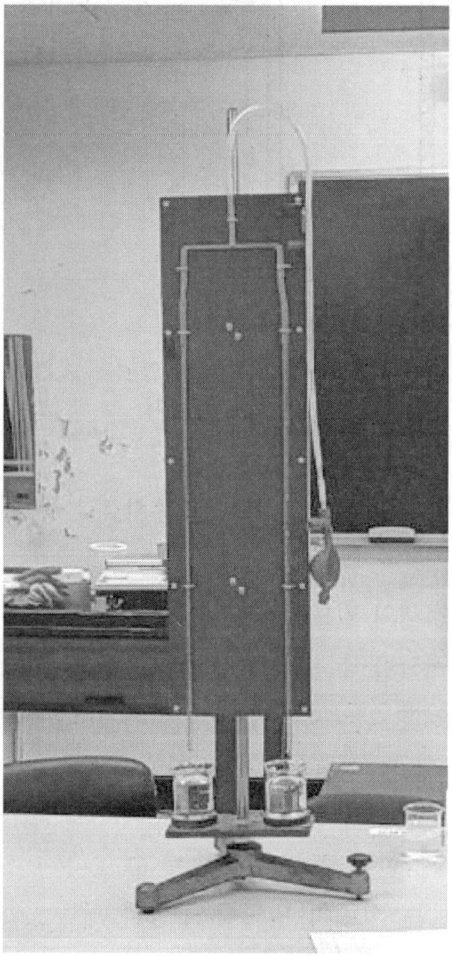

[그림 3.7.5]

4) 실험방법 (그림 3.7.4 참조)

- 소금물을 준비한다. 증류수와 에탄올을 임의의 비율로 섞어서 임의의 에탄올 함량의 시료를 준비한다. 100 %, 75 %, 50 %, 25 % 에탄올 함량의 시료를 준비한다.
- 비커 C에 증류수, 비커 D에 측정하려는 액체를 넣는다.
- 클립 E, F를 열고 클립 아래에 펌프를 연결하여 두 액체를 끌어 올린다. 이때 두 액체를 너무 많이 끌어 올려 두 액체가 섞이지 않도록 주의한다. 만일 두 액체가 섞였다면 두 액체를 모두 버리고 다시 실험을 시작한다.
- 두 액체의 높이를 읽어 표 3.7.1에 기록한다.
- 펌프를 떼고 클립 E를 열어 관에 공기가 조금 들어가도록 해서 액체의 높이를 낮춘다.
- 두 액체의 높이를 읽어 표 3.7.1에 기록한다.
- 클립 F를 열었다가 닫아서 클립 E와 F 사이에 공기가 들어가도록 한다.
- 클립 E를 열었다가 닫아서 다시 관내에 공기가 조금 더 들어가도록 한다.
- 두 액체의 높이를 읽어 표 3.7.1에 기록한다.
- 액체의 높이를 내리면서 7 ~ 8회 정도 실험방법 6번에서 8번을 반복한다.
- 실험방법대로 소금물, 에탄올 함량을 모르는 시료, 100 %, 75 %, 50 %, 25 % 에탄올의 밀도를 모두 측정해서 기록한다.
- 실험 모두 기준시료는 증류수로 20 ℃에서 증류수의 밀도를 0.998 g/cm^{3}를 사용한다. 소금물의 밀도를 측정한 결과를 표 3.4.1에 기록한다. 이때 시료와 증류수의 높이는 cm로 0.1 cm(1 mm)까지 측정한다.
- 편차는 밀도 - 밀도 평균이고, 편차 제곱은 편차값을 제곱해서 기록한다. 편차 제곱 합에는 편차의 제곱을 모두 합한 값을 기록한다.

• 소금물의 밀도를 측정한 결과를 표 3.7.1에 기록한다.

〈표 3.7.1〉

증류수 (cm)	소금물 (cm)	증류수 높이차 (cm)	시료 높이차 (cm)	밀도 (g/cm^3)	편 차	편차 제곱
평 균	-	-	-	밀도평균	합	편차 제곱 합

• 같은 방법으로 알코올 함량을 모르는 시료의 밀도 측정결과를 표 3.7.2에 기록한다.

〈표 3.7.2〉

증류수 (cm)	시료 (cm)	증류수 높이차 (cm)	시료 높이차 (cm)	밀도 (g/cm^3)	편 차	편차 제곱
평 균	-	-	-	밀도평균	합	편차 제곱 합

• 100 % 에탄올에 대한 밀도 측정결과를 표 3.7.3에 기록한다.

〈표 3.7.3〉

증류수 (cm)	100% 에탄올 (cm)	증류수 높이차 (cm)	시료 높이차 (cm)	밀도 (g/cm^3)	편 차	편차 제곱
평 균	-	-	-	밀도평균	합	편차 제곱 합

• 75 % 에탄올에 대한 밀도 측정결과를 표 3.7.4에 기록한다.

〈표 3.7.4〉

증류수 (cm)	75% 에탄올 (cm)	증류수 높이차 (cm)	시료 높이차 (cm)	밀도 (g/cm^3)	편 차	편차 제곱
평 균	-	-	-	밀도평균	합	편차 제곱 합

• 50 % 에탄올에 대한 밀도 측정결과를 표 3.7.5에 기록한다.

〈표 3.7.5〉

증류수 (cm)	50% 에탄올 (cm)	증류수 높이차 (cm)	시료 높이차 (cm)	밀도 (g/cm^3)	편 차	편차 제곱
평 균	-	-	-	밀도평균	합	편차 제곱 합

• 25 % 에탄올에 대한 밀도 측정결과를 표 3.7.6에 기록한다.

〈표 3.7.6〉

증류수 (cm)	25% 에탄올 (cm)	증류수 높이차 (cm)	시료 높이차 (cm)	밀도 (g/cm^3)	편 차	편차 제곱
평 균	-	-	-	밀도평균	합	편차 제곱 합

5) 분석 및 토의

(1) 오차 분석

각 측정값 하나하나에 대한 표준오차는 다음과 같이 쓸 수 있다.

$$\sigma = \sqrt{\frac{\sum \rho^2}{n-1}}$$

이 표준오차를 평균 제곱 오차 또는 표준편차라 한다. 여기서 ρ는 편차이고, n은 측정횟수이다. 또한 각 측정값 하나하나에 대한 확률오차는 $\epsilon = 0.6745\sigma$ 이다. 확률오차는 이 값을 경계로 더 큰 오차와 작은 오차가 일어날 확률이 같게 되는 것으로 정의한다. n회 반복 측정을 한 경우 결과의 평균값의 신뢰도는 올라가고, 평균값에 대한 오차는 각 측정값의 오차보다 $1/\sqrt{n}$ 만큼 작다. 즉, 평균값에 대한 평균 제곱 오차와 평균값에 대한 확률오차는 다음과 같다.

$$\sigma_m = \frac{\sigma}{\sqrt{n}}, \quad \epsilon_m = \frac{\epsilon}{\sqrt{n}}$$

이 식을 이용하여 측정한 소금물 밀도를 오차를 포함해서 표시해라. 또한 미지시료의 밀도도 같은 방법으로 오차를 포함해서 표시해라.

〈표 3.7.7〉

에탄올 함량 (%)	밀도 (g/cm^3)	편차 제곱 합 (g^2/cm^6)	평균값의 확률오차 (g/cm^3)
0	0.998		
25			
50			
75			
100			

표 3.7.3에서 표 3.7.6의 결과를 이용해서 에탄올 함량에 따른 밀도를 표 3.7.7에 기록한다. 표 3.7.7을 이용해서 에탄올 함량 대 밀도 그래프를 그리고 추세선을 얻고 추세선 방정식을 구한다. 추세선 방정식을 구할 때 1차 선형 방정식으로 구하며 y 절편은 에탄올이 0 %인 증류수의 밀도이므로 y 절편을 0.998을 넣어서 구한다. 추세선 방정식을 x에 대해서 풀면 측정한 밀도에서 에탄올 함량을 구할 수 있다. 에탄올 함량은 수식을 이용해서 구하게 되므로 수식에 의한 오차의 전파를 고려해야 한다.

오차를 구하기 위해서는 방정식을 사용할 경우 선형 수식 계산에 따른 오차의 전파는 다음과 같다.

$$Y = aX + b$$

$$\sigma = \sqrt{a^2\sigma_x^2}$$

$$\epsilon = \sqrt{a^2\epsilon_x^2}$$

표 3.7.8에 에탄올 함량을 모르는 시료의 밀도와 에탄올 함량에 대한 평균값 확률오차를 계산하고 표를 완성하라.

〈표 3.7.8〉

	미지시료	평균값 확률오차	측정값 + 평균값 확률오차	측정값 - 평균값 확률오차
밀도(g/cm^3)				
에탄올(%)				

(2) 표 3.7.8 작성방법

미지시료의 에탄올 함량을 구하기 위해서 표 3.4.7에서 에탄올 함량을 x축으로 밀도를 y 축으로 정하고 그래프를 그리고 추세선의 방정식을 구한다. 추세선을 구할 때 y축 절편값 0.998을 넣어야 한다. 그림 3.7.6에 예가 있다.

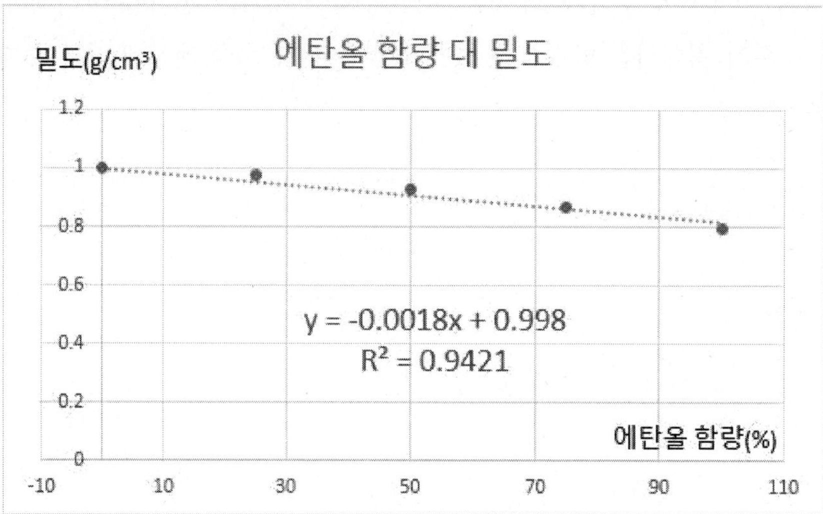

[그림 3.7.6] 에탄올 함량 대 밀도 그래프

$$Y = aX + b$$

일차 방정식의 경우 오차는 다음 수식으로 전파된 오차를 계산한다.

$$\sigma = \sqrt{a^2 \sigma_x^2}$$

$$\epsilon = \sqrt{a^2 \epsilon_x^2}$$

그래프에서 얻은 추세선 방정식은 x축이 함량이므로 밀도에서 함량을 구하기 위해서는 추세선 방정식을 x에 대해서 정리하면

$$X=\frac{Y}{a}-\frac{b}{a}$$ 이고,

오차는 $\sigma=\sqrt{\left(\frac{1}{a}\right)^2\sigma^{2_y}}$ $\epsilon=\sqrt{\left(\frac{1}{a}\right)^2\epsilon_y^2}$ 이다.

예의 경우는

$$에탄올함량(X)=\frac{밀도(Y)}{-0.0018}-\frac{0.998}{-0.0018}=63.33\%$$

미지시료의 측정된 밀도에 대한 평균값의 확률오차가 0.00239 g/cm^3 이므로 에탄올 함량에 대한 확률오차는 다음과 같다.

$$\epsilon=\sqrt{\left(\frac{1}{-0.0018}\right)^2 0.0239^2}=13.28\%$$

에탄올 함량에 대한 수식 $Y=-0.0018X+0.998$에서 에탄올 밀도의 계수가 $-1/0.0018=555.5$ 이다. 따라서 밀도가 0.01 g/cm^3 차이가 나면 에탄올 함량은 5.5% 차이가 발생한다. 또한 0.001 g/cm^3 밀도의 변화에 약 0.55% 차이가 발생하므로 최소한 1% 미만의 오차를 지니려면 ±0.001 g/cm^3 정도의 정밀도로 밀도를 측정해야만 한다.

결과보고서 작성방법

제 목

목 적

결과 및 분석

- 표 3.7.1 ~ 표 3.7.6까지 실험 결과를 작성하고 표 아래에 계산 방법을 기록한다.
- 표 3.7.7을 기록하고 계산 방법을 표 아래에 자세히 작성한다.
- 표 3.7.3 ~ 표 3.7.6을 이용하여 그림 3.7.6과 같은 그래프를 그리고 추세선을 구한다. 그래프 아래에 작성 방법과 그래프 분석 내용을 적는다.
- 추세선 방정식을 이용해서 표 3.7.8을 계산하고 모든 계산 방법을 자세히 적는다.

결 론

- 목적과 결과를 보고 결론을 작성한다.

08 기주공명을 이용한 음속 측정

1) 개요 및 목적

소리는 눈에 보이지 않고 또한 전파 속도도 빠르다. 이 실험에서는 소리속도를 측정할 수 있는 방법을 생각하고, 그 방법을 이용해 소리 속도를 측정하고 그 결과를 알려진 값과 비교하여 측정방법의 타당성을 검증한다.

2) 배경 원리

속도는 이동거리를 시간으로 나눈 값이다. 소리 속도도 소리가 진행한 거리를 그 거리를 진행하는데 소요된 시간으로 나누면 된다. 그러나 소리는 눈에 보이지 않으므로 소리가 어느 시간에 어느 위치에 있는지 아는 것은 불가능하다. 눈으로 보는 것이 불가능하니 귀로 소리를 들어 보자.

실험실 양쪽 끝에 각각 두 사람과 한 사람을 세우고 양쪽 끝 두 사람에게 영점을 맞춘 스톱워치를 주고, 바닥에 떨어져서 소리를 낼 수 있는 물체를 두 사람이 있는 쪽에 스톱워치가 없는 사람이 바닥으로 떨어뜨린다. 떨어뜨리는 순간 신호를 주어 스톱워치를 가진 두 사람이 신호를 보고 동시에 시간을 재기 시작하고 소리가 들리는 순간까지 시간을 측정한다. 소리가 두 사람에게 전달되는 거리 차이가 십여 미터 정도이므로 실험실 양쪽 끝 두 사람 사이의 거리를 두 사람이 측정한 시간 차이로 나누면 소리의 속도를 측정할 수 있다.

그러나 이 방법을 수행하면 시간 측정 오차가 측정값(시간 차이)과 비교하면 너무 커서 실험 자체가 불가능하다. 그 이유는 소리의 속도가 수십 미터를 진행하는데 시간 차이가 거의 없을 만큼 빠르고, 초정밀 측정장치를 사용하지 않고는 그 시간 차이를 측정하는 것은 불가능하다. 이 방법을 이용하려면 두 측정지점이 서로 아주 멀리 떨어져 있어야 한다. 산에서 메아리를 생각하면 소리가 도달하는 시차를 느끼려면 적어도 수백 미터 이상 떨어져 있어야 한다.

보통 상온에서 음속은 340 m/s이다. 이는 100미터 이동 시 약 0.29초가 걸린다. 따라서 맞은편 산과 500미터 떨어져 있는 곳에서 메아리를 관측한다면 소리의 이동 거리가 1 km이므로 약 2.9초의 시차가 생긴다.

이런 방법 말고 실험실 내에서 간편하게 음속을 측정할 방법을 생각하자. 소리는 파동이다. 파동의 속도는 진동수에 파장을 곱하면 구할 수 있다. 따라서 소리의 진동수와 파장을 알 수 있다면 소리의 속도를 알 수 있다. 소리의 진동수는 음파발생기(audio function generator)에 의해 특정 진동수를 지정한 소리를 만들 수 있고 진동수를 알고 있는 소리에서 파장측정은 공명현상을 이용하면 측정할 수 있다.

파동은 매질을 통해 운동이나 에너지가 이동할 때 나타나는 교란 또는 진동이 퍼져나가는 현상, 매질을 통해 운동이나 에너지가 전달되는 현상을 이야기한다.

파동에는 파동의 진행 방향과 진동 방향의 관계에 따라 횡파와 종파로 구분한다. 횡파는 파동의 진동 방향과 진행 방향이 서로 수직인 파동으로 물결파, 지진파에서 S파, 전자기파 등이 여기에 해당한다. 종파는 파동의 진동 방향과 진행 방향이 같거나 반대 방향인 파동으로 음파, 초음파, 지진파에서 P파가 종파이다.

파동을 구성하는 요소는 진폭과 진동수와 파장이다. 파동은 주기 운동으로 주기와 진동수를 갖는다. 주기는 반복운동이 한번 운동하는데 걸리는 시간이다. 따라서 주기의 단위는 시간(s) 이다.

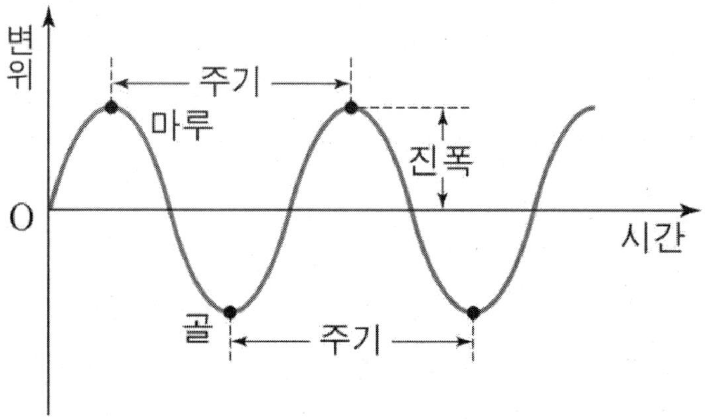

[그림 3.8.1]

진동은 반복운동의 기준이 되는 한 번의 운동을 말한다. 진동수는 1초 동안 진동하는 횟수이므로 진동수는 진동횟수/시간으로 단위는 [1/s], 이것을 Hz(헤르츠)라 하고 주기와 진동수는 서로 역수의 관계를 갖는다. 단위를 보아도 이 관계가 성립하는 것을 알 수 있다.

주기 = 1 / 진동수 $T=\frac{1}{f}$

파장은 파동이 한 주기 동안 진행한 거리가 된다. 따라서 파장을 주기로 나누면 파동의 속력이 나온다. 단위를 살펴보면 거리(파장)를 시간(주기)으로 나누므로 m/s, 즉 파장을 주기로 나누면 속력의 단위를 지닌다.

파동의 속력 = 파장 / 주기 = 진동수 X 파장 $v=\frac{\lambda}{T}=f\lambda$

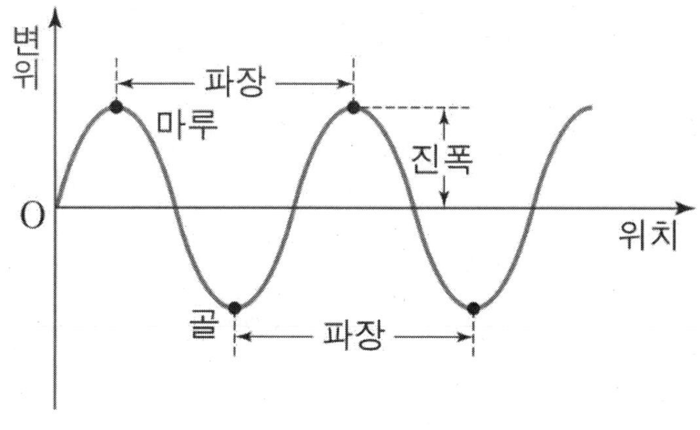

[그림 3.8.2]

공명은 특정 진동수에서 파동의 중첩과 보강간섭으로 인하여 진폭이 증가하는 현상을 말한다. 보강간섭과 상쇄간섭은 진동수가 같은 두 파동이 만날 때 위상차에 의해 발생하는 현상이다. 만일 위상차가 0도이면 두 파동은 정확히 일치해서 보강간섭이 일어나서 진폭이 배로 증가하고(그림 3.8.3), 위상차가 180도면 상쇄간섭이 일어나 파동이 사라진다(그림 3.8.4). 이러한 간섭현상이 공명조건이 된다.

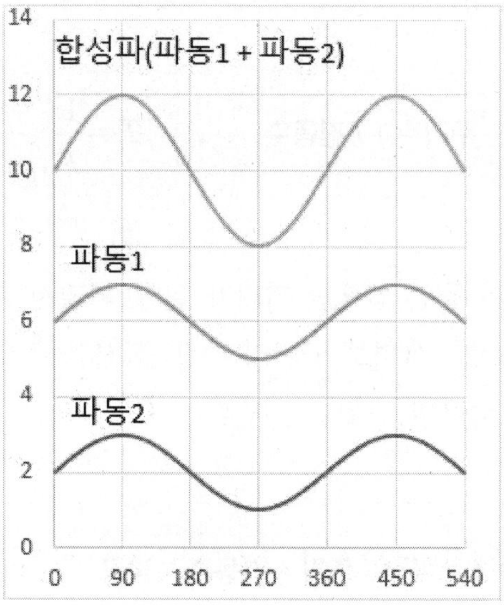

[그림 3.8.3] 보강간섭

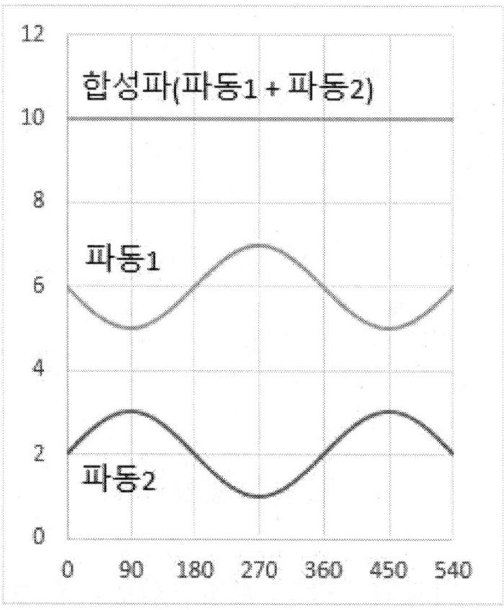

[그림 3.8.4] 상쇄간섭

정상파는 파동의 마디나 배의 위치가 변하지 않는 파동으로 공명은 정상파에서만 일어나게 된다. (그림 3.8.5)

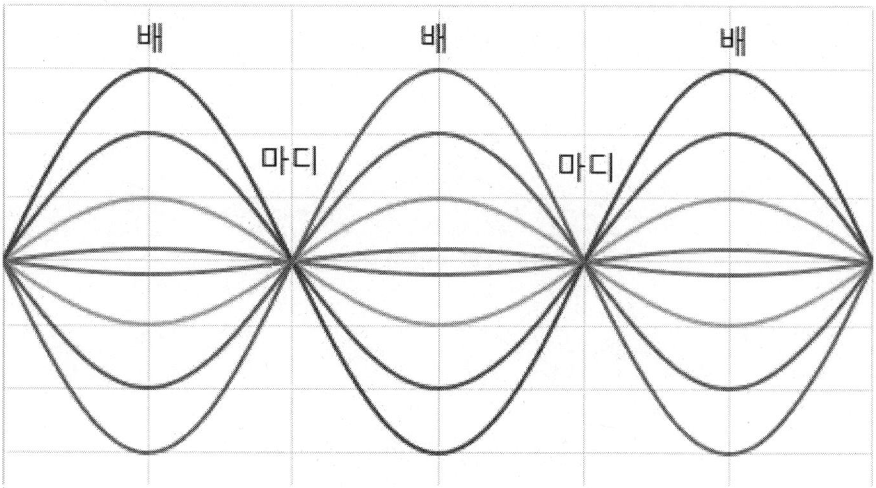

[그림 3.8.5] 정상파

양쪽 끝이 고정된 현이 연속적인 진동을 하려면 파동의 1/2파장이 현의 길이에 정수배가 될 때만 가능하다. 즉 현이 정상파를 만들 때만 연속해서 진동이 일어나게 된다. (그림 3.8.6) 양쪽이 고정된 현의 공명 조건은 현의 길이 = (공명 파동의 파장 / 2) × n(정수) 이다.

양쪽이 열린 관에서 공명이 일어나려면 관 안에 정상파가 형성되어야 하고 열린 양쪽에는 파동의 배 부분이 와야 공명이 일어난다. 따라서 파동에서 양쪽 끝에 배가 올 수 있는 조건은 관의 길이 = (공명 파동의 파장 / 2) × n(정수) 이 된다. (그림 3.8.8)

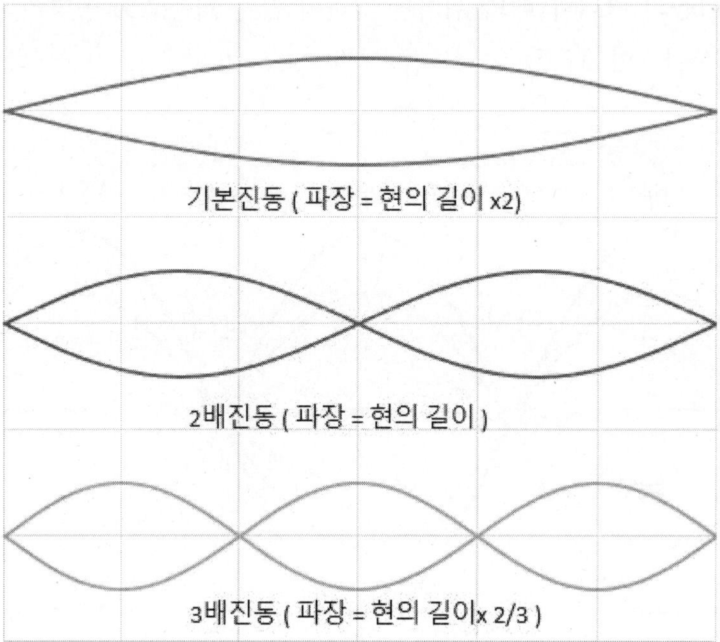

[그림 3.8.6] 현의 공명조건

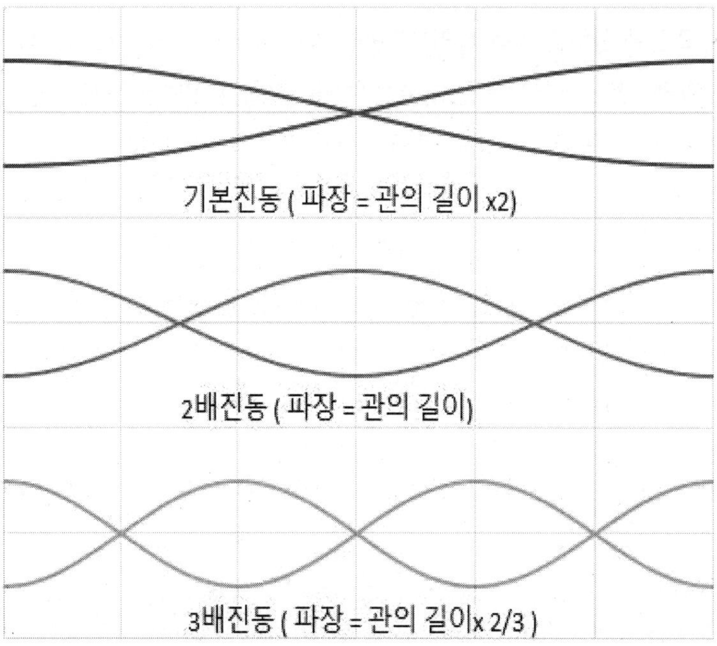

[그림 3.8.7] 양쪽이 열린 관의 공명 조건

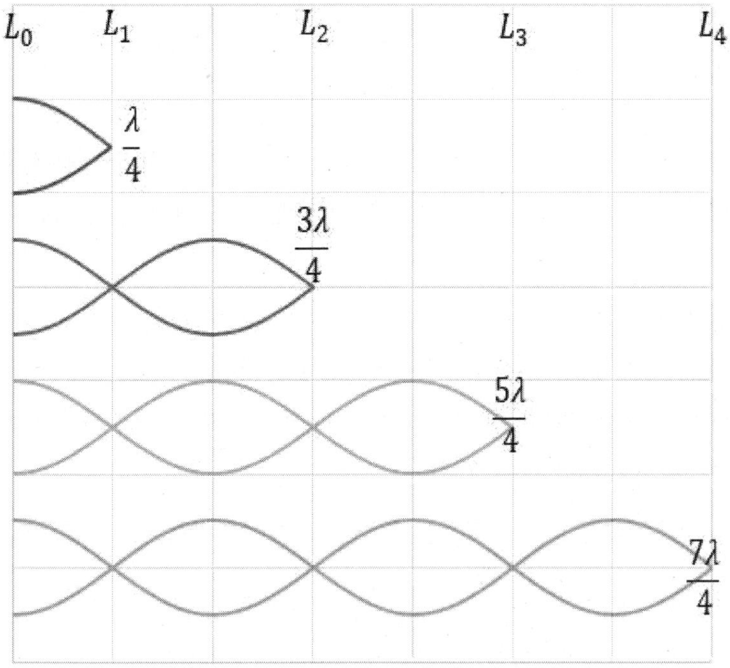

[그림 3.8.8] 한쪽이 막힌 관의 공명 조건

한쪽은 열리고 다른 한쪽이 닫힌 관에서 공명 조건을 살펴보자. 열린 쪽은 파동의 배가 위치해야 하고 닫힌 쪽은 파동의 마디가 위치해야 한다. 따라서 다음 조건을 만족해야 공명이 일어난다.

$$L_1 - L_0 = \frac{\lambda}{4}, \quad L_2 - L_0 = \frac{3\lambda}{4},$$

$$L_3 - L_0 = \frac{5\lambda}{4}, \quad L_4 - L_0 = \frac{7\lambda}{4}$$

공명 실험장치에 진동수를 알고 있는 음파를 넣어서 공명이 일어나는 위치를 찾으면 음파의 파장을 알 수 있다. 측정한 파장과 알고 있는 음파의 진동수를 곱하면 음속을 얻는다. 일반적으로 기체 속에서의 소리의 속도는 기체의 압력 P와 밀도 ρ에 따라 변한다.

$$v = \sqrt{k\frac{P}{\rho}}$$

여기서 κ는 정압비열 대 정적비열의 비이며, 공기의 경우 1.403이 된다. 또한 온도에 따라 기체가 팽창하므로 기체의 팽창법칙을 적용하면 온도에 따른 음속은 다음과 같다.

$$v(T) = v_0\sqrt{1+\alpha T}$$

여기서 T는 기체 온도로 섭씨 단위이며, v_0는 0℃에서의 음속으로 331.45 m/s이다. 또한 α는 공기 팽창계수로 1/273이다.

3) 실험장치

- 기주공명 장치, 스피커, 파형 발생기가 필요하고 파동의 정확한 진동수를 조정하기 위해서는 오실로스코프도 필요하다.

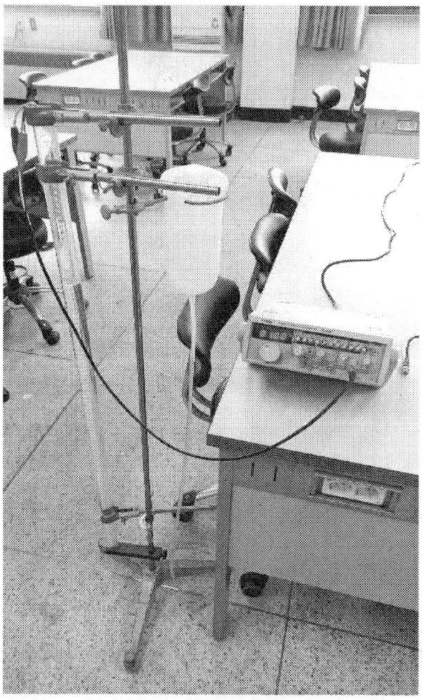

[그림 3.8.9]

- 양쪽이 열린 관은 OHP 필름을 여러 장 말아 연결해서 길이를 변화시킬 수 있도록 만들어서 사용한다.
- 기주공명 장치가 없다면 페트병(1.5 ~ 2 리터 생수통)을 잘라서 물통을 준비하고 OHP 필름을 말아 원통을 만들어 공명관으로 쓰면 된다. 또한 함수발생기는 스마트폰 앱에 함수발생기를 사용하면 된다. 안드로이드 폰은 플레이 스토어에서 음파발생기(function generator)를 찾으면 되고, Apple은 앱스토어에서 음파발생기(audio function generator), audio signal generator, tone generator로 찾으면 된다.
- 스마트폰을 음원으로 사용할 경우 주파수를 정확히 설정할 수 있어서 오실로스코프는 필요 없다.
- 15 cm, 30 cm, 1 m 자, 온도계

4) 실험방법

(1) 기주공명

- 실험실 실내 온도를 측정한다.
- 기주공명 장치에 물을 채운다. 물의 양은 기주에 물을 가득 채웠을 때 (1 ~ 2 cm정도 여유를 두어 물이 넘치지 않도록) 물그릇이 거의 비워지도록 해서 기주에서 물을 내렸을 때 물그릇에 물이 넘치지 않도록 조절한다.
- 스피커를 기주 위에 1 ~ 2 cm정도 거리를 두고 소리가 기주 안으로 들어갈 수 있도록 고정장치를 이용해 설치한다.
- 오실로스코프를 함수발생기의 출력단에 연결하고 함수발생기에서 사인 파형이 출력되도록 선택하고 주파수는 1 kHz가 되도록 조절한다.
- 함수발생기 출력단에서 오실로스코프를 제거하고 기주공명 장치에 설치한 스피커 단자에 연결하고 소리가 들리는지 확인한다. 공명이 일어나지 않은 상태에서 소리가 너무 크지 않도록 함수발생기 출력을 조절한다.
- 기주에 물이 넘치지 않을 정도까지 물통을 올려서 물을 채우고 천천히 물통을 내려 기주의 물이 내려가도록 하며 공명 위치를 찾는다.

- 첫번째 공명 위치 L1, 두번째 공명 위치 L2, 세번째 공명 위치 L3, 네번째 공명 위치 L4 등을 길이가 허용하는 한 찾아서 표에 기록한다.
- 5회 실험을 반복하고, 그 값을 표에 기록한다.
- 음원의 주파수를 500 Hz, 2 kHz로 설정하고 같은 실험을 반복한다.

(2) 페트병과 OHP 필름 파이프사용

- 실내 온도를 측정한다.
- 페트병(1.5 ~ 2 리터 생수통)의 윗부분을 잘라 물통을 만든다.
- OHP 필름을 말아서 파이프 형태로 만들고 테이프로 고정한다. 만든 파이프 길이가 물통의 길이와 비슷하게 자른다. 다른 필름으로 만든 필름 파이프 위를 감싸서 두번째 필름 파이프를 만든다.
- 파이프를 감싸서 만든 이유는 두 필름 파이프를 서로 밀어 넣어 길이를 조절하기 위해서다.
- 공명 위치 L3, L4 위치까지 측정하려면 필름 파이프를 연결할 필름 파이프 위에 감아서 조금 큰 크기로 만들어서 연결하면 된다. (그림 3.8.10)

[그림 3.8.10]

• 스마트폰에 음파발생기(function generator)를 실행하고 사인파 1 kHz 출력이 되도록 한다. Wave From에서 사인파를 선택하고 Enter Value 버튼을 누르면 출력 주파수를 입력할 수 있다. (그림 3.8.11)

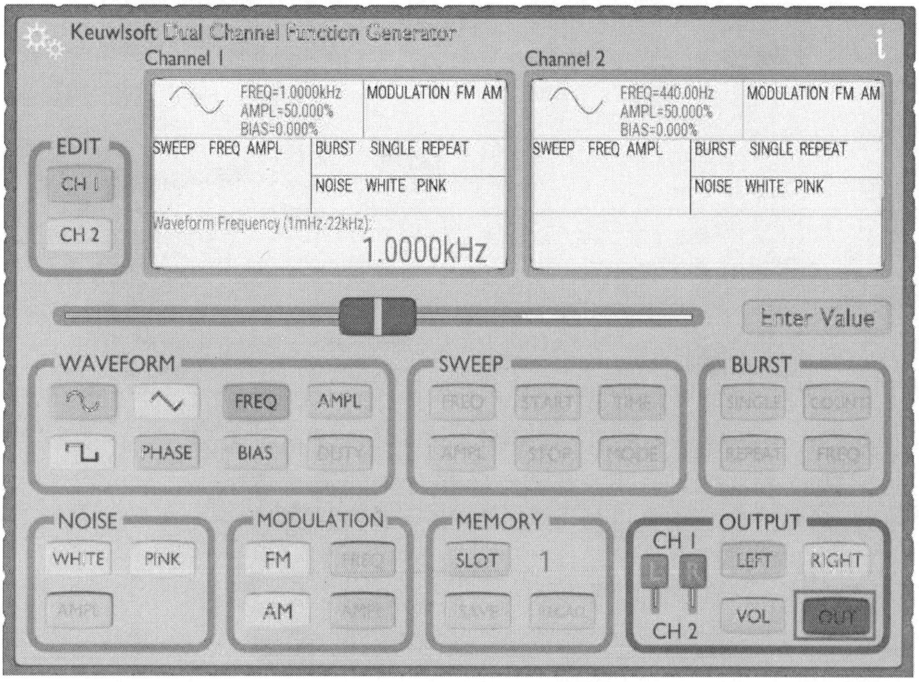

[그림 3.8.11]

• 제일 짧은 필름 파이프에 자를 붙이고 (0점이 필름 파이프 끝과 일치시킬 것) 물통에 파이프를 넣는다. 필름 파이프 공명관 길이를 3 cm 부터 시작해서 천천히 파이프를 물 밖으로 끌어 올리며 공명관 길이를 늘이면서 공명 위치를 찾아 기록한다. (그림 3.8.12)
• 첫번째 공명이 일어나는 위치를 5번 측정한다. (이때 측정마다 음원이 1 kHz 일 때, 공명관 길이를 3 cm부터 시작한다. (음원의 진동수에 따라 파장이 다르다.)

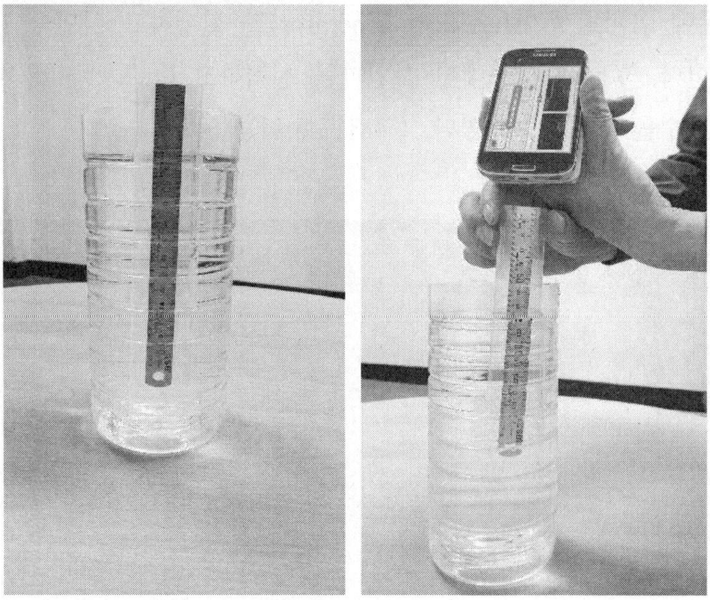

[그림 3.8.12]

• 필름 파이프의 길이를 늘이면서 두번째, 세번째 공명 위치를 계속해서 각각 5회 측정하고 기록한다. (그림 3.8.13)

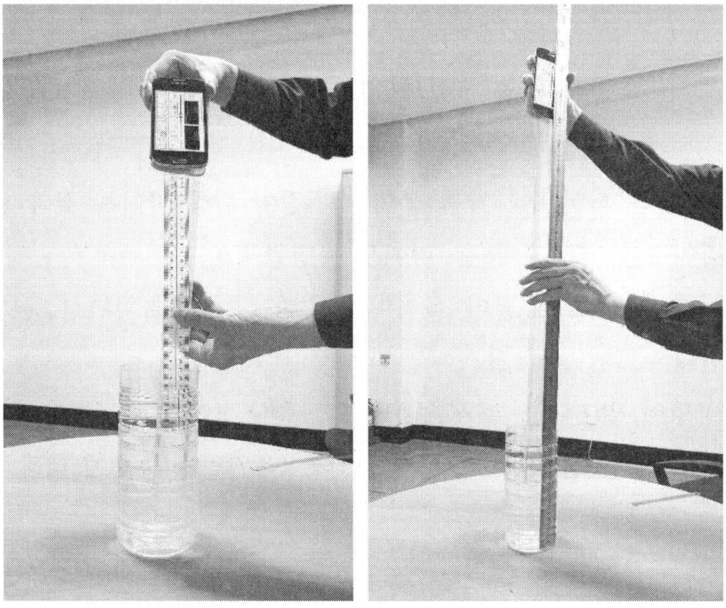

[그림 3.8.13]

(3) 양쪽이 열린 관(OHP 필름 파이프)

- 실내 온도를 측정한다.
- 10 cm 필름 파이프 2개, 그리고 20 cm 필름 파이프 3 ~ 4개를 준비한다.
- 1 m자를 놓고 10 cm 필름 파이프 2개를 연결하여 길이가 10 cm에서 18 cm까지 변하게 한다.
- 필름 파이프를 30 cm 자 위에 놓고, 필름 파이프 한쪽 끝에 스마트폰을 놓고 음파발생기(function generator)를 실행하고, 사인파 1 kHz 출력이 되도록 한다. Wave Form에서 사인파를 선택하고 Enter Value 버튼을 누르면 출력 주파수를 입력할 수 있다. (그림 3.8.11)
- 소리가 들리면 필름 파이프의 길이를 조절하여 첫번째 공명 위치를 찾는다. (그림 3.8.14)

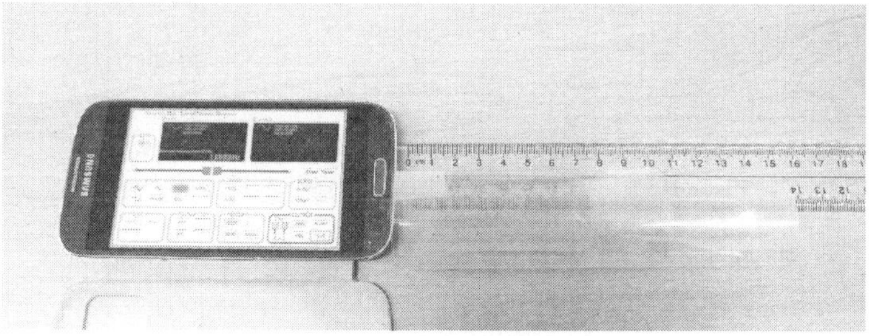

[그림 3.8.14]

- 첫번째 공명 위치를 5번 측정하고 기록한다.
- 같은 방법으로 두번째, 세번째 가능하면 네번째 공명 위치를 찾아서 측정하고 기록한다. 이것도 각각 5번씩 측정하여 기록한다. (그림 3.8.15)

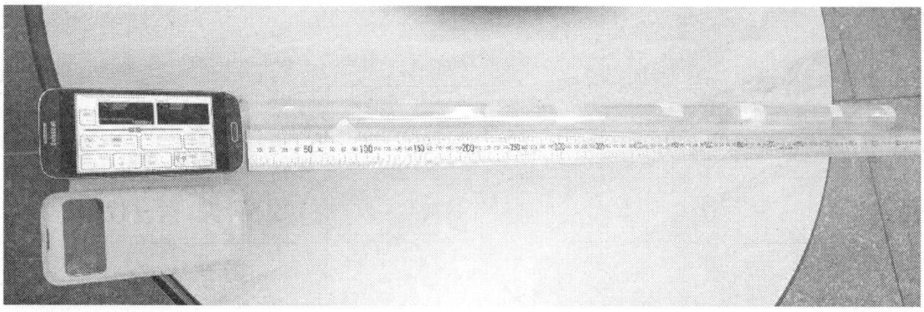

[그림 3.8.15]

- 결과는 표 3.8.1 ~ 표 3.8.5를 이용해서 작성한다.
- 한쪽이 막힌 관(기주공명 또는 필름 파이프)으로 500 Hz 음원을 사용해서 구한 공명 위치를 표 3.8.1에 기록하고 음속을 계산한다.

〈표 3.8.1〉

음원 주파수 500 Hz							
측정횟수 공명위치	1	2	3	4	5	평균(cm)	
L1(cm)							
L2(cm)							평균 L2~L1
L3(cm)							평균 L3~L2
					1/2 파장 평균(cm)		
					파장(cm)		
					음속(m/s)		

- 한쪽이 막힌 관(기주공명 또는 필름 파이프)으로 1 kHz 음원을 사용해서 구한 공명 위치를 표 3.8.2에 기록하고 음속을 계산한다.

〈표 3.8.2〉

음원 주파수 1 kHz							
측정횟수 공명위치	1	2	3	4	5	평균(cm)	
L1(cm)							
L2(cm)							평균 L2~L1
L3(cm)							평균 L3~L2
L4(cm)							평균 L4~L3
L5(cm)							평균 L5~L4
					1/2 파장 평균(cm)		
					파장(cm)		
					음속(m/s)		

• 한쪽이 막힌 관(기주공명 또는 필름 파이프)으로 2 kHz 음원을 사용해서 구한 공명 위치를 표 3.8.3에 기록하고 음속을 계산한다.

〈표 3.8.3〉

음원 주파수 2 kHz							
측정횟수 공명위치	1	2	3	4	5	평균(cm)	
L1(cm)							
L2(cm)							평균 L2~L1
L3(cm)							평균 L3~L2
L4(cm)							평균 L4~L3
L5(cm)							평균 L5~L4
L6(cm)							평균 L6~L5
L7(cm)							평균 L7~L6
					1/2 파장 평균(cm)		
					파장(cm)		
					음속(m/s)		

• 양쪽이 열린 관(필름 파이프)으로 500 Hz 음원을 사용해서 구한 공명 위치를 표 3.8.4에 기록하고 음속을 계산한다.

〈표 3.8.4〉

음원 주파수 500 Hz							
측정횟수 공명위치	1	2	3	4	5	평균(cm)	
L1(cm)							
L2(cm)							평균 L2~L1
					1/2 파장 평균(cm)		
					파장(cm)		
					음속(m/s)		

- 양쪽이 열린 관(필름 파이프)으로 1 kHz 음원을 사용해서 구한 공명 위치를 표 3.8.5에 기록하고 음속을 계산한다.

<표 3.8.5>

음원 주파수 1 kHz							
측정횟수 공명위치	1	2	3	4	5	평균(cm)	
L1(cm)							
L2(cm)							평균 L2~L1
L3(cm)							평균 L3~L2
					1/2 파장 평균(cm)		
					파장(cm)		
					음속(m/s)		

- 분석 및 토의를 위해 표 3.8.6 ~ 표 3.8.10을 준비한다.
- 표 3.8.1의 결과에서 편차의 제곱을 구해서 표 3.8.6을 완성한다. 편차는 L1 – L1 평균값, L2 – L2 평균값, L3 – L3 평균값 등으로 계산한다.

<표 3.8.6>

L1(cm)	편차제곱	L2(cm)	편차제곱	L3(cm)	편차제곱
합		-		-	
편차 제곱 합 평균					

• 같은 방법으로 표 3.8.2의 결과를 이용해서 표 3.8.7을 완성한다.

<표 3.8.7>

L1(cm)	편차제곱	L2(cm)	편차제곱	L3(cm)	편차제곱	L4(cm)	편차제곱	L5(cm)	편차제곱
합		-		-		-		-	
편차 제곱 합 평균									

• 표 3.8.3의 편차제곱을 계산해서 표 3.8.8에 기록한다.

<표 3.8.8>

L1 (cm)	편차 제곱	L2 (cm)	편차 제곱	L3 (cm)	편차 제곱	L4 (cm)	편차 제곱	L5 (cm)	편차 제곱	L6 (cm)	편차 제곱	L7 (cm)	편차 제곱
합		-		-		-		-		-		-	
편차제곱 합 평균													

• 표 3.8.4에 있는 양쪽이 열린 관의 결과를 이용해서 편차제곱을 구하고, 그 결과를 표 3.8.9에 기록한다.

〈표 3.8.9〉

L1(cm)	편차제곱	L2(cm)	편차제곱
합		-	
편차제곱 합 평균			

• 표 3.8.5에 있는 양쪽이 열린 관의 결과를 이용해서 편차제곱을 구하고, 그 결과를 표 3.8.10에 기록한다.

〈표 3.8.10〉

L1(cm)	편차제곱	L2(cm)	편차제곱	L3(cm)	편차제곱
합		-		-	
편차제곱 합 평균					

• 표 3.8.1에서 표 3.8.3 결과와 표 3.8.6에서 표 3.8.9의 편차결과를 이용해서 편차가 제일 작은 결과를 이용해서 표 3.8.11을 완성하고 설명한다.

〈표 3.8.11〉

한쪽이 막힌 관		
음원(kHz)	음속(m/s)	편차제곱 합 평균(cm^2)
0.5		
1.0		
2.0		

• 같은 방법으로 양쪽이 열린 관에 대해서 편차가 제일 작은 결과를 이용해 표 3.8.12를 완성하고 설명한다.

〈표 3.8.12〉

양쪽이 막힌 관		
음원(kHz)	음속(m/s)	편차제곱 합 평균(cm^2)
0.5		
1.0		

• 실험결과(표 3.8.1 ~ 표 3.8.6)와 표 3.8.7에서 표 3.8.12를 이용해서 분석 및 토의를 작성한다.

• 실험 목적과 표의 결과들을 종합해서 결론을 작성한다.

결과보고서 작성방법

제 목

목 적

결과 및 분석

- 표 3.8.1을 작성하고 표 아래에 계산 방법을 자세히 기록한다.
- 표 3.8.2를 작성하고 표 아래에 계산 방법을 자세히 기록한다.
- 표 3.8.3을 작성하고 표 아래에 계산 방법을 자세히 기록한다.

■ **편차에 대해 간단히 설명하고 편차제곱합을 구하는 이유를 설명한다.**
- 표 3.8.1을 이용해서 표 3.8.6을 작성한다. 표 아래에 표 계산 방법을 설명한다.
- 표 3.8.2를 이용해서 표 3.8.7을 작성한다. 표 아래에 표 계산 방법을 설명한다.
- 표 3.8.3을 이용해서 표 3.8.8을 작성한다. 표 아래에 표 계산 방법을 설명한다.
- 표 3.8.11을 위에 작성된 표를 이용해서 작성한다.

결 론

- 목적과 결과를 보고 결론을 작성한다.
- 표 3.8.11 결과에서 최종 선택하는 음속과 선택 이유를 설명한다.

09 전자부품, 저항 측정, Bread Board 사용법, 저항의 직렬 · 병렬연결

1) 개요 및 목적

우리는 전기 전자회로로 이루어진 장치들 속에서 살아가고 있다. 우리의 생활을 편리하게 만든 전기 전자회로를 제대로 이해하기 위해 전자부품과 장치들 그리고 측정기기 등의 작동 원리 및 기능을 이해하고 사용법을 배운다. 이 실험에서는 전기 전자회로에서 가장 기본 소자인 저항의 특성과 저항의 직렬과 병렬연결 회로의 동작 원리와 특성을 알아본다.

2) 배경 원리

(1) 전자부품 : 저항

저항은 회로에서 그림 3.9.1과 같이 표시하고 저항을 뜻하는 영어 Resistor의 첫 글자 R로 표기한다. 회로에는 여러 개의 저항이 있어서 구분을 위해 번호를 붙여서 R1, R2 … Rn과 같이 표시한다. 실제 사용하는 저항의 모습도 그림 3.9.2와 같다.

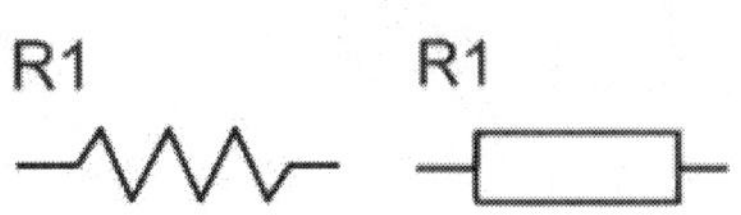

[그림 3.9.1] 저항 기호

저항은 말 그대로 회로 내에서 전기의 흐름을 방해한다. 즉, 옴의 법칙에 따라 전압이 일정할 경우 큰 저항을 사용하면 상대적으로 작은 전류가 흐르고 작은 저항을 사용하면 상대적으로 큰 전류가 흐른다. 저항은 회로 내에서 전자부품에 걸리는 전류를 조절해서 전자부품을 보호하고 전자부품이 제대로 동작하도록 환경을 만들어준다.

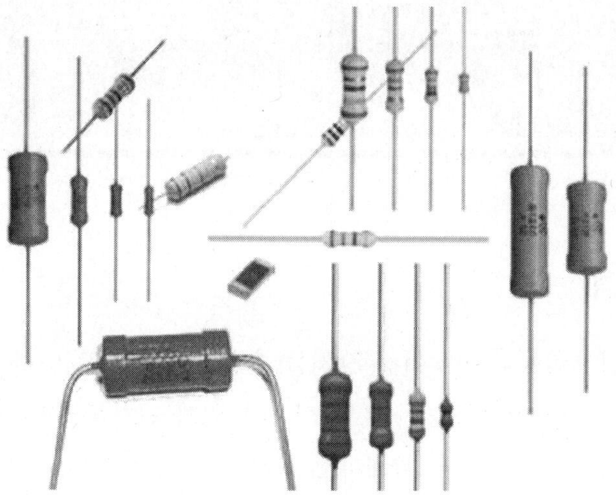

[그림 3.9.2] 저 항

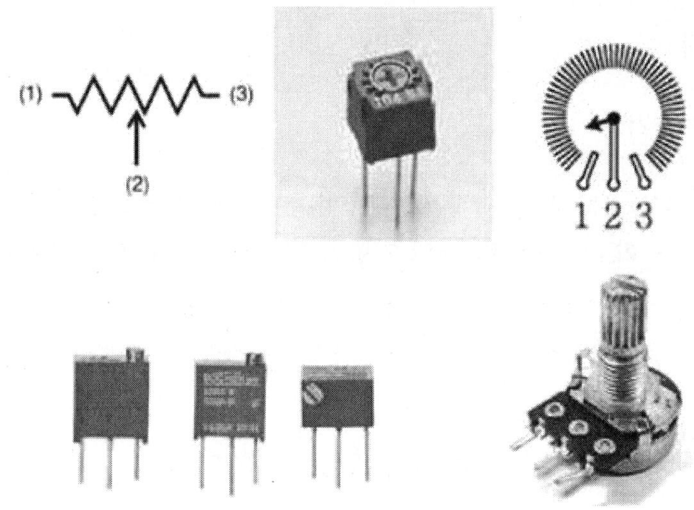

[그림 3.9.3] 가변저항

(2) 가변저항

가변저항은 반고정 저항이라고 하며 저항값을 일정 범위 내에서 조정할 수 있도록 만든 전자부품이다. 사용 예는 오디오의 경우 소리의 크기를(출력) 조절할 때 사용하는 다이얼이 가변저항이다.

회로가 동작하는 범위를 미세조정하기 위해 고정저항 대신 가변저항을 넣고 가변저항을 조절해 회로가 원하는 정확한 동작을 하도록 조정한다. 가변범위가 3/4바퀴의 일반 가변저항과 10바퀴를 돌릴 수 있는 미세조정용 가변저항이 있다. 가변저항의 회로 내 기호와 실제 모습이 그림 3.9.3에 있다.

(3) 커패시터(콘덴서)

회로에서 커패시터는 영어 Capacitor의 첫 글자 C로 표기한다. 커패시터는 전기를 저장하는 전자부품으로 회로 내에서 아주 작은 축전지로 작은 양의 전기를 저장한다. 커패시터는 극성이 있는 것과 극성이 없는 것 두 가지가 있다. 일반적으로 극성이 있는 커패시터는 대용량으로 만들고 쓰인다. 커패시터 기호는 그림 3.9.4에 실제 모습은 그림 3.9.5에 있다.

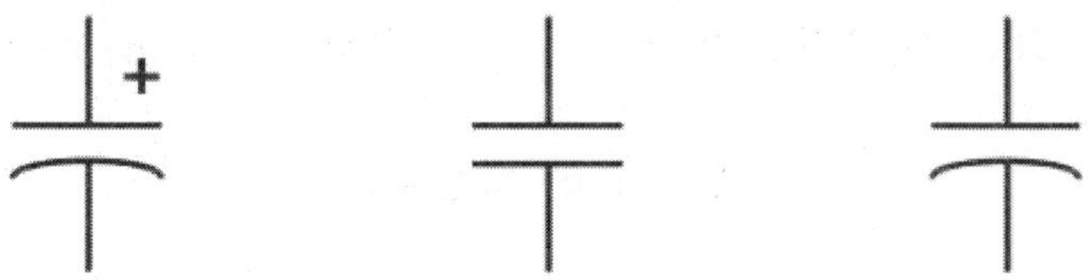

극성 캐패시터 무극성 캐패시터 무극성 캐패시터

[그림 3.9.4] 커패시터 기호

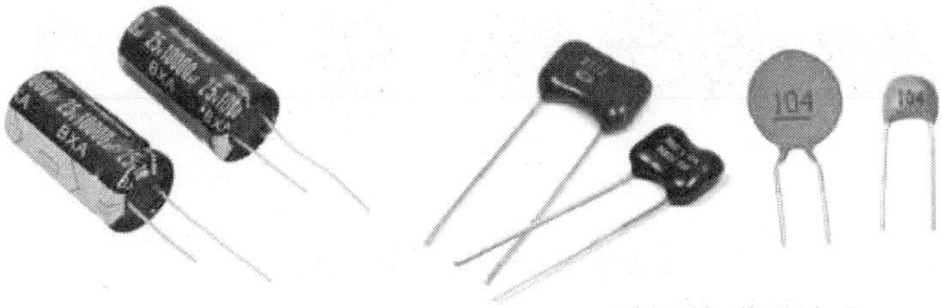

극성 캐패시터 무극성 캐패시터

[그림 3.9.5] 커패시터

(4) 트랜지스터

트랜지스터는 입력 전기적 신호에 따라서 동작하는 전기 스위치로 가장 많이 사용되며 전류 증폭 특성이 있어서 용도에 따라 그 응용범위가 무척 넓다. 트랜지스터는 극성에 따라 NPN형과 PNP형 2종류가 있으며 저전압, 대전류를 위한 MOSFET와 대전압, 대전류를 위한 IGBT 등 여러 종류가 있다. 그림 3.9.6에 트랜지스터 기호를 표시했고, 그림 3.9.7에 실제 트랜지스터 모습이 있다.

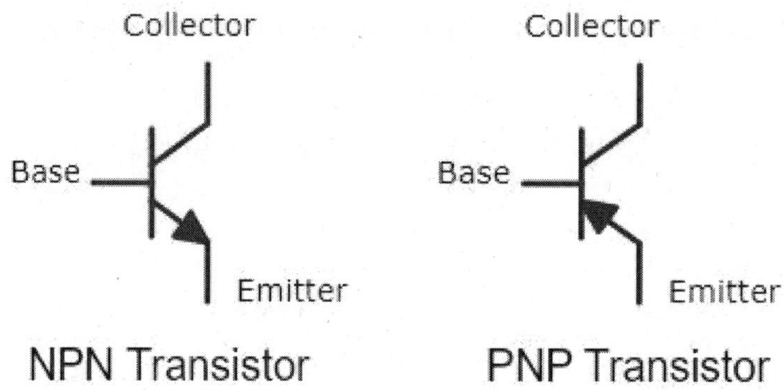

[그림 3.9.6] 트랜지스터

[그림 3.9.7] 트랜지스터

(5) 다이오드

다이오드는 전류를 한쪽으로만 흘려주는 특징을 지닌 전자부품이다. 빛을 내는 다이오드를 발광다이오드라고 하며 LED(Light Emitting Diode)라고 한다. 빛을 읽어

들이는 다이오드는 포토다이오드이고 그 외에도 특정한 역방향전압 이상에서는 역방향으로도 전류를 흘려주는 제너다이오드, 역방향 가변 커패시터가 달린 버랙터 다이오드, 순방향 저전압 영역에서 전류를 잘 흐르도록 설계된 터널 다이오드 등 여러 가지 종류의 다이오드가 있다.

다이오드 종류에 따른 기호를 그림 3.9.8에 표시했고 실제 다이오드의 모습은 그림 3.9.9에 있다.

[그림 3.9.8] 다이오드 종류와 기호

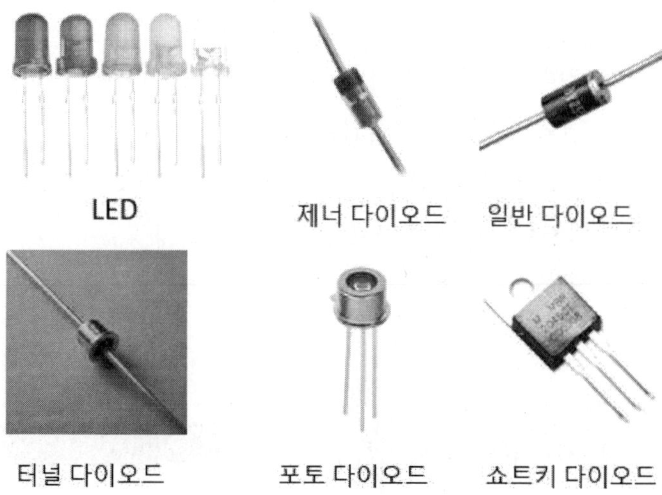

[그림 3.9.9] 다이오드

(6) 측정 장비

① **멀티 미터(테스터)** : 전기 전자회로의 측정을 위한 가장 기본이 되는 장비는 멀티 미터다. 멀티 미터는 저항, 전압(교류, 직류), 전류(교류, 직류) 측정과 회로가 전기적으로 연결되었는지를 볼 수 있는 도통시험을 할 수 있는 장치다. 그 외에 온도측정, 주파수 측정 등 특수한 기능이 첨가된 고기능 멀티 미터도 있다. 간단한 측정을 할 수 있는 휴대용과 고정밀도의 조금 큰 장치도 있다. (그림 3.9.10)

[그림 3.9.10] 멀티 미터

② **함수 발생기**(Function Generator) : 회로에 전기적 신호를 주어 회로의 동작 등을 확인하기 위한 목적으로 사용되는 장치이다. 시간에 따른 전압의 변화를 줄 수 있는 장치로 시간(주기)을 변화시켜서 원하는 주파수의 신호를 출력하고 진폭을 변화시켜 출력 전압을 조정할 수 있다. 출력 파형은 사인파, 구형 파, 톱니 파를 선택할 수 있다. 용도에 따라 파형과 원하는 주파수와 진폭을 조절해서 실험할 수 있다. (그림 3.9.11)

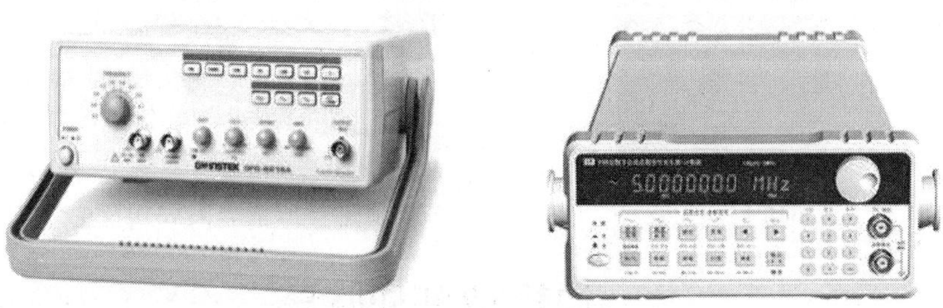

[그림 3.9.11] 함수 발생기

③ **오실로스코프** : 회로에서 시간에 따른 전압의 변화로 나타나는 신호를 시각적으로 보여주는 장치다. 신호를 직접 눈으로 볼 수 있으므로 회로 검사와 작동 여부 및 미세조정을 가능하게 해주는 중요한 장치이다. 지금은 오실로스코프도 디지털기술의 발달로 사용이 편한 디지털 스토리지 오실로스코프를 많이 사용한다. (그림 3.9.12)
오실로스코프는 가격이 비싼 단점이 있는데 요즘에는 PC에 오실로스코프 모듈을 연결하고 소프트웨어로 모듈을 구동해서 사용하는 오실로스코프도 있다. 가격이 1/10 정도인 장점이 있다.(그림 3.9.13)

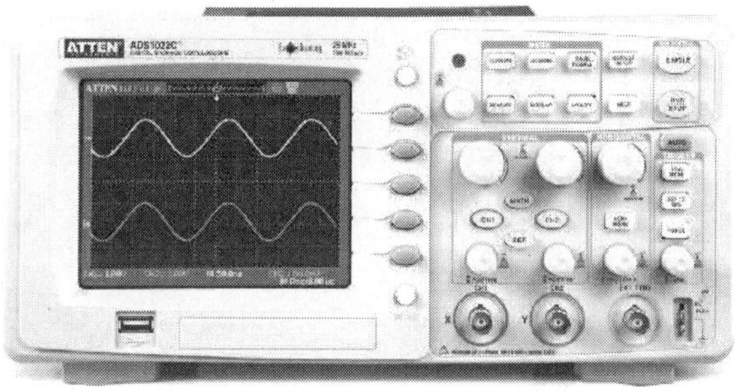

[그림 3.9.12] 디지털 오실로스코프

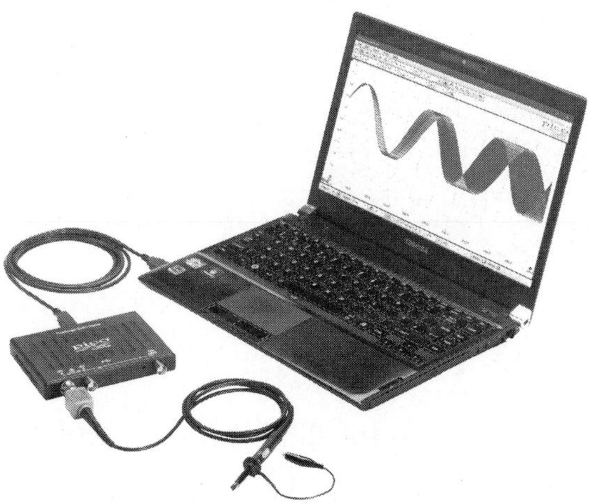

[그림 3.9.13] PC용 오실로스코프

④ **직류전원장치**(DC Power Supply) : 전기 전자회로가 동작하려면 전원이 필요하다. 회로에 전원을 공급하는 장치로 0 V에서 30 V 정도까지 변화시킬 수 있는 장치가 가장 많이 쓰인다. 또한, 대부분 전원 장치는 디지털실험을 위해서 고정 5V 정전압이 공급된다.
OP 앰프실험 등 양 전원이 필요한 경우는 이중 채널 전원공급장치를 사용한다. 양 전원 사용법은 한 채널의 −와 다른 한 채널의 +를 연결해서 이것을 공통단자(GND)로 잡으면 공통 선을 제외한 − 단자에서 −전원이 공급되고 +단자에서는 +전원이 공급된다. (그림 3.9.14)

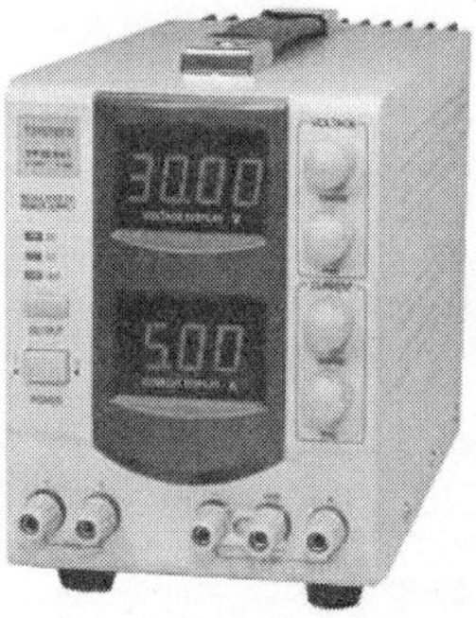

싱글 채널

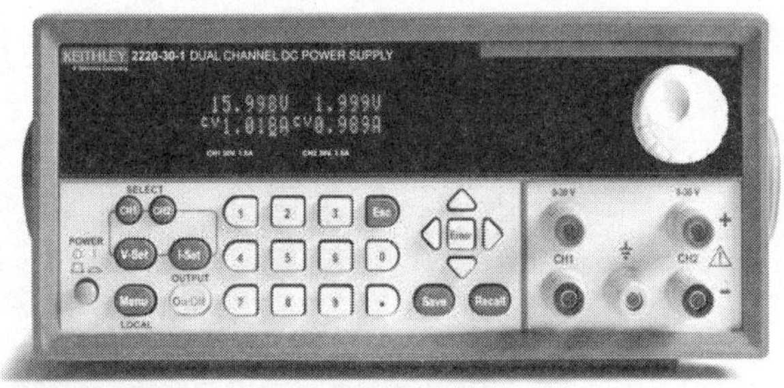

듀얼 채널

[그림 3.9.14] 전원 공급장치

(7) 저항 색 코드 읽는 법

저항에는 색 띠로 저항값을 표시한다. 종류는 모두 4종류로 일반저항은 베지 색 바탕에 3, 4색 띠를 갖고 정밀저항은 하늘색 바탕에 5, 6색 띠를 갖고 있다. 정밀저항은 일반저항보다 저항값이 한자리 더 표시된다. 예를 들면 일반저항은 4.7 kΩ이면 정밀저항은 4.70 kΩ을 표시한다.

(8) 3, 4색 띠 저항 색을 읽는 방법

색은 왼쪽에서 오른쪽으로 순서대로 읽어 나간다. 왼쪽이라고 생각한 2자리 색이 하나라도 숫자가 아닌 색(금색, 은색)이 있다면 좌우가 바뀐 것이다. 왼쪽 두 자리는 숫자로 읽고 셋째자리는 지수로 읽으면 된다. 네번째 색 띠는 오차를 의미한다.

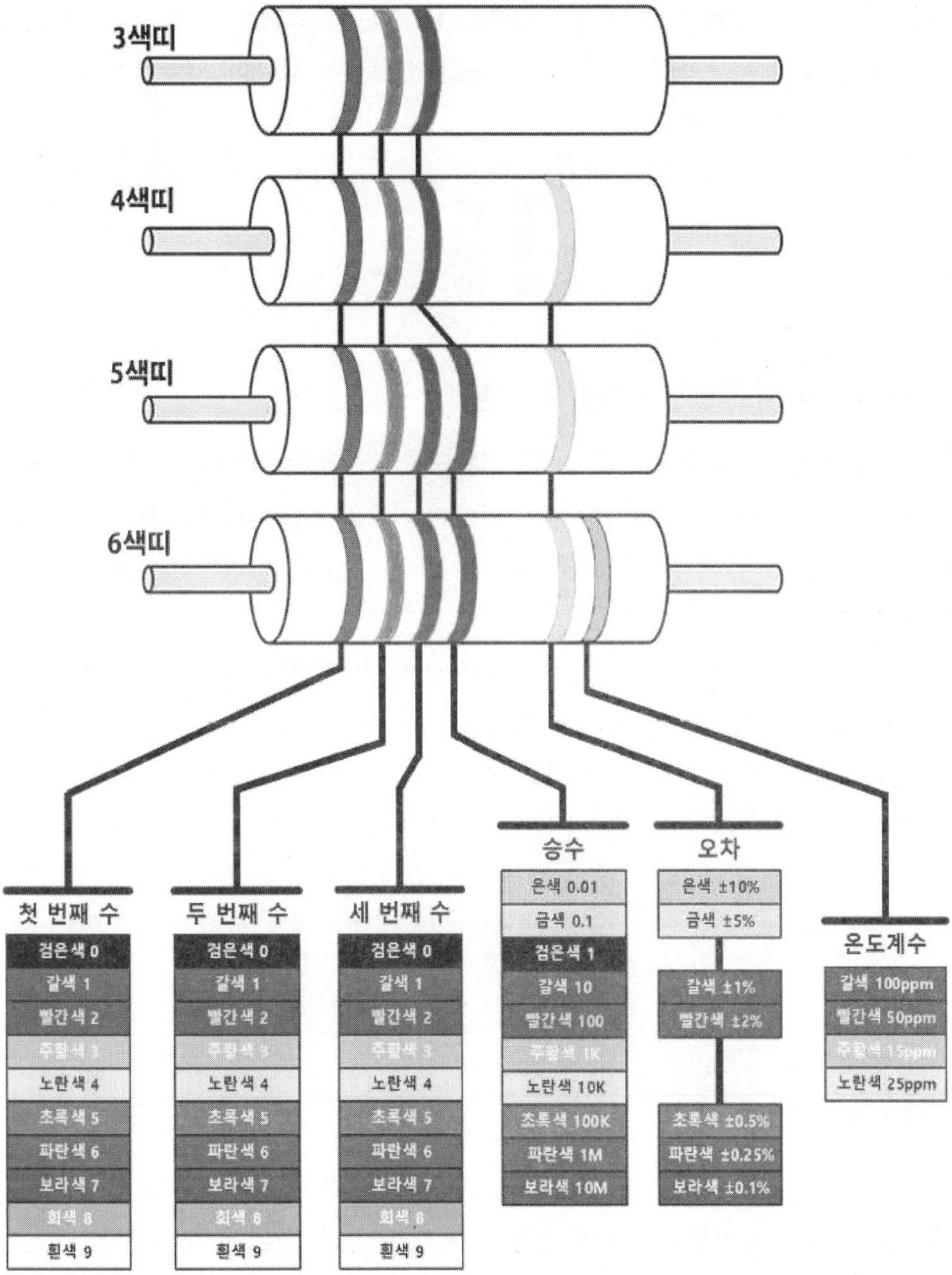
3색띠
4색띠
5색띠
6색띠
첫 번째 수
검은색 0
갈색 1
빨간색 2
주황색 3
노란색 4
초록색 5
파란색 6
보라색 7
회색 8
흰색 9
두 번째 수
검은색 0
갈색 1
빨간색 2
주황색 3
노란색 4
초록색 5
파란색 6
보라색 7
회색 8
흰색 9
세 번째 수
검은색 0
갈색 1
빨간색 2
주황색 3
노란색 4
초록색 5
파란색 6
보라색 7
회색 8
흰색 9
승수
은색 0.01
금색 0.1
검은색 1
갈색 10
빨간색 100
주황색 1K
노란색 10K
초록색 100K
파란색 1M
보라색 10M
오차
은색 ±10%
금색 ±5%
갈색 ±1%
빨간색 ±2%
초록색 ±0.5%
파란색 ±0.25%
보라색 ±0.1%
온도계수
갈색 100ppm
빨간색 50ppm
주황색 15ppm
노란색 25ppm

[그림 3.9.15] 저항 색 띠

첫째 띠는 주황색으로 3, 둘째 띠는 검정으로 0, 셋째 띠는 빨강으로 2인데 셋째 띠는 지수이므로 102 = 100이다. 따라서 30 × 102 = 3,000 Ω = 3 kΩ이다. 그리고 마지막 넷째 자리는 오차로 금색은 ±5 %를 의미한다. 3색 띠 저항은 4색 띠와 같고 마지막 오차 표시만 없다.

(9) 5, 6색 띠 정밀저항 색을 읽는 방법

색은 왼쪽에서 오른쪽으로 순서대로 읽어 나가며 왼쪽이라고 생각한 3자리 색이 하나라도 숫자가 아닌 색(금색, 은색)이 있다면 좌우가 바뀐 것이다. 왼쪽 세 자리는 숫자로 읽고 넷째 자라는 지수로 읽으면 된다. 다섯 번째 색 띠는 오차이고 여섯 번째 색 띠는 온도계수이다.

첫째 띠는 빨강으로 2, 둘째 띠는 파랑으로 6, 셋째 띠는 검정으로 0, 넷째 띠는 주황으로 3인데 넷째 띠는 지수이므로 103 = 1000이다. 따라서 260 × 103 = 260,000 Ω = 260 kΩ이 된다. 다섯 번째 띠는 은색으로 오차가 ±10 %를 의미한다. 6색 띠는 여기에 여섯 번째 띠가 더 있고 이것은 온도계수를 표시한다.

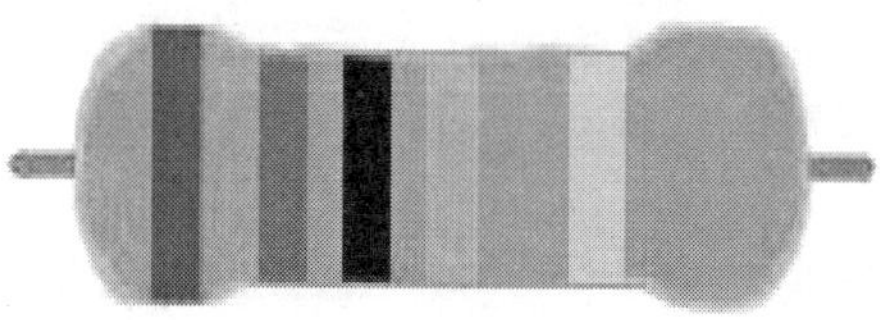

(10) 브레드보드 사용법

브레드보드는 전자부품으로 회로를 연결하는데 아주 편리한 장치다. 브레드보드 내부연결에 따라 전자부품의 리드선을 그대로 꽂아서 회로를 구성하면 된다. 그림 3.9.16과 같이 브레드보드 내부연결은 +, - 표시가 있는 두 줄짜리 전원부는 가로로 연결이 되어 있고, 5줄짜리 부품 부는 세로로 다섯 칸이 연결되어 있다. 따라서 부품을 연결할 때는 방향에 따라 연결할 수 있는 방향과 연결하면 안 되는 방향이 있다.

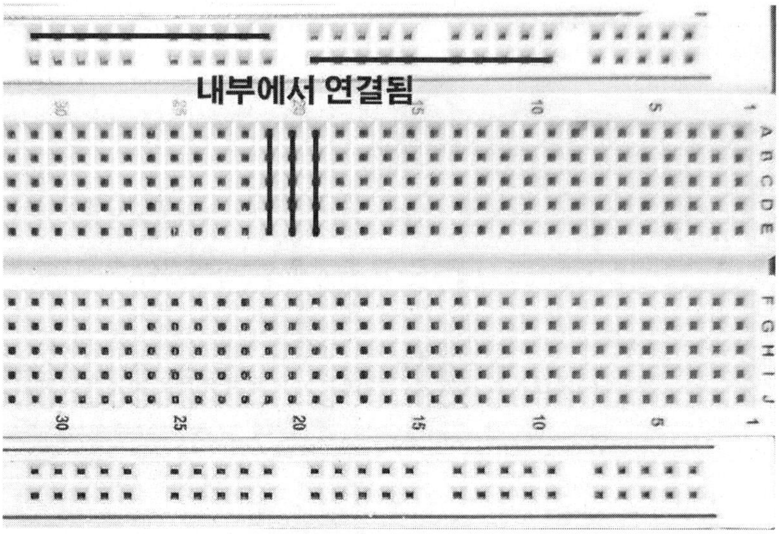

[그림 3.9.16] 브레드보드

[그림 3.9.17(a)] 잘못된 연결

그림 3.9.17(a)는 부품을 브레드보드 내부연결이 되어 있는 곳에 꽂아서 쓸 수 없는 상태이고, 그림 3.9.17(b)는 제대로 부품을 꽂은 상태이다.

[그림 3.9.17(b)] 잘된 연결

실제 LED 회로를 브레드보드에 사용한 예를 보자. 그림 3.9.18은 LED, 저항 전지를 연결해서 LED에 불이 켜지도록 만든 회로 회로이고, 이 회로를 브레드보드에 연결한 것은 그림 3.9.19에 있다.

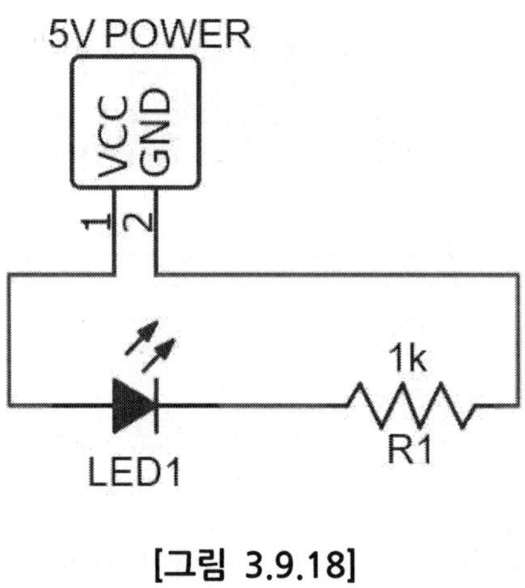

[그림 3.9.18]

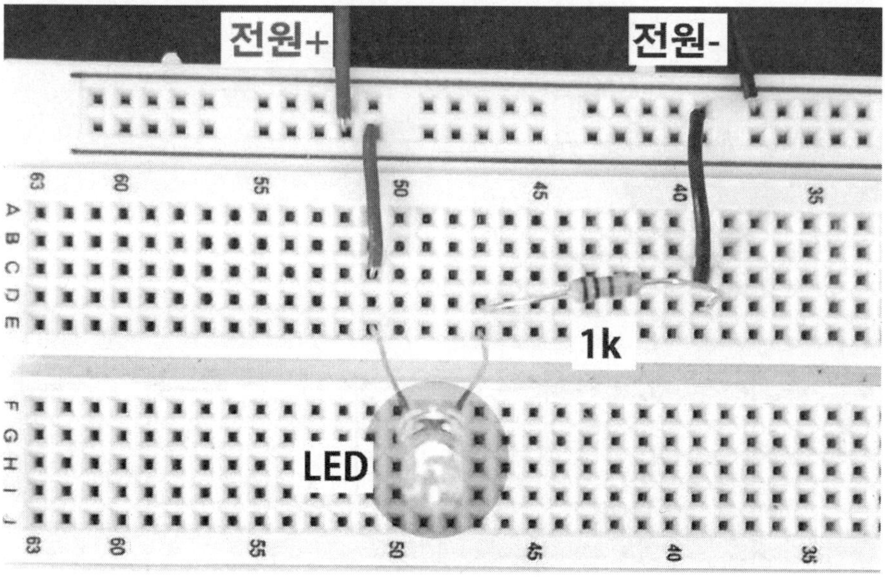

[그림 3.9.19]

전원을 브레드보드 선원부 +, -에 연결을 했고 저항 두 선이 서로 연결되지 않게 브레드보드에 꽂았다. 전원부 -에서 저항 한쪽으로 연결했고 LED를 저항 한쪽과 연결이 되도록 꽂았다. 저항에 -전원이 연결되었기 때문에 LED의 저항에 연결된 쪽이 -가 되도록 꽂았다. 마지막으로 LED +쪽을 전원부 +와 연결해서 하나의 회로가 완성되었다.

(11) 저항의 직렬연결

저항을 직렬 연결하면 합성저항은 연결된 저항의 합과 같다. 즉 전체 저항은 증가한다. 이것은 직렬연결에서 전체 저항에 걸린 전압은 V이고, 각 저항에는 V_1, V_2, V_3로 전체 전압이 저항값에 비례해서 분배된다.

$$V = V_1 + V_2 + V_3$$

따라서

$$V = V_1 + V_2 + V_3 = IR_1 + IR_2 + IR_3$$

$$= I(R_1 + R_2 + R_3) = IR_s$$

$$V = IR_s \qquad R_s = \frac{V}{I} = R_1 + R_2 + R_3$$

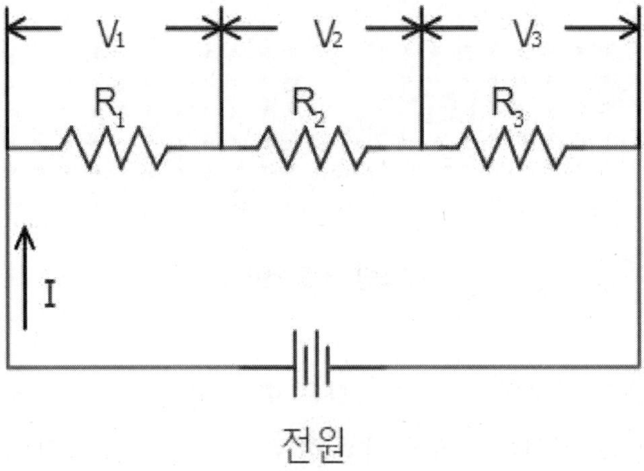

[그림 3.9.20] 저항의 직렬연결

직렬연결의 경우 회로는 하나이므로 이 회로에 흐르는 전류도 하나로 일정하다. 전압은 저항값에 비례해서 분배되어 각 저항에 걸리는 전압은 저항값에 따라 다르다.

(12) 저항의 병렬연결

저항을 그림 3.9.21과 같이 병렬 연결하면 전류가 흐르는 경로가 늘어나서 더 많은 전류가 흐를 수 있고 합성된 전체 저항은 작아진다. 병렬연결이므로 회로는 병렬 연결한 저항 개수만큼 늘어난다. 그림에서는 3개 저항을 병렬 연결해서 3개의 회로가 형성되고 각 회로에 흐르는 전류는 각 회로의 저항에 반비례한다. 이것을 수식으로 표현하면 다음과 같다.

$$I = I_1 + I_2 + I_3 = \frac{V}{R_1} + \frac{V}{R_2} + \frac{V}{R_3}$$

$$\frac{V}{R_p} = V\left(\frac{1}{R_p}\right) = V\left(\frac{1}{R_1} + \frac{1}{R_2} + \frac{1}{R_3}\right)$$

$$\frac{1}{R_p} = \frac{1}{R_1} + \frac{1}{R_2} + \frac{1}{R_3}$$

$$\frac{1}{R_p} = \frac{1}{R_1} + \frac{1}{R_2} + \frac{1}{R_3} + \cdots \frac{1}{R_n} = \sum_i^n \left(\frac{1}{R_i}\right)$$

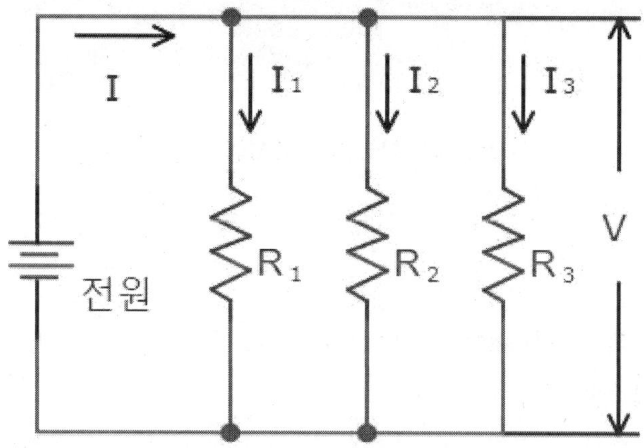

[그림 3.9.21] 저항의 병렬연결

병렬연결에서는 병렬 연결된 각 회로에 같은 전압이 걸리기 때문에 전압은 일정하고 전류는 각 회로의 저항에 반비례한다.

3) 실험장치

DMM(Digital Multi-Meter), 브레드보드, 저항, LED, 직류전원장치

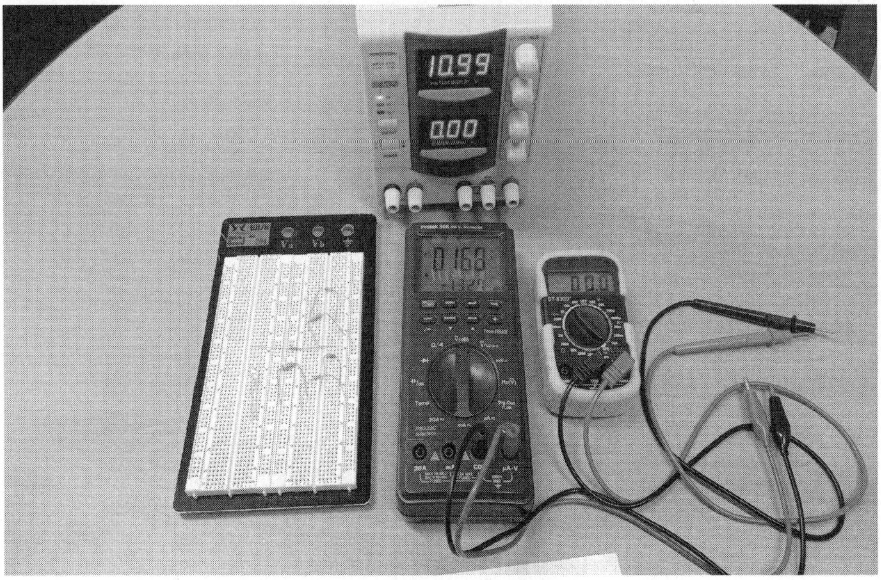

[그림 3.9.22] 실험장치

4) 실험방법

- 주어진 저항 색을 저항값으로 환산해서 표 3.9.1에 기록하라. 그림 3.9.23은 주어진 저항의 예이다.
- 저항을 모두 읽어 기록한 후 저항을 DMM으로 측정하여 표 3.9.1에 기록한다.
- 표의 오차(색)는 색 띠에 해당하는 오차이고, 측정값 오른쪽의 오차는 색 때로 읽은 저항값과 측정한 저항값 차이를 색 띠로 읽은 저항값으로 나누고 100을 곱해서 백분율로 나타낸다.

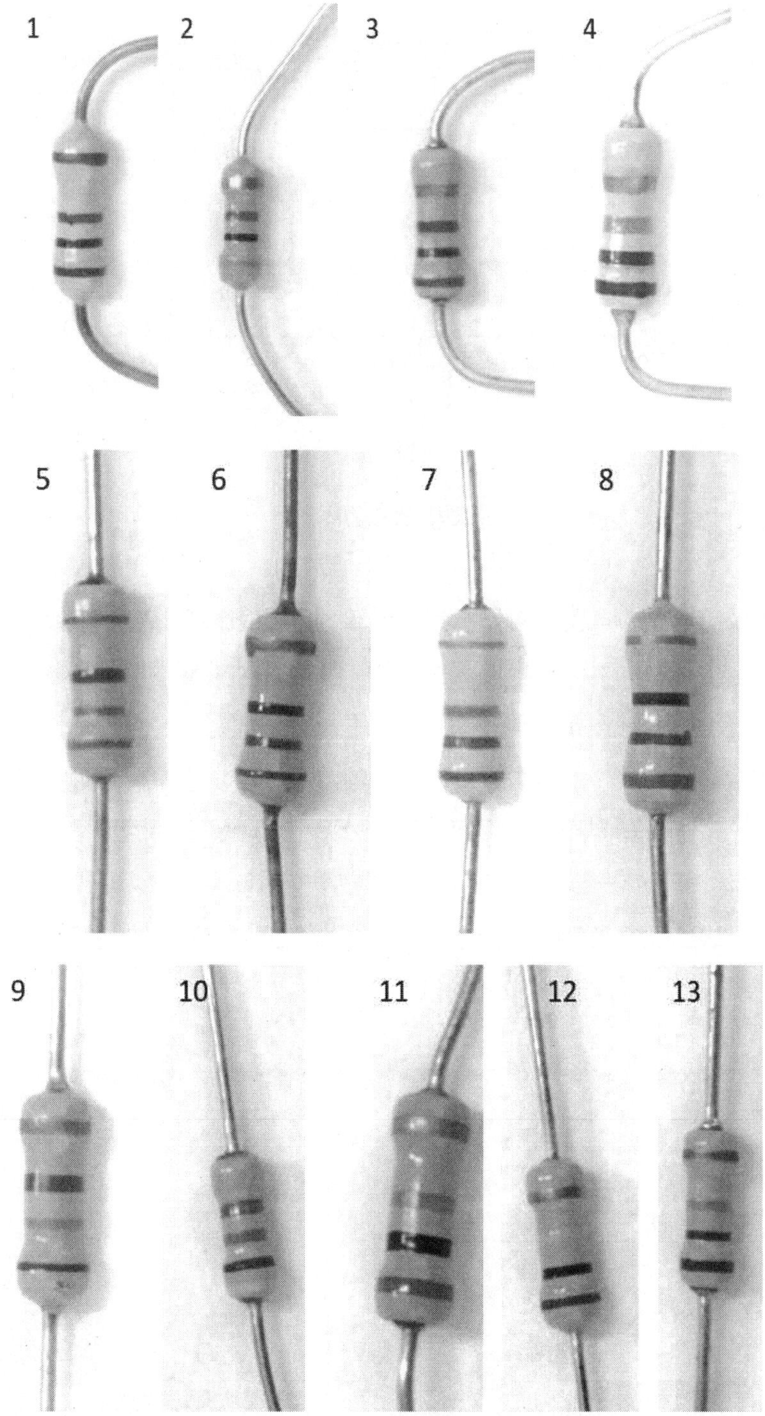

[그림 3.9.23]

(1) 저항의 직렬 병렬연결

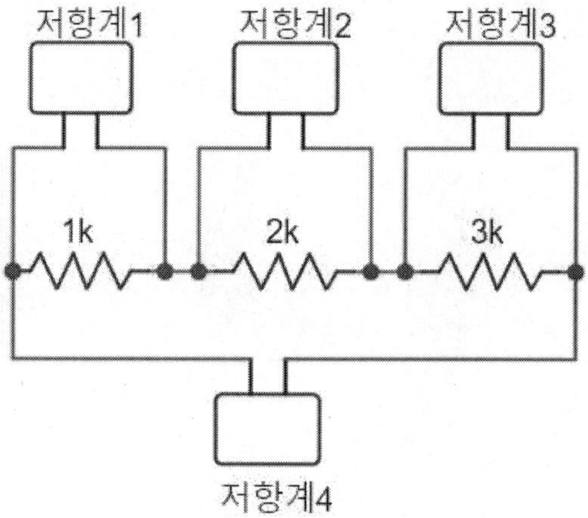

[그림 3.9.24]

DMM으로 저항을 측정할 때 빨간색 리드선은 DMM에 저항을 측정하는 단자에 연결한다. 일반적으로 저항, 전압, 전류 (대 전류 측정제외)를 측정하는 단자는 같고 리드선을 연결하는 곳에 표시되어 있다) 검은색 리드선은 공통(COM) 단자에 연결한다. 측정선택 스위치를 저항을 측정하는 곳에 놓고 측정을 한다. DMM 종류에 따라 측정 범위가 자동으로 선택되는 것과 수동으로 선택하는 것이 있는데 측정선택 스위치에서 저항을 측정하는 곳이 하나이면 자동 선택이고 kΩ, MΩ 등 몇 가지 선택을 할 수 있는 것은 수동 선택형이다. 따라서 수동 선택형은 측정된 값을 보고 적절한 측정 범위를 선택해서 측정해야 한다.

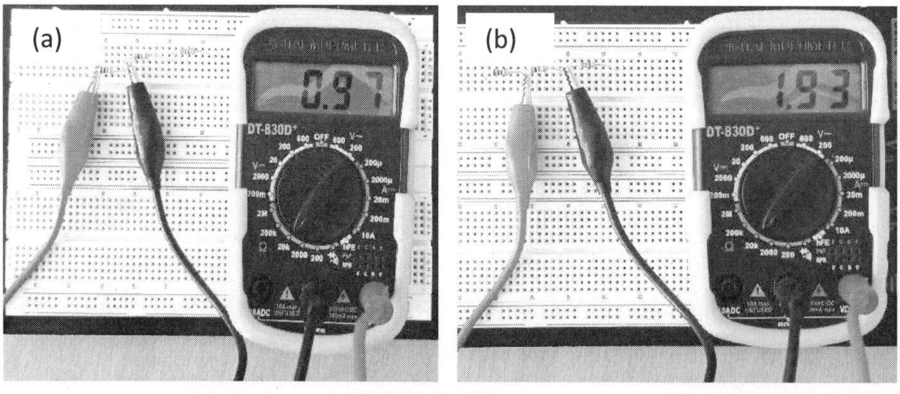

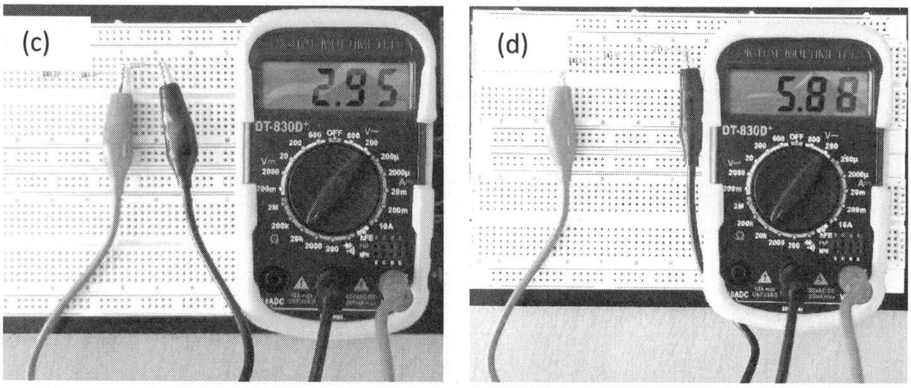

[그림 3.9.25]

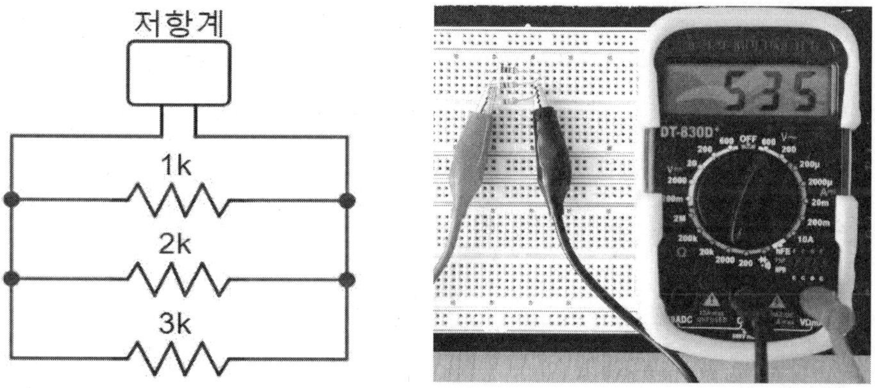

[그림 3.9.26]

먼저 그림 3.9.25(a), (b), (c)와 같이 세 개의 각 저항을 DMM으로 측정해서 표 3.9.2에 기록한다. 그림 3.9.24와 그림 3.9.25(d)와 같이 측정한 저항을 직렬로 연결하고 합성저항을 측정해서 결과를 표 3.9.2에 기록한다.

그림 3.9.25와 같이 저항을 병렬로 연결하고 합성저항을 측정하고 그 결과를 표 3.9.3에 기록한다.

(2) 브레드보드 사용법과 LED 점등

회로에 저항을 연결하지 않고 LED만 전원에 연결하면 LED로 너무 많은 전류가 흘러 LED가 타서 고장 난다.

그림 3.9.18 회로를 그림 3.9.19와 같이 브레드보드에 연결하고 5V 전원으로 LED를 점등한다. LED 방향을 반대로 연결해서 점등되는지 확인한다.

5) 결 과

- 저항 색 띠를 읽고 저항값을 표 3.9.1에 기록하라. 기록된 저항을 DMM으로 측정해서 기록하고 읽은 저항값과 측정한 저항값 사이의 오차를 계산해서 기록하고 색으로 읽은 오차와 비교한다.

〈표 3.9.1〉

번 호	저항색 코드	저항값(Ω)	오차(색)(%)	측정값(Ω)	오차(%)
예 시	갈흑흑금	10	±5		
1					
2					
3					
4					
5					
6					
7					
8					
9					
10					
11					
12					
13					
14					
15					

- 3개 저항의 색 띠로 읽은 저항값과 DMM으로 측정한 저항값을 표 3.9.2에 기록하고 직렬연결에 대해서도 기록하라. 계산이 필요한 부분은 계산해서 표를 완성하라.

<표 3.9.2> 직렬연결 저항 측정

	저항(kΩ)	측정저항(kΩ)	직렬연결(kΩ)	오차(%)
R1			-	
R2			-	
R3			-	
저항 색띠로 계산(kΩ)				
저항 측정값으로 계산(kΩ)				
측정(kΩ)				-

- 같은 방법으로 병렬연결에 대해서 표 3.9.3에 기록하라.

<표 3.9.3> 병렬연결 저항 측정

	저항(kΩ)	측정저항(kΩ)	병렬연결(kΩ)	오차(%)
R1			-	
R2			-	
R3			-	
저항 색띠로 계산(kΩ)				
저항 측정값으로 계산(kΩ)				
측정(kΩ)				-

- 분석 및 토의 결론을 결과표를 이용하여 작성하라.
- 분석 및 토론에 LED를 역방향으로 전압을 걸었을 경우 점등이 안 되었다면 그 이유를 설명하라.

결과보고서 작성방법

제 목

목 적

결과 및 분석

- 표 3.9.1을 작성한다. 표 아래에 오차 계산 방법을 설명하고 실제 계산은 모두 기록할 필요는 없지만 하나는 자세히 기록해야 한다.
- 표 3.9.2를 작성하고 합성저항 계산 방법과 실제 계산을 모두 기록한다.
- 표 3.9.3을 작성하고 합성저항 계산 방법과 실제 계산을 모두 기록한다.
- LED 점등에 대해 기록한다.

결 론

- 목적과 결과를 보고 결론을 작성한다.

10 DMM 사용법과 옴의 법칙

1) 개요 및 목적

전자회로를 시험하고 전압과 전류 등을 측정하기 위해 가장 많이 사용하는 측정 장비로 DMM(Digital Multi - Meter)이 있다. 이 실험에서는 DMM 사용법과 회로에서 전류와 전압을 어떻게 측정하는지 배운다. 또한 옴의 법칙을 이해하며, 회로에서 저항에 걸리는 전압과 흐르는 전류를 측정해서 옴의 법칙이 성립하는지를 실험을 통해서 확인한다.

2) 배경 원리

DMM(Digital Multi - Meter)의 기능과 용도 그리고 사용법은 다음과 같다.

(1) 기 능

DMM은 전기 전자회로를 시험, 측정할 때 가장 많이 사용하는 측정기기로 저항, 전압, 전류 측정 기능과 임의의 두 지점이 전기적으로 연결되어 있는지를 알 수 있는 도통 시험 기능이 내장된 측정 장비다. 여기에 DMM의 가격에 따라 다이오드나 트랜지스터 같은 반도체를 테스트하는 기능, 콘덴서나 코일 측정 기능, 열전쌍을 이용한 온도측정 기능 등이 추가된 DMM도 있다.

(2) 도통 시험

도통 시험은 두 지점이 전기적으로 연결되어 있는지를 알아보는 시험이다. 보통 DMM에는 도통 시험 선택 위치가 있고 이곳에 기능 선택 스위치를 놓고 측정한다. 리드선은 검은색을 COM 단자에 연결하고 빨간색은 전압 저항을 측정하는 단자에 연결한다.

사용 전에 두 리드선의 탐침을 서로 연결해서 삐 소리가 나는지 확인을 한다. 측정하려는 두 곳에 탐침을 연결한다. 삐 소리가 나면 탐침으로 측정한 두 부분이 전기적으로 연결되어 있음을 알 수 있다.

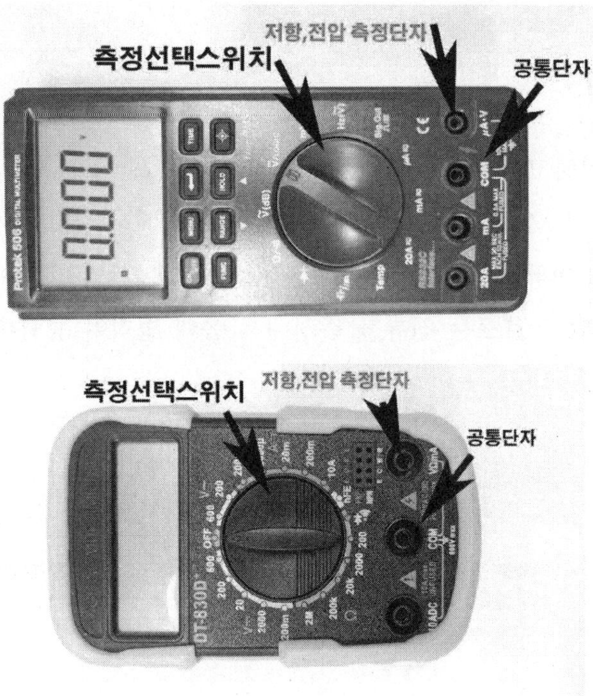

[그림 3.10.1] DMM

(3) 저항 측정

DMM으로 저항을 측정할 때 빨간색 리드선은 DMM에 저항을 측정하는 단자에 연결하고 검은색 리드선은 공통(COM) 단자에 연결한다. 일반적으로 저항, 전압, 전류(μA, mA 정도의 작은 전류)를 측정하는 단자는 같고 리드선을 연결하는 곳에 표시되어 있다. 측정선택 스위치를 저항을 측정하는 곳에 놓고 측정을 한다.

DMM 종류에 따라 측정 범위가 자동으로 선택되는 것과 수동으로 선택하는 것이 있는데 측정선택 스위치에서 저항을 측정하는 곳이 하나이면 자동 선택이고 kΩ, MΩ 등 몇 가지 선택을 할 수 있는 것은 수동선택 형이다. 따라서 수동 선택형은 측정된 값을 보고 적절한 측정 범위를 선택해서 측정해야 한다.

저항 측정은 측정하려는 저항 양단에 두 개의 리드선의 탐침을 연결하고 측정한다. 이때 저항과 탐침 연결이 어려워서 손으로 저항과 탐침을 잡고 측정을 하면 우리 몸의 저항이 병렬로 연결되어 측정값에 오차가 발생한다. 측정 저항값이 클수록 오차는 커지므로 주의해야 한다. 이런 경우는 리드선 끝에 탐침이 아닌 악어 클립이 달린 리드선을 사용하면 편하다.

그림 3.10.2에 저항 측정 예를 보여주었다. 측정하려는 저항값이 500 Ω 정도로 측정선택 스위치를 저항 측정의 2000 Ω을 선택했다. 이 선택에서는 2000 Ω까지 측정할 수 있으며 저항이 더 크다면 20 kΩ 또는 그 이상으로 선택 스위치 위치를 바꾸어야 한다.

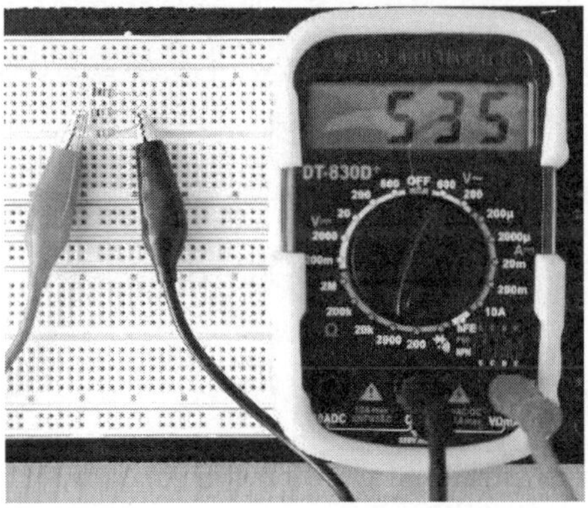

[그림 3.10.2] 저항 측정

(4) 전압측정

전압을 측정하기 전에 먼저 알아야 할 것은 측정하려는 전원이나 회로가 직류인지 교류인지를 먼저 알아야 한다. DMM에 따라 직류와 교류도 자동으로 알아서 측정하는 것도 있지만 보통 측정선택 스위치로 측정 전에 선택해야 한다. 공급 전원의 전압이나 회로 내의 소자에 걸리는 전압을 측정하기 위해서는 전압을 측정하려는 전원이나 소자에 병렬로 리드선을 연결하고 측정한다. 이때 일반적으로 빨간색 리드선은 +, 검은색 리드선은 −에 연결한다. 물론 DMM의 경우 +, −를 표시하기 때문에 만일 −값이 표시되면 검은색 리드선에 +가 걸리고 빨간색 리드선에는 −가 걸렸다는 의미다.

교류의 경우에 DMM은 교류전압의 RMS 값을 표시하지만, 교류의 파형과 주파수에 따라서 측정된 값에 오차가 있다. 일반적으로 DMM은 가정에 들어오는 교류 주파수 60 Hz에 맞추어 있으므로 주파수가 커질수록 오차는 커진다. 더욱이 파형이 사인파가 아닌 구형 파나 삼각파의 경우 오차는 40%까지 발생한다. 자세한 사항은 DMM 설명서를 참고해야 한다.

일반적인 DMM에서 교류 전압측정은 주기 내에서 피크 값으로 나누어서 표기하기 때문에 파형이 대칭이 아니면 오차는 피할 수 없고, 또 DMM의 측정 주파수가 측정하려는 신호의 주파수보다 충분히 크지 않으면 최고 값을 정확히 잡을 수 없어서 오차가 커진다. 그래서 요즘 DMM은 True RMS 라는 방법을 사용한다. 이것은 DMM 측정 주파수가 신호 주파수보다 충분히 크게 설정되며 주기 내의 피크 값을 찾아서 계산하는 것이 아니라, 말 그대로 제곱 평균값의 루트를 취해서 측정값으로 표시한다. 즉 신호 주파수보다 측정 주파수가 수십 배 커서 신호 주기 내에서 수십 회 측정이 가능하고 측정된 값의 제곱평균의 루트를 취해서 측정값으로 표시한다. 이 측정 방법을 사용하면 정확한 RMS값을 측정할 수 있다.

$$V_{TrueRMS} = \sqrt{\frac{V_1^2 + V_2^2 + \cdots + V_n^2}{n}}$$

True RMS 측정 방법을 사용하는 DMM이라도 샘플링 주파수를 무조건 크게 할 수 없으므로 교류 신호의 주파수가 클수록 RMS 측정값은 오차가 커진다.

(5) 전류측정

전류에도 교류전류와 직류전류가 있다. 측정 전에 먼저 이것을 확인해야 한다. 전류는 하나의 회로에는 하나의 전류만 흐르기 때문에 여러 개의 소자가 연결된 경우 회로 구성을 분석하고 어느 회로에 흐르는 전류를 측정하고자 하는지를 먼저 정확히 알아야 한다.

전류는 회로를 통해서 흐르기 때문에 전류측정을 하기 위해서는 회로에 전류계를 직렬로 연결해야 한다. 즉 전류를 측정하려는 회로의 한 부분을 끊고 전류계(DMM)

를 연결한다. 직류전류는 방향이 있으므로 그 방향이 +, －로 표시되며 측정된 전류가 +이면 전류는 빨간색 리드선에서 검은색 리드선으로 흐르는 것이고, －가 표시되면 전류는 COM에 연결된 검은색 리드선에서 빨간색 리드선으로 전류가 흐르는 것이다.

전류계는 회로에 직렬로 연결되기 때문에 전류계가 회로에 영향을 주지 않으려면 전류계의 내부저항은 아주 작아야 한다. 따라서 내부저항이 작은 DMM 회로를 소자나 전원에 병렬로 연결하면 큰 전류가 흐르게 되어 DMM이 고장이 난다. 이를 보호하기 위해 DMM의 전류계에는 회로 보호용 퓨즈가 들어 있어서 DMM이 고장 나는 것을 방지한다. 따라서 실험을 하다가 퓨즈가 끊어지면 반드시 담당 선생님에게 이야기하고 바로 교체를 해야 한다. 그렇지 않으면 퓨즈가 끊어진 것을 모르고 다른 학생이 실험을 하면 무엇이 잘못된 것이지 찾기 어려워서 많은 시간 낭비를 하게 된다. 따라서 전류측정 중 DMM의 퓨즈가 끊어지면 반드시 새것으로 교체해 놓는다.

전류를 측정할 때 전류값을 예상할 수 있다면 그 값보다 한 단계 큰 영역에서 측정을 시작한다. 예를 들면 회로에 흐르는 전류가 1 mA 정도면 측정은 2.5 mA 또는 10 mA까지 측정할 수 있는 영역에서 측정하고 전류가 예상한 값보다 작으면 측정 범위를 줄여서 측정한다. 만일 측정 전류값을 예상할 수 없다면 큰 측정 범위 영역에서 측정을 시작하고 점차 작은 측정 범위로 내려가면서 정확한 값을 알 수 있는 범위를 찾아 측정한다.

(6) 옴의 법칙

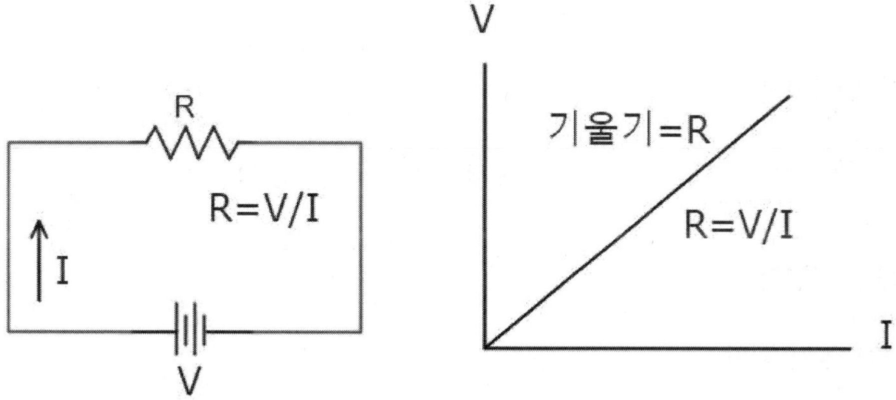

[그림 3.10.3] 옴의 법칙

하나의 회로에 어떤 전압을 걸었을 때 그 회로에 흐르는 전류는 그 회로의 저항에 반비례한다는 것이 옴의 법칙이다. 수식으로 표현하면 다음과 같다.

$$V = IR, \qquad I = \frac{V}{R}, \qquad R = \frac{V}{I}$$

그림 3.10.3은 회로에서 전압과 전류 사이의 관계를 나타낸 그림이다. 전류와 전압 그래프에서 직선의 기울기는 저항이 된다.

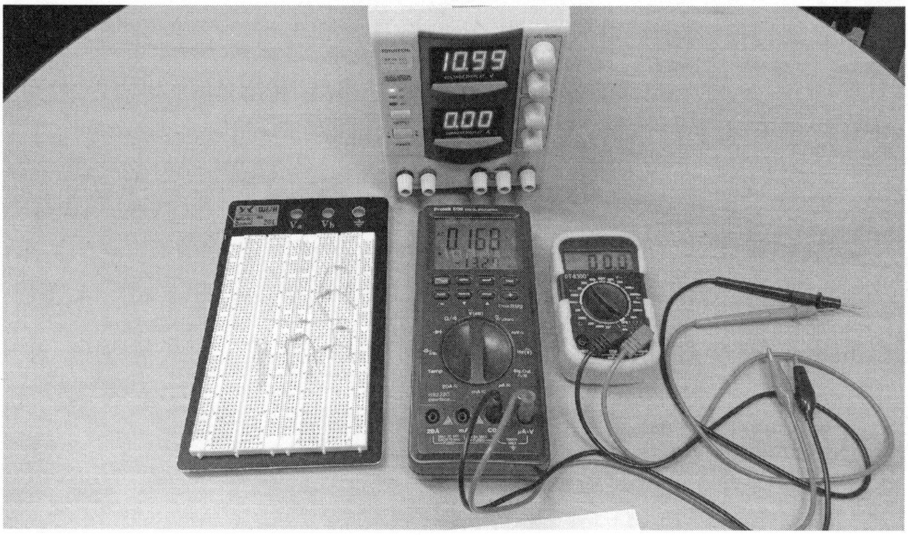

[그림 3.10.4] 실험장치

3) 실험장치

DMM, 브레드보드, 저항, 전압조정이 가능한 직류전원장치

4) 실험방법

(1) 옴의 법칙

옴의 법칙을 확인하기 위해 그림 3.10.5(a)와 같이 회로를 연결한다. 전압계는 저항에 병렬로 연결하고 전류계는 회로에 직렬로 연결한다.

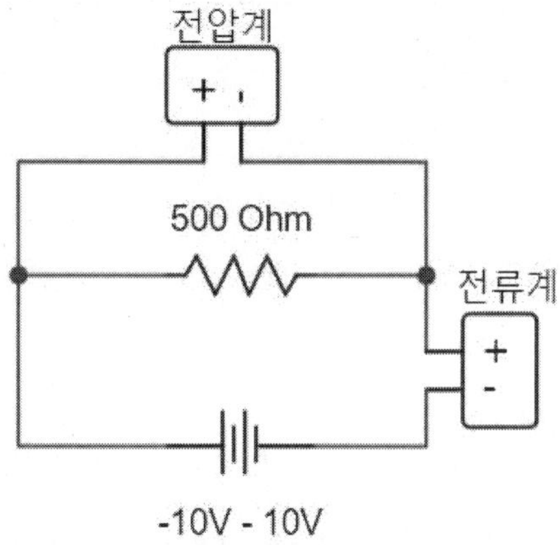

[그림 3.10.5(a)] 옴의 법칙 실험

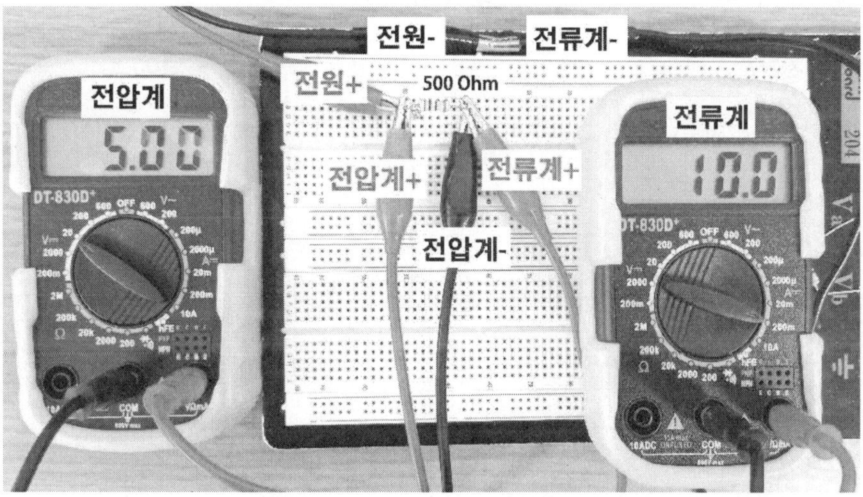

[그림 3.10.5(b)] 옴의 법칙 실험

전압을 －10 V에서 ＋10 V까지 변화시키면서 전압과 전류를 측정하려고 한다. 따라서 전압계는 10 V 이상 측정할 수 있도록 측정선택 스위치를 선택한다. 이 경우는 20 V까지 측정할 수 있는 선택을 했다. 저항이 500 Ω이고 최대 전압이 10 V 이므로 전류는 최대 20 mA가 흐른다. 따라서 전류계의 측정선택 스위치를 20 mA 이상 측정할 수 있도록 선택한다. 이 경우에 20 mA 선택 위치가 있으나 실제 저항이 좀 작거나 전압을 조정할 때 10 V가 넘어갈 수 있으므로 한 단계 위 200 mA를 선택했다.

먼저 전압을 0 V에서 10 V까지 1 V씩 변화시키며 측정된 전압과 전류를 표 3.10.1에 기록한다. 0 V에서 − 10 V는 전원의 +, − 를 서로 바꾸어서 연결하고 측정하면 된다. 이 측정결과도 표 3.10.1에 같이 기록한다. 저항을 200 Ω으로 바꾸고 같은 실험을 반복해서 표 3.10.2에 기록한다. 저항이 200 Ω인 경우는 최대 전압이 10V이므로 최대전류가 50 mA이므로 전류 선택 스위치를 200 mA에서 그대로 측정해도 된다.

5) 결 과

- 500 Ω 저항을 DMM으로 측정하고 측정값을 표 3.10.1에 기록한다.
- 전압을 − 10 V 에서 10 V 까지 변화시키며 전류를 측정해서 표 3.10.1에 기록한다.

〈표 3.10.1〉

저항 측정값(Ω)

전압(V)	전류(mA)	저항(Ω)(V/I)	전압(V)	전류(mA)	저항(Ω)(V/I)
-10			1		
-9			2		
-8			3		
-7			4		
-6			5		
-5			6		
-4			7		
-3			8		
-2			9		
-1			10		
0	0	-			

• 표 3.10.1을 이용해서 전류(x축) 대 전압(y축) 그래프를 그림 3.10.6에 그리고 추세선을 구한다. 추세선을 구할 때 전류가 0이면 전압도 0이므로 절편을 0으로 넣고 추세선을 구한다.

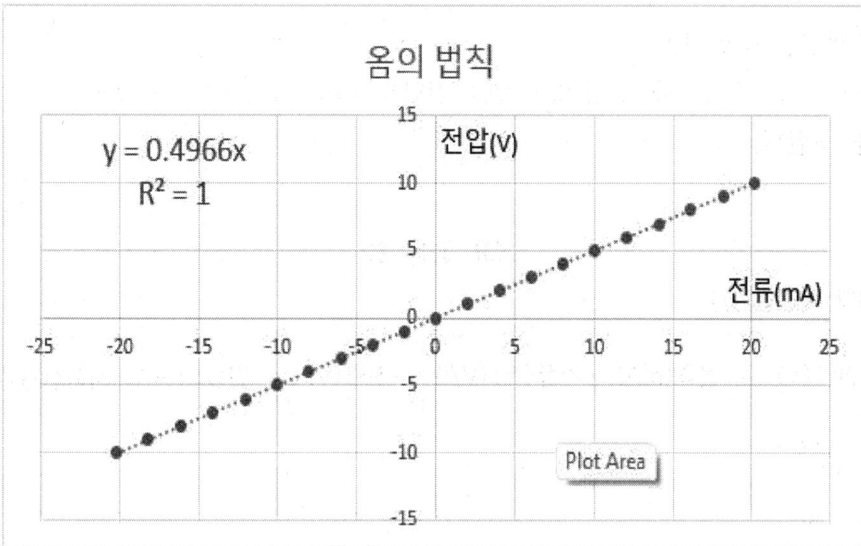

[그림 3.10.6] 그래프 예

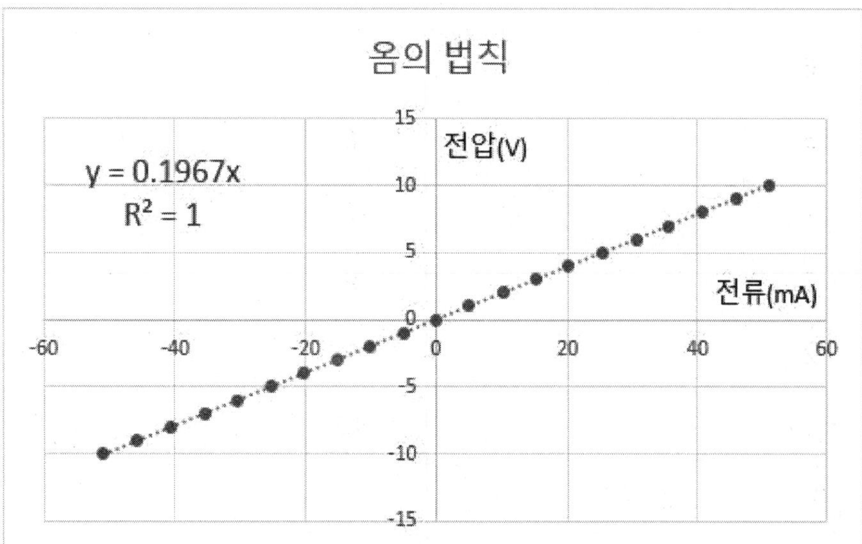

[그림 3.10.7] 그래프 예

- 이때 구한 추세선의 기울기가 저항값이 된다. 그 이유를 분석 및 토론에 기록하라.
- 200 Ω 저항을 DMM으로 측정하고 측정값을 표 3.10.2에 기록한다.
- 전압을 - 10 V에서 10 V까지 변화시키며 전류를 측정해서 표 3.10.2에 기록한다.
- 표 3.10.2를 이용해서 전류(x축) 대 전압(y축) 그래프를 그림 3.10.8에 그리고 추세선을 구한다.
- 추세선을 구 할 때 전류가 0이면 전압도 0이므로 절편을 0으로 넣고 추세선을 구한다.

〈표 3.10.2〉

저항 측정값(Ω)

전압(V)	전류(mA)	저항(Ω)(V/I)	전압(V)	전류(mA)	저항(Ω)(V/I)
- 10			1		
- 9			2		
- 8			3		
- 7			4		
- 6			5		
- 5			6		
- 4			7		
- 3			8		
- 2			9		
- 1			10		
0	0	-			

〈표 3.10.3〉

저 항	200 Ω	510 Ω
측정저항		
표에서 구한 평균값 (V/I)		
추세선에서 구한 저항값		

- 두 저항으로 실험한 결과와 분석으로 얻은 결과를 표 3.10.3에 정리해서 기록하고, 이를 토대로 결론을 작성한다.

결과보고서 작성방법

제 목

목 적

결과 및 분석

■ 500 Ω 저항

- 표 3.10.1에 저항을 DMM으로 측정해서 위에 기록하고 표를 작성한다.
- 그림 3.10.6과 같은 그래프를 표 3.10.1을 이용하여 그리고 추세선을 넣는다. 이때 추세선의 y 절편은 0으로 잡는다.
- 표와 그래프 작성 방법을 설명하고 그래프 분석을 적는다.

■ **200 Ω 저항도 같은 방법으로 작성한다.**

결 론

- 목적과 결과를 보고 결론을 작성한다.

11 직렬 · 병렬회로에서 옴의 법칙

1) 개요 및 목적

직렬회로와 병렬회로의 구성을 이해하고 각 회로에 흐르는 전류와 각 소자에 걸리는 전압을 계산하는 방법과 측정하는 방법을 배운다. 이 실험에서는 옴의 법칙이 각 회로에서 성립하는지를 계산값과 실험으로 얻은 값을 비교하고 확인한다.

2) 배경 원리

(1) 직렬회로에서 전압과 전류

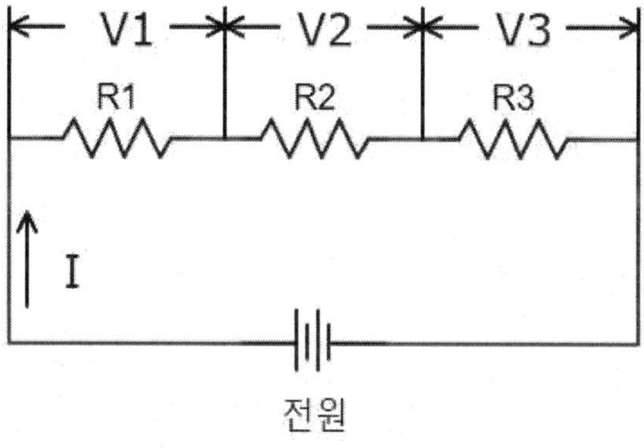

[그림 3.11.1] 직렬회로

직렬연결에서 전체 저항에 걸린 전압은 V이고 각 저항에는 V_1, V_2, V_3으로 전체 전압이 저항값에 비례해서 분배된다. 직렬연결의 경우 회로는 하나이므로 이 회로에 흐르는 전류도 하나이고 각 저항에 흐르는 전류는 일정하다.

$$V = V_1 + V_2 + V_3$$

전압은 저항값에 비례해서 분배되어 각 저항에 걸리는 전압은 저항값에 따라 다르다.

$$V = V_1 + V_2 + V_3 = IR_1 + IR_2 + IR_3$$

$$= I(R_1 + R_2 + R_3) = IR_s$$

회로에서 주어진 것은 전체 전압 V와 각 저항이다. 이때 회로에 흐르는 전류와 각 저항에 걸리는 전압은 다음과 같다.

$$I = \frac{V}{R} = \frac{V}{(R_1 + R_2 + R_3)}$$

$$V_1 = IR_1 = \frac{V}{(R_1 + R_2 + R_3)} R_1$$

$$V_2 = IR_2 = \frac{V}{(R_1 + R_2 + R_3)} R_2$$

$$V_3 = IR_3 = \frac{V}{(R_1 + R_2 + R_3)} R_3$$

(2) 병렬회로에서 전압과 전류

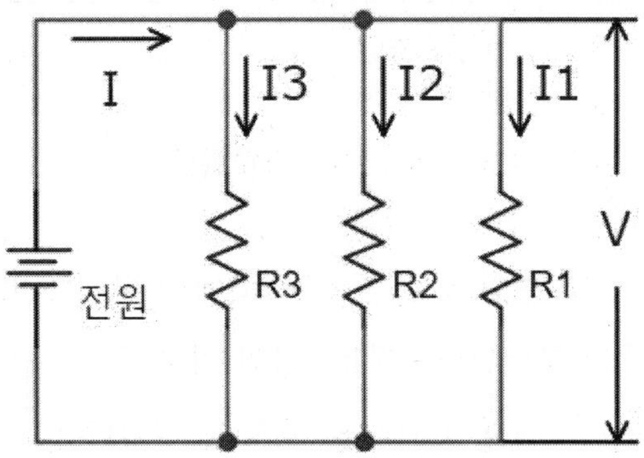

[그림 3.11.2] 병렬회로

그림 3.11.2 병렬회로는 회로가 3개로 구성되어 있다. 각 저항에는 각 저항에 모두 전압 V가 걸리며 각 저항은 하나의 독립된 회로를 이룬다. 즉 이 3개의 회로에는 각각 다른 전류가 흐른다. 그리고 이 3개의 전류 합은 전원 V에서 공급하는 전류 I와 같다.

$$V = V_1 = V_2 = V_3$$

$$I_1 = \frac{V_1}{R_1}, \quad I_2 = \frac{V_2}{R_2}, \quad I_3 = \frac{V_3}{R_3}$$

$$I = I_1 + I_2 + I_3 = \frac{V}{R_1} + \frac{V}{R_2} + \frac{V}{R_3}$$

3) 실험장치

DMM, 브레드보드, 저항, 전압조정이 가능한 직류전원장치

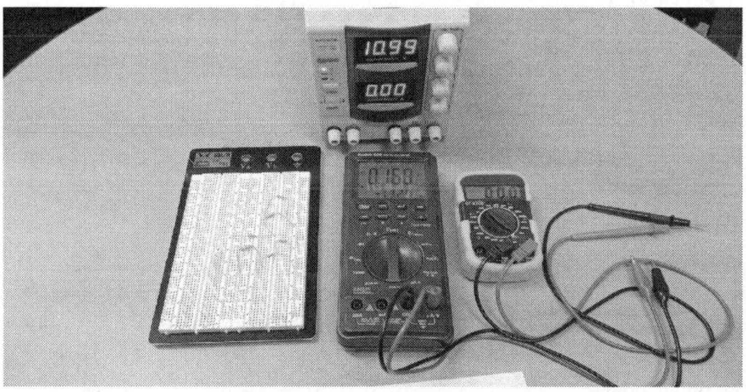

[그림 3.11.3] 실험장치

4) 실험방법

(1) 직렬회로(각 저항에 걸린 전압과 흐르는 전류를 측정)

그림 3.11.4(a)와 같이 5.1 kΩ과 2 kΩ 저항을 직렬로 연결하고, 전압계를 저항에 병렬로 연결하고 전류계는 회로에 직렬로 연결한다. 전압계는 전압을 측정하려는 저항 양단에 병렬로 연결해서 측정한다.

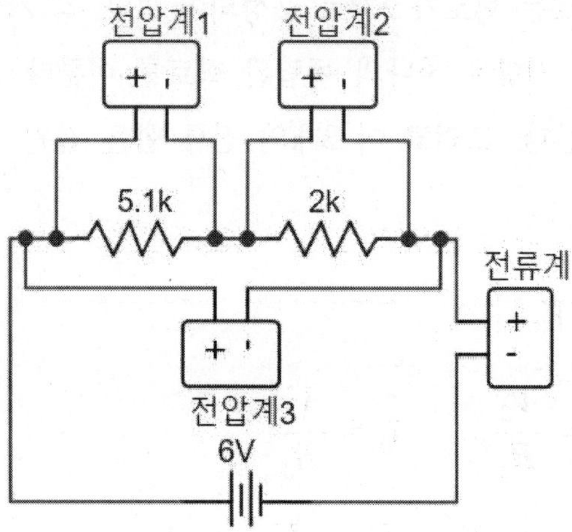

[그림 3.11.4(a)] 직렬회로

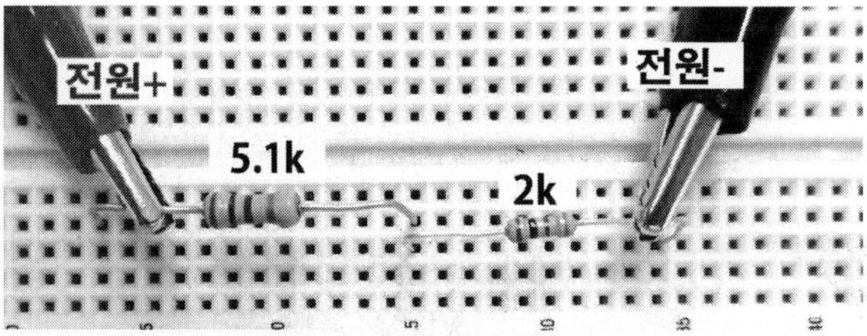

[그림 3.11.4(b)] 직렬회로

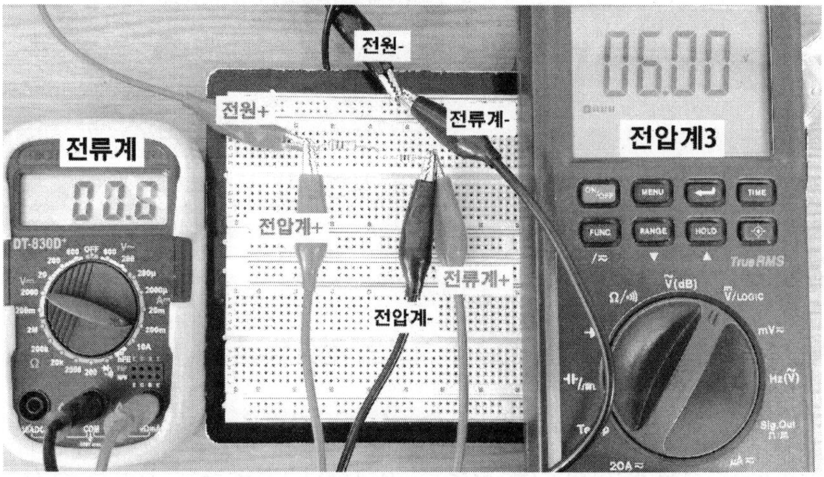

[그림 3.11.5(a)]

그림 3.11.4(a) 회로를 전압계와 전류계를 제외하고 연결하면 그림 3.11.4(b)와 같다. 이 회로에서 전체 저항에 걸린 전압과 흐르는 전류를 측정하기 위해 그림 3.11.5(a)와 같이 전압계 3과 전류계 연결한다. 이것은 그림 3.11.4(a)에서 전압계 3과 전류계만 연결한 것과 같다. 그림 3.11.5(b)를 참고하여 회로를 구성하고 전압계 3과 전류계를 연결하라.

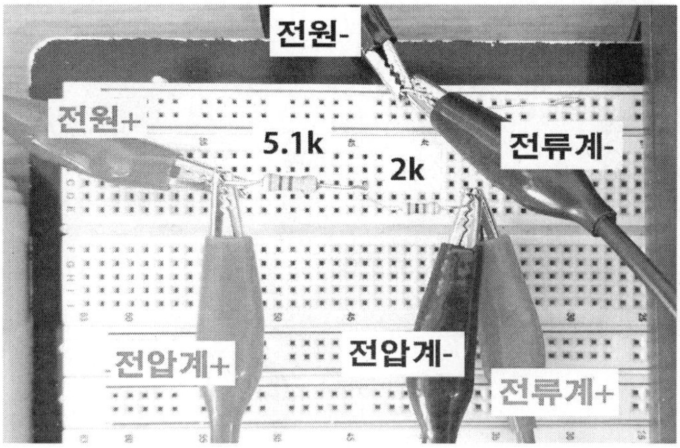

[그림 3.11.5(b)]

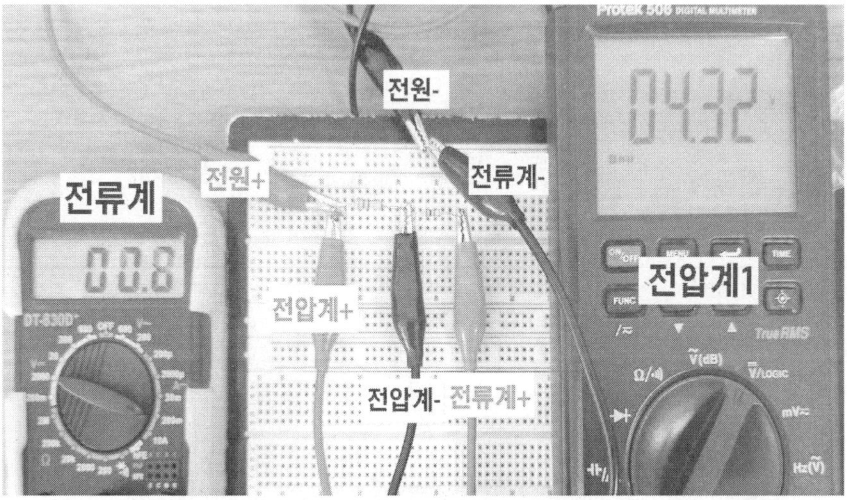

[그림 3.11.6(a)]

전원을 넣고 전압이 6 V가 되도록 조정한다. 측정한 전압과 전류를 표 3.11.1에 기록한다. 이번에는 회로에서 저항 5.1 kΩ에 걸린 전압과 흐르는 전류를 측정하기 위해 그림 3.11.6(a)와 같이 전압계 1과 전류계를 연결한다.

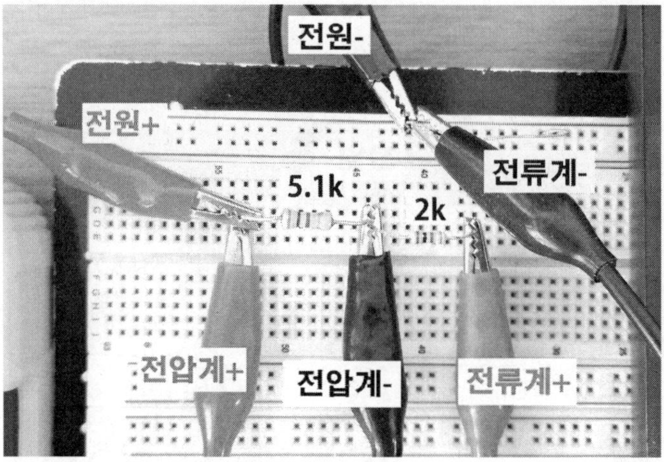

[그림 3.11.6(b)]

그림 3.11.6(b)를 참고하여 전압계 1과 전류계를 연결하라. 측정한 전압과 전류를 표 3.11.1에 기록한다.

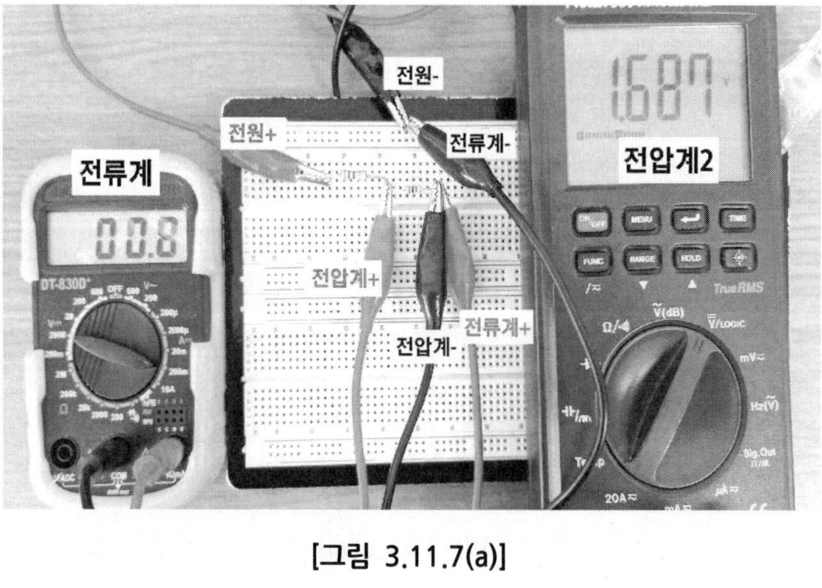

[그림 3.11.7(a)]

회로에서 저항 2kΩ에 걸린 전압과 흐르는 전류를 측정하기 위해 그림 3.11.7(a)와 같이 전압계 2와 전류계를 연결한다. 그림 3.11.7(b)를 참고하여 전압계 2와 전류계를 연결하라. 측정한 전압과 전류를 표 3.11.1에 기록한다.

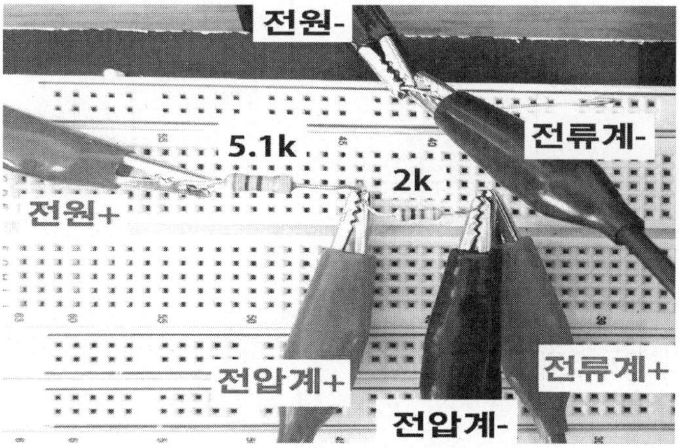

[그림 3.11.7(b)]

〈표 3.11.1〉 직렬회로

전압 = 6V		저항에 걸린 전압(V)		전류(mA)	
직렬연결	측정저항(kΩ)	실험값	이론값	실험값	이론값
R 1					
R 2					
합성저항 실험값(kΩ)			합성저항 계산값(kΩ)		

(2) 병렬회로(각 저항에 걸린 전압과 흐르는 전류를 측정)

그림 3.11.8 같이 5.1kΩ과 2kΩ 저항을 병렬로 연결해서 병렬회로를 만든다. 전압계는 저항에 병렬로 연결하고 전류계는 회로에 직렬로 연결한다. 병렬회로이므

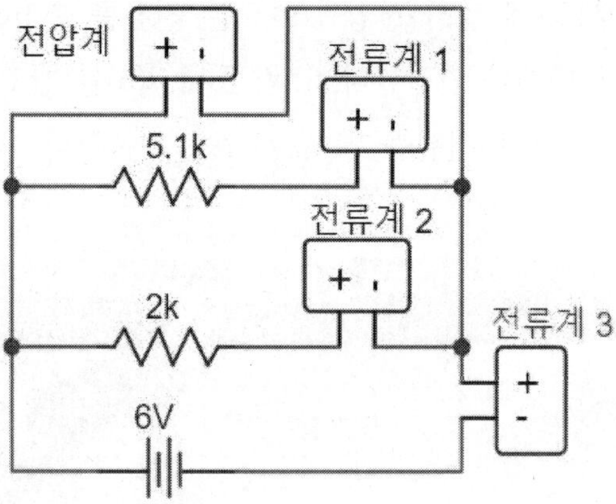

[그림 3.11.8]

로 두 저항에 걸리는 전압은 똑같다. 전류계는 전류를 측정하려는 저항에 각각 직렬로 연결해서 측정한다. 전류계1은 저항 5.1 kΩ에 흐르는 전류를 측정하고 전류계2는 저항 2 kΩ에 흐르는 전류를 측정하며 전류계3은 전원에서 흐르는 회로 전체의 전류를 측정한다. 저항 5.1 kΩ에 흐르는 전류를 측정할 때는 전류계를 전류계1의 자리에 연결하고 전류계2 자리는 도선으로 연결 되어야 한다.

그림 3.11.9(a)는 회로 전체에 흐르는 전류와 전체 전압을 측정하는 사진이다. 그림 3.11.9(b)는 저항 연결부를 확대해 놓은 사진이다.

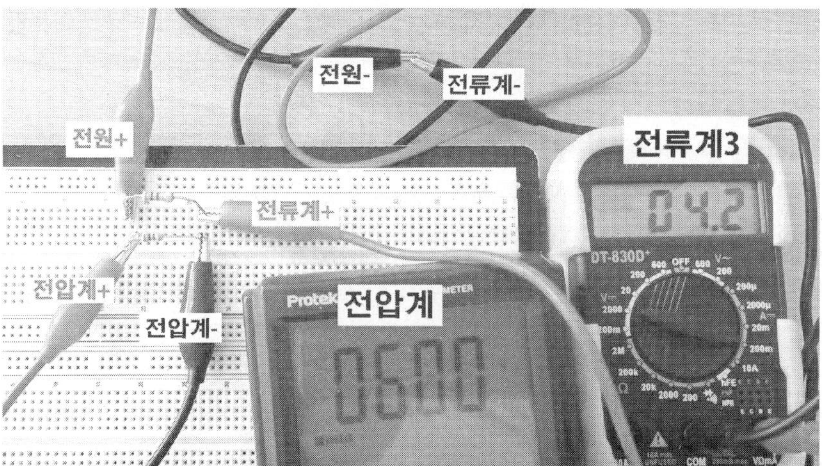

[그림 3.11.9(a)]

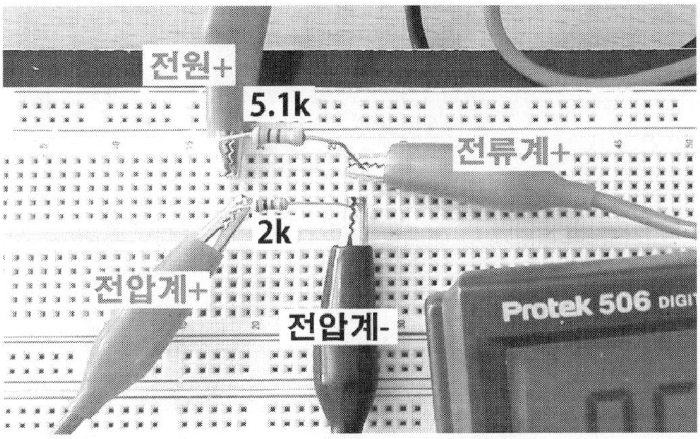

[그림 3.11.9(b)]

그림 3.11.10(a)는 5.1 kΩ 저항에 걸린 전압과 흐르는 전류를 측정하는 사진이다. 그림 3.11.10(b)를 참고해서 회로를 만들어라. 아래 2 kΩ 저항에 연결된 검은색 선은 전원-로 연결된다. 측정결과를 표 3.11.2에 기록하라.

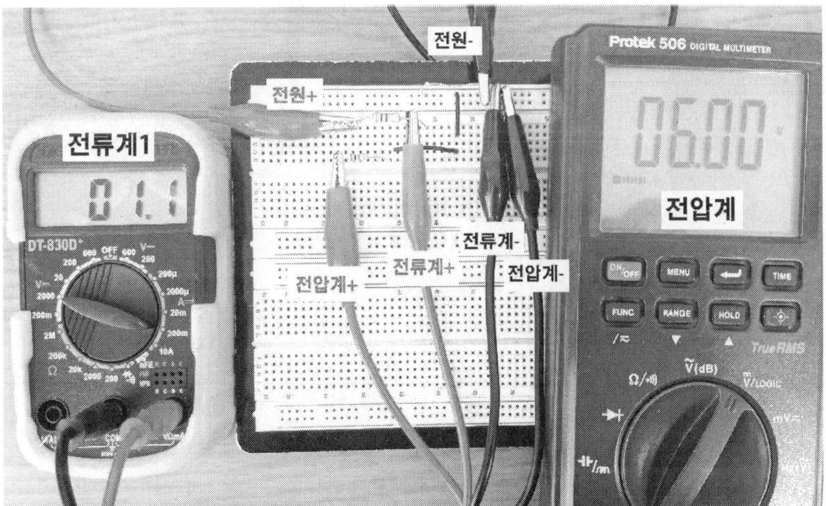

[그림 3.11.10(a)]

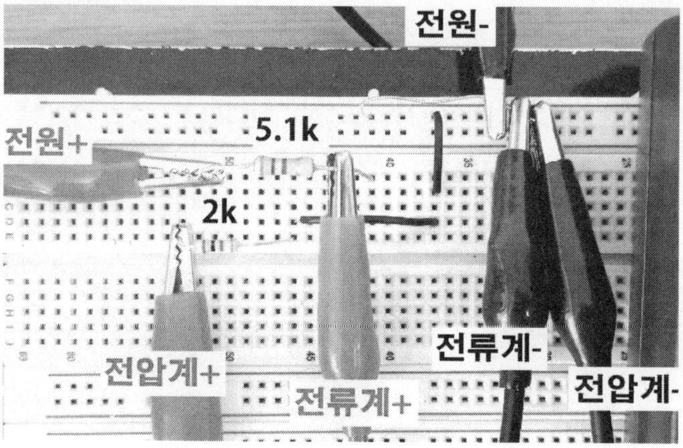

[그림 3.11.10(b)]

그림 3.11.11(a)는 2 kΩ 저항에 걸린 전압과 흐르는 전류를 측정하는 사진이다.

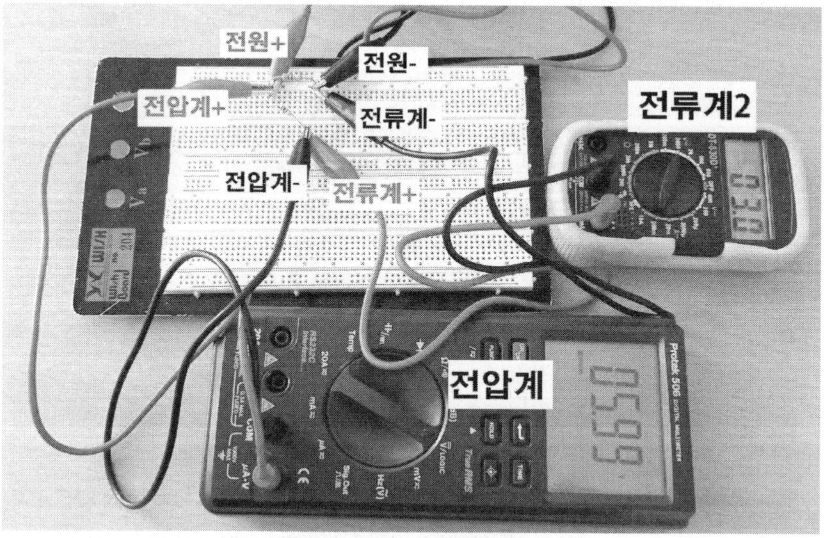

[그림 3.11.11(a)]

그림 3.11.11(b)를 참고해서 연결하고 측정결과를 표 3.11.2에 기록하라.

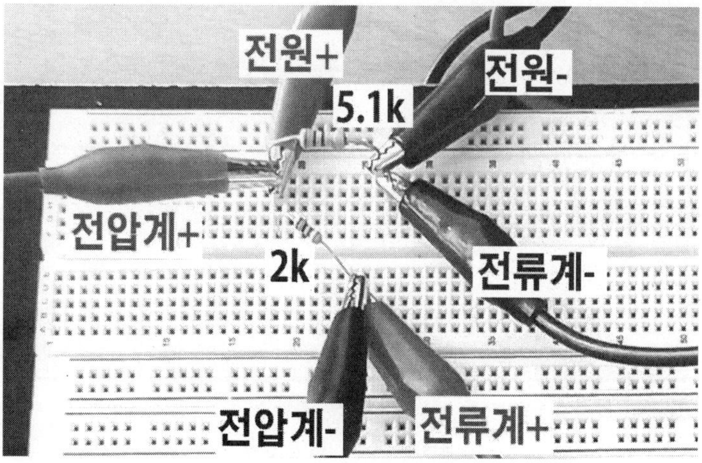

[그림 3.11.11(b)]

〈표 3.11.2〉 병렬회로

전압 = 6V		저항에 흐른 전류(mA)		전체 전류(mA)	
병렬연결	측정저항(kΩ)	실험값	이론값	실험값	이론값
R1					
R2					
합성저항 실험값(kΩ)			합성저항 계산값(kΩ)		

(3) 직렬과 병렬이 혼합된 회로(각 저항에 걸린 전압과 흐르는 전류를 측정)

그림 3.11.12(a)와 같이 회로를 연결한다.

그림 3.11.12(b)는 실제 연결된 회로의 사진이다.

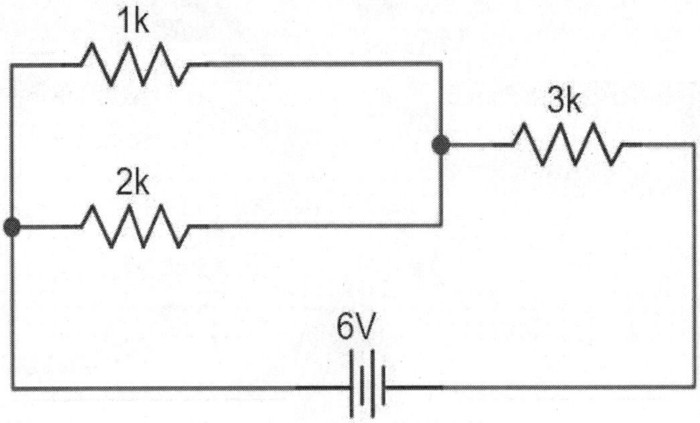

[그림 3.11.12(a)]

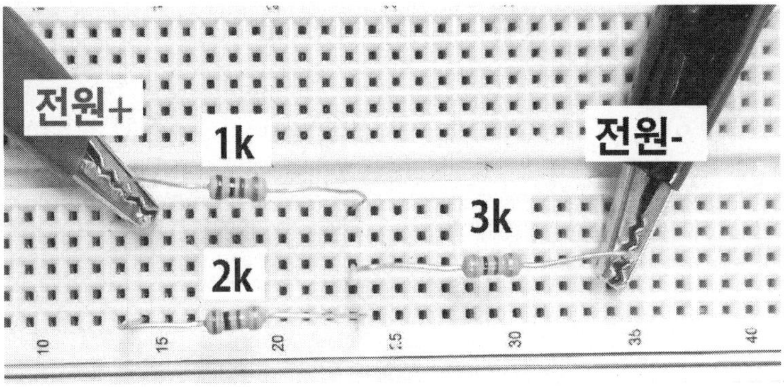

[그림 3.11.12(b)]

(4) 1 kΩ 저항에 걸린 전압과 흐르는 전류측정

그림 3.11.13(a)와 같이 회로에 전압계와 전류계를 연결하여 1 kΩ 저항에 걸린 전압과 흐르는 전류를 측정하고 그 결과를 표 3.11.3에 기록한다.

그림 3.11.13(b)는 1 kΩ 저항에 걸린 전압과 흐르는 전류를 측정하는 사진이다. 그림 3.11.13(c)는 그림 3.11.13(b) 저항이 연결된 부분을 확대한 사진이다. 이것을 참고로 전압계와 전류계를 연결하라.

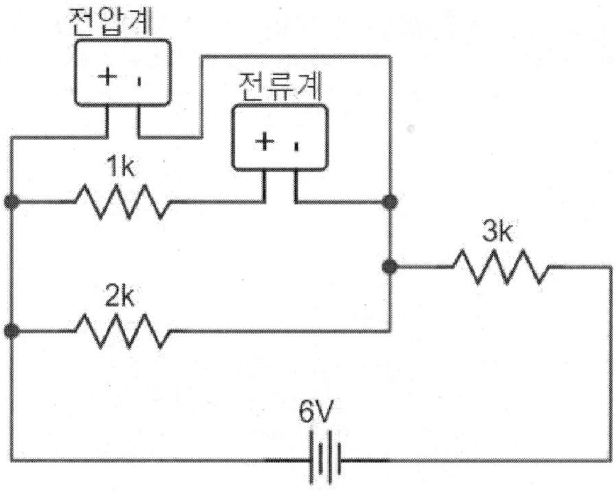

[그림 3.11.13(a)]

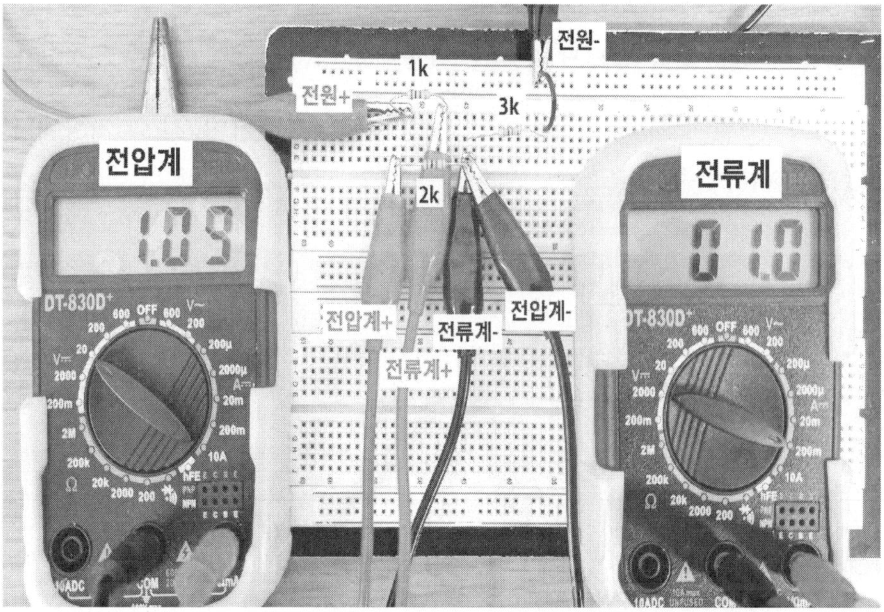

[그림 3.11.13(b)]

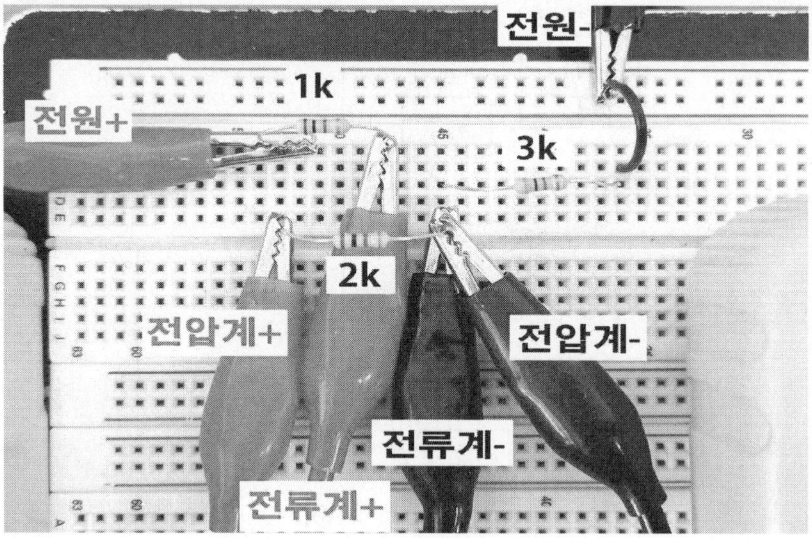

[그림 3.11.13(c)]

(5) 2 kΩ 저항에 걸린 전압과 흐르는 전류측정

그림 3.11.14(a)와 같이 회로에 전압계와 전류계를 연결하여 2 kΩ 저항에 걸린 전압과 흐르는 전류를 측정하고, 그 결과를 표 3.11.3에 기록한다.

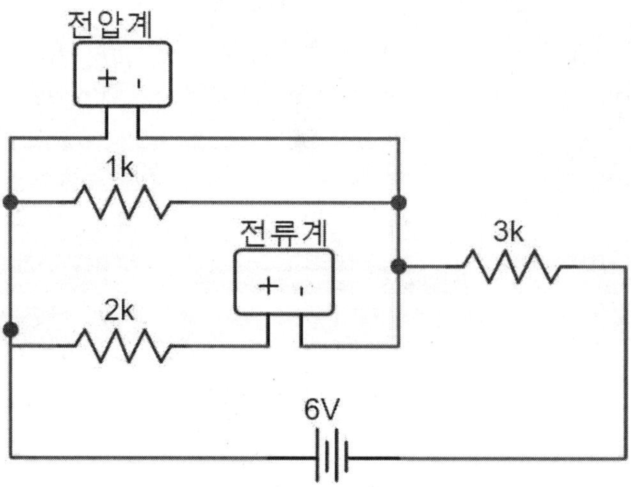

[그림 3.11.14(a)]

그림 3.11.14(b)는 2 kΩ 저항에 걸린 전압과 흐르는 전류를 측정하는 사진이다.

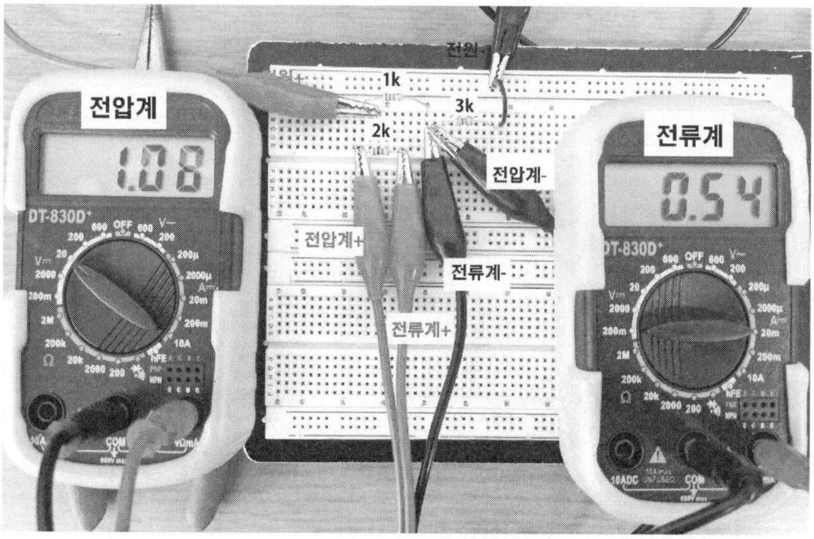

[그림 3.11.14(b)]

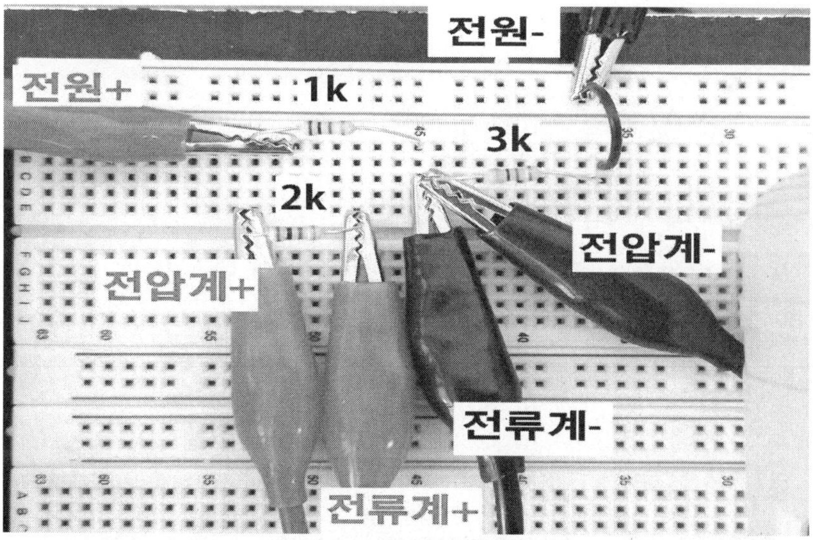

[그림 3.11.14(c)]

(6) 3 kΩ 저항에 걸린 전압과 흐르는 전류측정

그림 3.11.15와 같이 회로에 전압계와 전류계를 연결하여 3 kΩ 저항에 걸린 전압과 흐르는 전류를 측정하고 그 결과를 표 3.11.3에 기록한다.

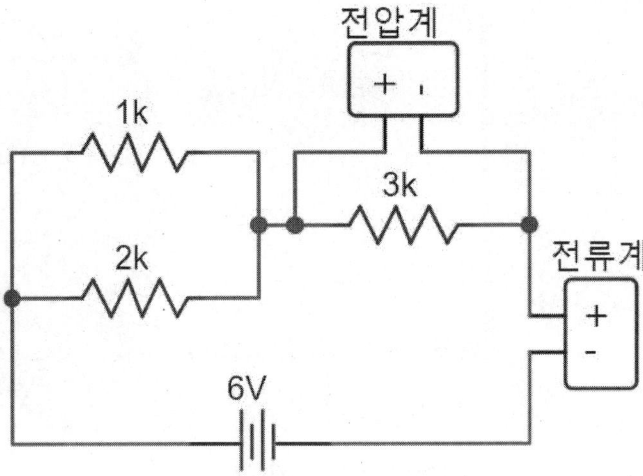

[그림 3.11.15(a)]

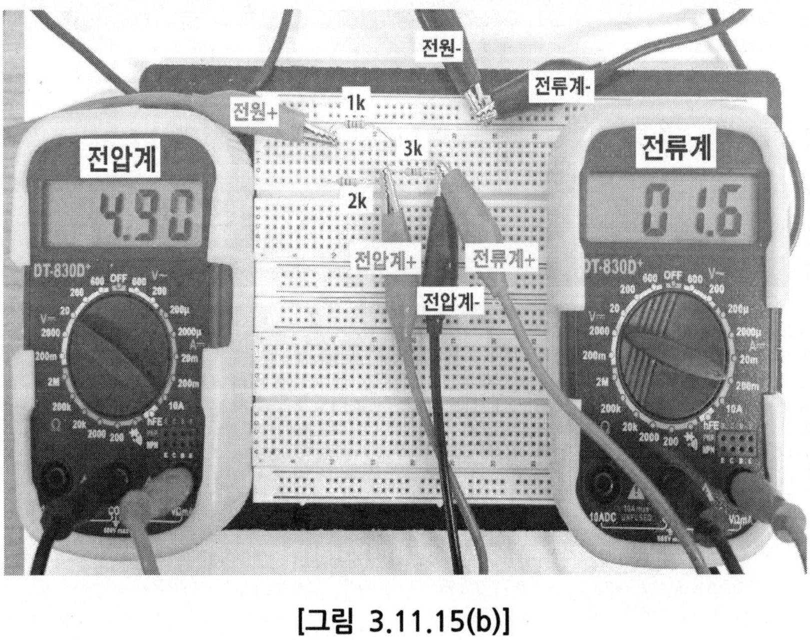

[그림 3.11.15(b)]

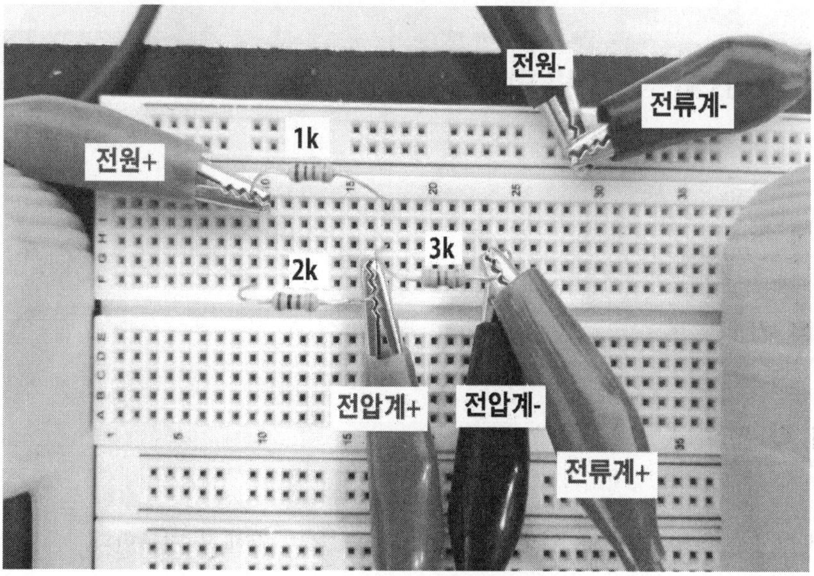

[그림 3.11.15(c)]

〈표 3.11.3〉 직렬과 병렬이 혼합된 회로

전압 = 6V		저항에 걸린 전압(V)		저항에 흐르는 전류(mA)	
	측정저항(kΩ)	실험값	이론값	실험값	이론값
R1					
R2					
R3					
합성저항 실험값(kΩ)			합성저항 계산값(kΩ)		

5) 결 과

- 결과표를 이용하여 분석 및 토의를 작성하라.
- 분석 및 토의에 각 회로에서 옴의 법칙이 어떻게 성립하는지 설명하라.
- 결론을 작성하라.

결과보고서 작성방법

제 목

목 적

결과 및 분석

- 표 3.11.1을 작성하고, 표 아래에 계산 방법을 모두 자세히 기록한다.
- 표 3.11.2를 작성하고, 표 아래에 계산 방법을 모두 자세히 기록한다.
- 표 3.11.3을 작성하고, 표 아래에 계산 방법을 모두 자세히 기록한다.

결 론

- 목적과 결과를 보고 결론을 작성한다.

12 휘스톤 브리지

1) 개요 및 목적

전기 전자회로에서 저항은 중요한 기본 소자다. 지금은 디지털 장비들이 발달하여 측정할 때 몇 가지 주의만 한다면 정확한 저항을 측정할 수 있다. 그러나 디지털 장비가 지금처럼 일반화되지 않았을 때 정확한 저항을 측정하는 것은 쉬운 일이 아니었다.

저항을 정밀하게 측정하는 하나의 방법으로 휘스톤 브리지를 이용한 방법이 있다. 이 실험에서는 저항선의 비저항과 길이가 저항선의 저항과 어떤 관계가 있는지 알아보고, 이를 이용한 저항 측정 방법인 휘스톤 브리지를 이용한 저항 측정 개념과 원리를 이해한다.

2) 배경 이론

(1) 비저항

일반적으로 도체는 실온에서 모두 전기 저항을 지닌다. 전기가 그 물질을 통해서 흐를 때 전기의 흐름을 방해하는 여러 가지 요소가 존재하는데, 이를 전기 저항이라 한다.

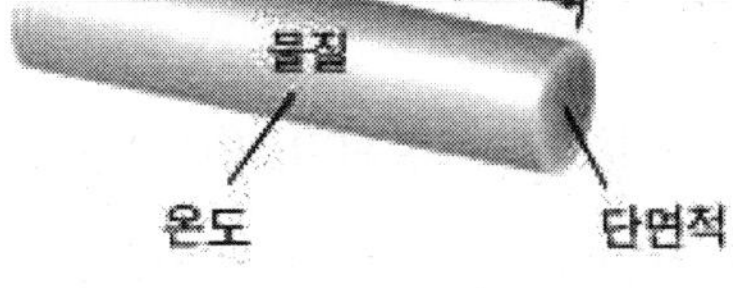

[그림 3.12.1] 저항인자

길이가 l, 단면적이 A인 물질의 저항은 다음과 같이 쓸 수 있다.

$$R = \rho \frac{l}{A}$$

여기서 ρ는 물질의 비저항으로 물질마다 고유값을 갖고 단위는 Ωm이다. 물체의 저항은 길이에 비례하고 단면적에 반비례한다.

(2) 휘스톤 브리지 원리

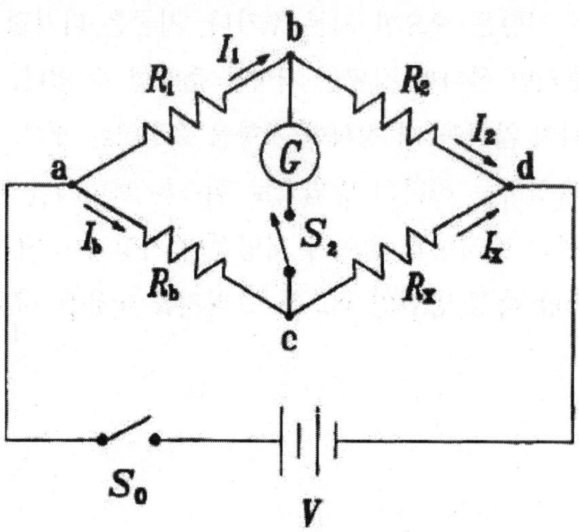

[그림 3.12.2] 휘스톤 브리지 원리

휘스톤 브리지는 측정하려는 미지저항, 표준저항, 그리고 길이에 따라 저항을 바꿀 수 있는 저항선, 전원, 검류계 등으로 구성되어 있다. 그림 3.12.2는 휘스톤 브리지 개념도이다. 이 그림에서 R_b는 표준저항으로 저항값을 정확히 아는 저항이고 R_x는 측정하려는 미지저항이다. R_1과 R_2는 길이 1 m 정도의 저항선으로 저항선 중간에 선택한 b점에 따라 저항 R_1과 R_2가 결정된다. 만일 b점을 검류계 G에 전류가 흐르지 않는 곳으로 선택했다면, b점과 c점 사이에 전류가 흐르지 않는 것으로 b점과 c점의 전위는 같다. 즉 a점과 d점에는 걸어준 전압 V가 걸려있으므로 점 a와 b 사이의 전위차는 점 a와 c사이의 전위차와 같고, 점 b와 d 사이의 전위차는 점 c와 d 사이의 전위차와 같다.

이 관계를 식으로 표현하면 다음과 같다.

$$V_b = V_c$$

$$V_{ab} = V_{ac} \qquad (1)$$

$$V_{bd} = V_{cd} \qquad (2)$$

저항 R_1 에 흐르는 전류를 I_1 , 저항 R_2 에 흐르는 전류를 I_2 라 한다. 표준저항 R_b 에 흐르는 전류를 I_b , 미지저항 R_x 에 흐르는 전류를 I_X 라 하면 $V_{ab} = I_1R_1$ 이고, $V_{ac} = I_bR_b$ 이다. 또한 $V_{bd} = I_2R_2$ 이고, $V_{cd} = I_xR_x$이다. 따라서 다음과 같이 식을 정리할 수 있다.

$$I_1R_1 = I_bR_b \qquad (3)$$

$$I_2R_2 = I_xR_x \qquad (4)$$

이때 $V_b = V_c$ 이므로 검류계 G 를 통해서 흐르는 전류가 0이 되어 $I_1 = I_2$ 이고, $I_b = I_x$가 된다. 식(3)과 (4)의 비를 취하면

$$\frac{R_1}{R_2} = \frac{R_b}{R_x} \qquad (5)$$

식(5)에서 미지의 저항 R_x 를 구하면 다음과 같이 된다.

$$R_x = \frac{R_2}{R_1}R_b \qquad (6)$$

b 점과 c 점의 전위가 같다면, 즉 검류계 G 에 전류가 흐르지 않는 점 b를 찾아 회로를 연결했을 때 저항 R_1 과 R_2 의 비를 알면 미지저항 R_x를 구할 수 있다. 휘스톤 브리지의 저항 R_1 과 R_2 는 하나의 저항선이고, 같은 저항선에서 저항은 길이에 비례한다.

저항선의 단면적을 A, 길이를 l, 비저항을 ρ, 저항을 R이라 하면 저항선의 저항은 다음 식으로 표현된다.

$$R = \rho\frac{l}{A}$$

따라서 $\frac{R_1}{R_2} = \frac{\rho\frac{l_1}{A}}{\rho\frac{l_2}{A}} = \frac{l_1}{l_2}$ 이 식을 식(6)에 대입하면 $R_x = \frac{l_2}{l_1}R_b$ 를 얻는다. 검류계 G에 전류가 흐르지 않는 점 b를 찾아 점 ab 사이의 길이와 점 bc 사이의 저항선 길이를 측정해서 비를 구하고 여기에 표준저항을 곱하면 미지저항을 알 수 있다.

3) 실험장치

휘스톤 브리지, DMM, 저항, 브레드보드, 직류전원장치

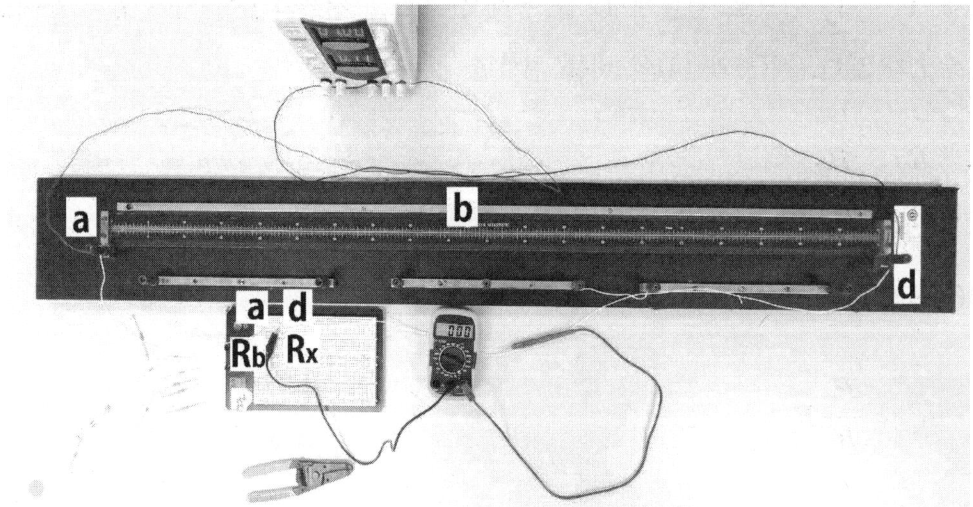

[그림 3.12.3] 실험장치

4) 실험방법

그림 3.12.3과 같이 장치를 연결한다. 휘스톤 브리지 a점에 전원 +를 연결하고, d 점에는 전원 −를 연결한다. 휘스톤 브리지 a점과 브레드보드 저항 연결부의 a점을 전선으로 연결한다. 휘스톤 브리지 a점과 브레드보드 저항 연결부의 a점은 그림 3.12.2의 a점과 전기적으로 같은 점이다. 휘스톤 브리지 d점과 브레드보드 저항 연결부의 d점을 전선으로 연결한다.

실험할 때는 그림 3.12.5와 같이 검류계 대신 DMM의 mV 단위의 전압 측정기로 전압이 0이 되는 부분을 찾는다. 두 지점의 전위차가 0이면 전류도 0이기 때문에 mV 정도에서 0 V를 찾으면 검류계를 사용하는 것과 같은 정밀도로 위치 측정이 가능하다. DMM의 전류계를 이용해도 되나 전류계는 a와 d점 사이에서 위치에 따라 과전류가 흐를 수 있어 퓨즈가 쉽게 끊어질 수 있고 측정에 많은 어려움이 있을 수 있다. 그러나 전압계를 이용하면 전위차가 크게 나더라도 전류를 측정하는 것이 아니어서 전압계에는 과전류가 흐르지 않아 안전하다. 1 kΩ 저항을 표준저항 R_b로 선택하고 DMM으로 저항값을 측정하여 표 3.12.1 표준저항 칸에 기록하고 그림 3.12.4와 같이 브레드보드에 연결한다.

[그림 3.12.4] 휘스톤 브리지 저항 연결 부분

미지의 저항 R_x를 그림 3.12.4와 같이 브레드보드에 연결한다. DMM의 선택 단자를 mV 측정을 선택하고 DMM의 – 리드선을 c 점(그림 3.12.4 표준저항 R_b와 미지저항 R_x 연결 부분)에 연결한다. 직류전원장치 전압을 1V로 설정하고 전원을 넣는다. 만일 전원 장치에 CC(current cut) 단자에 불이 들어오면 전류공급을 늘려서 CC 불이 꺼지도록 조정한다. 이때 만일 전류가 수백 mA 흐른다면 장치연결에 문제가 있으므로 처음부터 장치연결을 확인해야 한다. 저항선의 길이가 1 m이고 저항선의 전체 저항이 10 Ω 정도이며, 연결한 표준저항과 미지저항은 kΩ 단위이므로 연결 저항으로 흐르는 전류는 저항선으로 흐르는 전류의 1/100에서 1/수백 정도로 작으므로 전체 전류는 0.1 A + 0.001 A 보다 작은 전류가 흘러야 한다.

미지저항을 연결하고 DMM의 + 리드선에 연결된 탐침을 그림 3.12.1에서 휘스톤 브리지 점 a와 d 사이의 저항선 위에 연결해서 좌우로 이동시킨다. 이때 DMM의 전압을 보면서 전압이 감소하는 방향으로 이동시켜 전압이 0V가 되는 지점을 찾아 위치를 cm로 표 3.12.1에 기록한다. 이때 먼저 DMM의 최대 측정전압을 2 V로 선택해서 0 V 위치를 알아 놓고 다시 DMM의 최대 측정전압을 200 mV로 낮추어서 위치를 mm 단위로 정밀하게 측정한다.

표준저항을 1 kΩ으로 하고 미지저항을 1 kΩ, 2 kΩ, 3 kΩ, 4.7 kΩ, 5.6 kΩ, 8.2 kΩ 등으로 바꾸어서 실험을 반복한다. 표준저항을 4.7 kΩ으로 바꾸고 미지저항을 1 kΩ, 2 kΩ, 3 kΩ, 4.7 kΩ, 5.6 kΩ, 8.2 kΩ 등으로 바꾸어서 같은 실험을 반복한다.

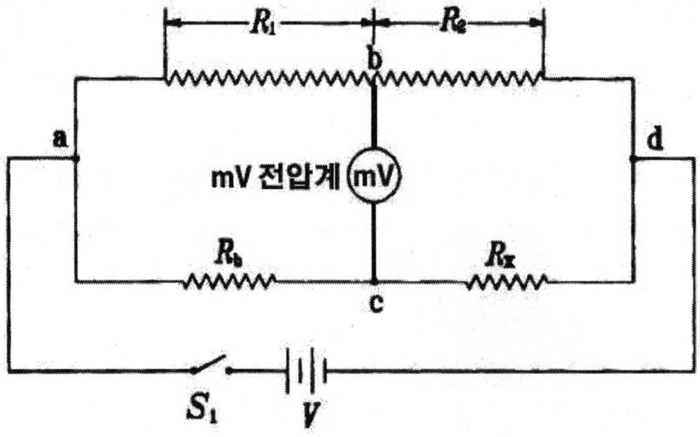

[그림 3.12.5] 실험장치 개념도

5) 결 과

- 1 kΩ 표준저항을 DMM으로 측정하여 표 3.12.1에 기록한다.
- 표 3.12.1을 이용해 저항선 길이의 비대 측정 저항 그래프를 그림 3.12.6에 그리고 추세선을 구한다. 이때 y 절편은 0으로 잡는다.
- 그림 3.12.6의 추세선의 기울기가 표준 저항값이 된다. (이유를 분석 및 토의하라)
- 4.7 kΩ 표준저항을 DMM으로 측정하여 표 3.12.2에 기록한다.
- 표 3.12.2을 이용해 저항선 길이의 비 대 측정 저항 그래프를 그림 3.12.7에 그리고 추세선을 구한다. 이때 y 절편은 0으로 잡는다.
- 분석 및 토론에 표와 그래프 결과를 분석하고 정리해서 작성하라.
- 결론을 정리해서 작성하라.

〈표 3.12.1〉

표준저항 측정값(kΩ)

미지저항 색띠(kΩ)						
길이 l_1 (cm)						
길이 l_2 (cm)						
길이비(l_2/ l_1)						
미지저항 측정(kΩ)						
DMM 측정(kΩ)						

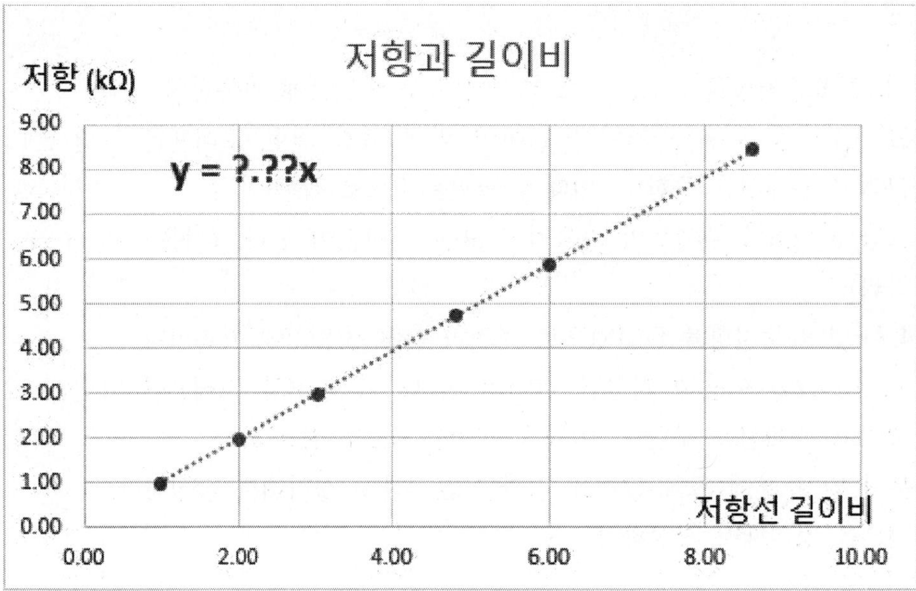

[그림 3.12.6] 저항과 길이비 (예시)

<표 3.12.2>

표준저항 측정값(kΩ)

미지저항 색띠(kΩ)						
길이 l_1 (cm)						
길이 l_2 (cm)						
길이비(l_2 / l_1)						
미지저항 측정(kΩ)						
DMM 측정(kΩ)						

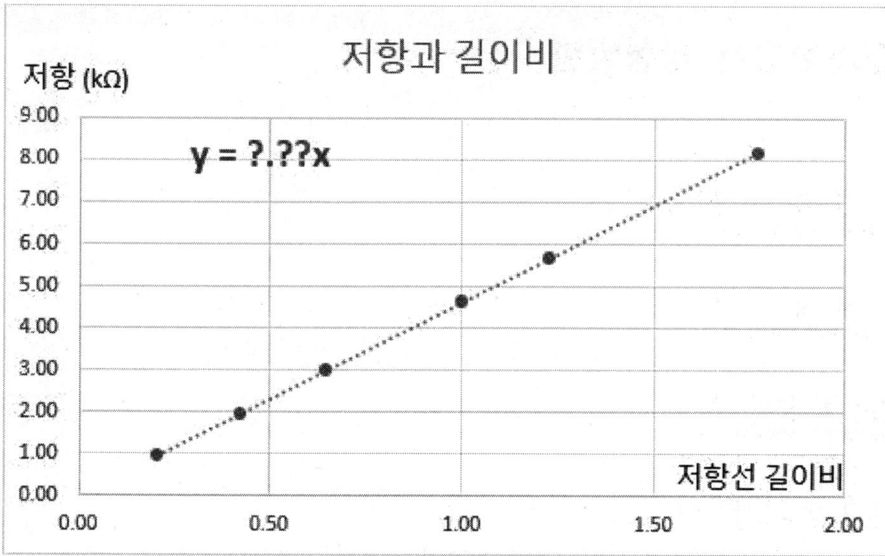

[그림 3.12.7] 저항과 길이비 (예시)

결과보고서 작성방법

제 목

목 적

결과 및 분석

■ **1 kΩ 표준저항**

- 표 3.12.1에 표준저항을 DMM으로 측정해서 위에 기록하고 표를 작성한다.
- 그림 3.12.6과 같은 그래프를 표 3.12.1 결과를 이용해서 그리고 추세선도 구해서 넣는다. 이때 구한 추세선 방정식에서 y 절편이 0.001 kΩ, 즉 1 Ω 보다 크면 실험이 잘못된 것으로 실험을 다시 해야 한다.
- 표와 그래프 작성 방법과 분석 결과를 적는다.

■ **4.7 kΩ 표준저항에 대해서도 같은 방법으로 작성한다.**

결 론

- 목적과 결과를 보고 결론을 작성한다.

13 최대 전력 전달

1) 개요 및 목적

전기장치는 여러 가지 용도로 사용되며, 그 용도에 따라 부하가 모두 다르다. 일반적으로 부하에 전달되는 전력 효율은 부하의 임피던스와 전력을 공급하는 회로의 임피던스에 의해 결정된다. 이 실험에서는 간단한 DC 전력공급 회로의 내부저항과 부하저항에 따라 전달되는 전력이 어떻게 달라지는지 그 원리를 이해하고 최대 전력 전달 조건을 계산해서 실험을 통해서 얻은 값과 계산값이 일치하는지 확인한다.

2) 배경 이론

전원 공급장치에서 전압 V가 부하저항 R_L에 걸려서 전류 I가 흐를 때 부하저항이 소비하는 전력은 다음과 같다.

$$P = VI = I^2R = \frac{V^2}{R}$$

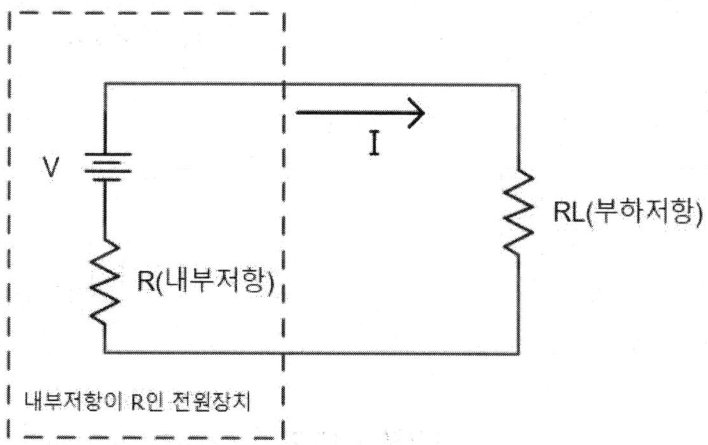

[그림 3.13.1]

실제로 모든 전기장치 또는 전기회로는 내부저항이 있어서 그림 3.13.1과 같은 전원 장치도 내부저항이 있고, 그 내부저항을 R이라 하면 회로에 흐르는 전류는 다음과 같다.

$$I = \frac{V}{R + R_L}$$

또한 회로의 전체전력은 다음과 같다.

$$P = I^2 R = \left(\frac{V}{R + R_L}\right)^2 R_L = \frac{V^2 R_L}{(R + R_L)^2} \qquad (1)$$

이 식에서 전압 V와 내부저항 R이 일정하다면 부하저항이 소비하는 전력은 부하저항 R_L에 의해 결정되는 것을 알 수 있다.

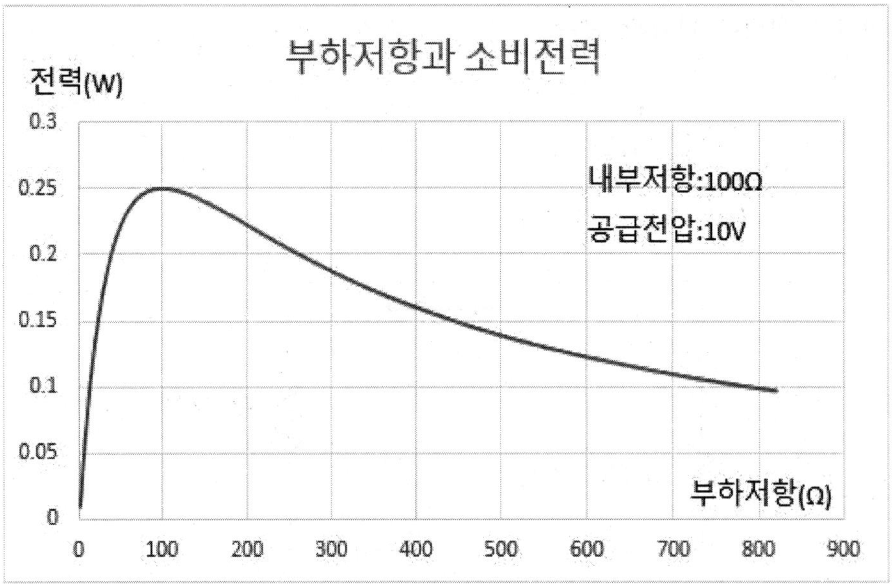

[그림 3.13.2]

그림 3.13.2는 전력 공급장치의 공급전압과 내부저항이 고정되었을때 부하저항의 변화에 따른 소비전력을 나타낸 그래프다. 이 그래프에서 전력 공급장치의 공급전압과 내부저항이 고정되었을때 부하의 소비전력이 최대가 되는 특정한 부하저항이 있는 것을 알 수 있다. 따라서 전기장치를 설계할 때 내부저항과 부하저항을 적절히 조정해서 최대 전력이 전달되도록 회로를 설계할 수 있다.

최대 전력이 전달되는 피크의 위치는 부하저항의 변화에 따른 전력변화가 0이 되는 지점 즉 그림 3.13.2와 같은 그래프에서 각 접선의 기울기가 + 에서 - 로 넘어가는 위치가 된다. 이 조건을 식으로 표현하면 다음과 같다.

$$\frac{dP}{dR_L}=0$$

따라서 미분 값이 0이 되는 부하저항을 구하면 최대 전력 전달 위치를 찾을 수 있다. 전력에 대한 식(1)을 부하저항 R_L에 대해 미분하면

$$\frac{dP}{dR_L}=\frac{V^2(R+R_L)-2V^2R_L}{(R+R_L)^3}$$

을 얻을 수 있고, 있고, 이 식이 0이 되려면

$$V^2(R+R_L)-2V^2R_L=0$$

이 되어야 한다. 즉 $R = R_L$ 일때 이 식이 성립하므로 내부저항과 부하저항이 같을 때 최대 전력이 전달된다.

그림 3.13.2는 공급전압이 10 V이고 내부저항이 100 Ω일 때, 부하저항에 따른 소비전력의 변화를 계산해서 그래프로 나타냈는데 계산 결과와 같이 부하저항과 내부저항이 같을 때, 즉 부하저항이 100 Ω일 때 최대 전력이 전달됨을 알 수 있다.

오디오 앰프에서 임피던스 매칭 변압기를 통한 실제 최대 전력 전달을 이용한 경우를 보자. 임피던스 매칭 변압기는 1차 코일과 2차 코일의 임피던스는 권선비에 의해

결정된다. 1차 코일 임피던스를 Z_1 이라 하,고 2차 코일 임피던스를 Z_2 라 하면 식은 다음과 같다.

$$Z_1 = \left(\frac{N_1}{N_2}\right)^2 Z_2$$

따라서 1차 코일 임피던스를 Z_1 을 오디오 앰프의 출력 임피던스에 맞추고 2차 코일 임피던스를 Z_2 를 스피커 임피던스에 맞추면 오디오 출력을 최대로 스피커에 전달할 수 있다.

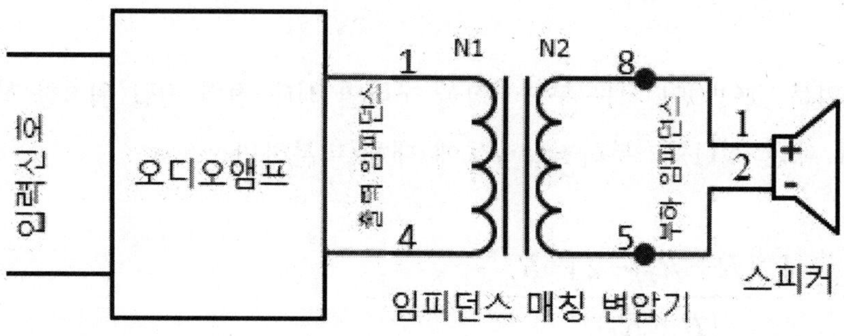

[그림 3.13.3]

만일 스피커가 8Ω이고 오디오 앰프 출력 임피던스가 1 kΩ(1000 Ω)이라면 임피던스 매칭 변압기의 권선비는 다음과 같이 계산할 수 있다.

$$Z_1 = \left(\frac{N_1}{N_2}\right)^2 Z_2$$

$$\frac{Z_1}{Z_2} = \left(\frac{N_1}{N_2}\right)^2 \quad \frac{1000}{8} = \left(\frac{N_1}{N_2}\right)^2 = 125$$

$$\frac{N_1}{N_2} = \sqrt{125} = 11.18$$

1차 코일과 2차 코일의 권선비가 11.18 : 1이면 오디오 앰프에서 스피커로 전력손실을 최소로 할 수 있다.

3) 실험장치

직류전원장치, 브레드보드, DMM, 저항 1 kΩ, 3 kΩ, 가변저항 10 kΩ

4) 실험방법

그림 3.13.4(a)와 같이 회로를 연결한다. 이때 내부저항은 1 kΩ을 사용하고 부하저항은 10 kΩ 가변저항을 사용한다.

가변저항 사용방법은 가변저항의 3개 단자 중 가운데 단자와 양쪽 두 단자 중 어느 것이든 하나를 사용하면 된다. 회로 연결은 전압계와 저항계등 측정 장치를 제외한 회로를 그림 3.13.4(b)와 같이 연결한다.

회로 연결후 그림 3.13.4(c)와 같이 전압계1과 저항계를 연결한다. 이때 전압계와 저항계는 멀티미터를 사용하며 2대의 멀티미터를 각각 전압계와 저항계로 세팅해서 사용한다. 저항계는 연결하기 전에 먼저 그림 3.13.4(c)와 같이 스위치선을 끊어야 한다. 연결이 끝나면 전압계1이 10 V가 되도록 전원을 조정한다.

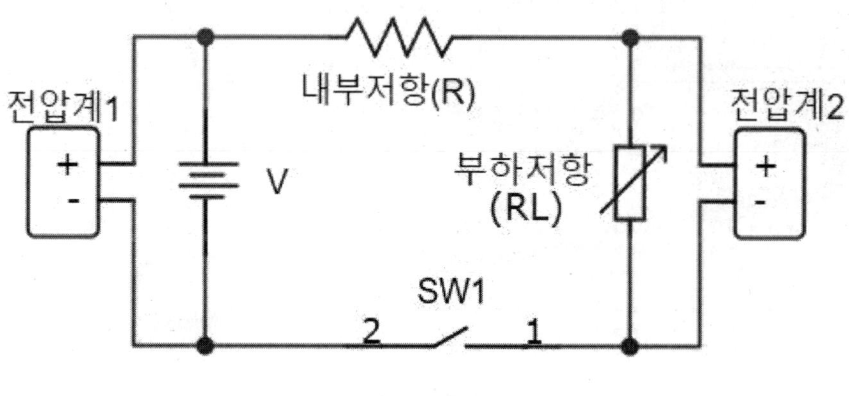

[그림 3.13.4(a)]

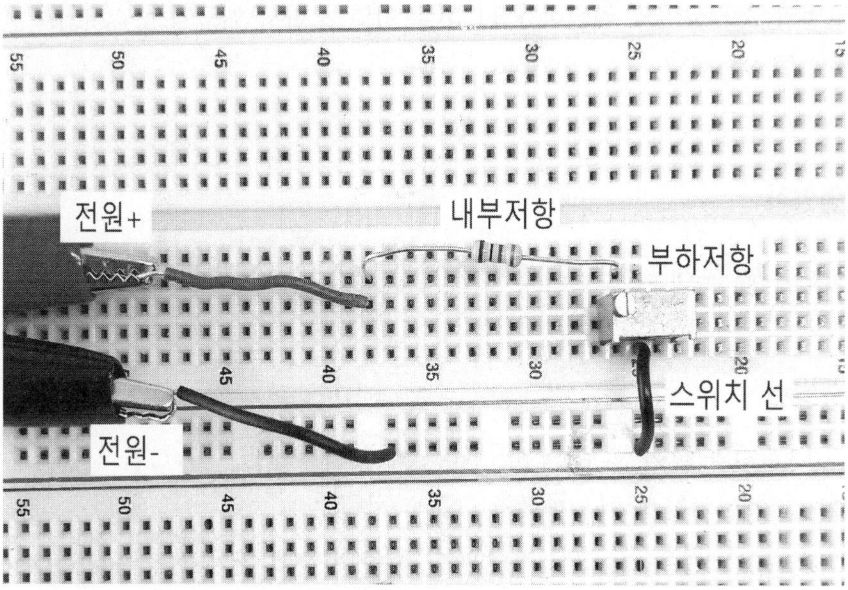

[그림 3.13.4(b)]

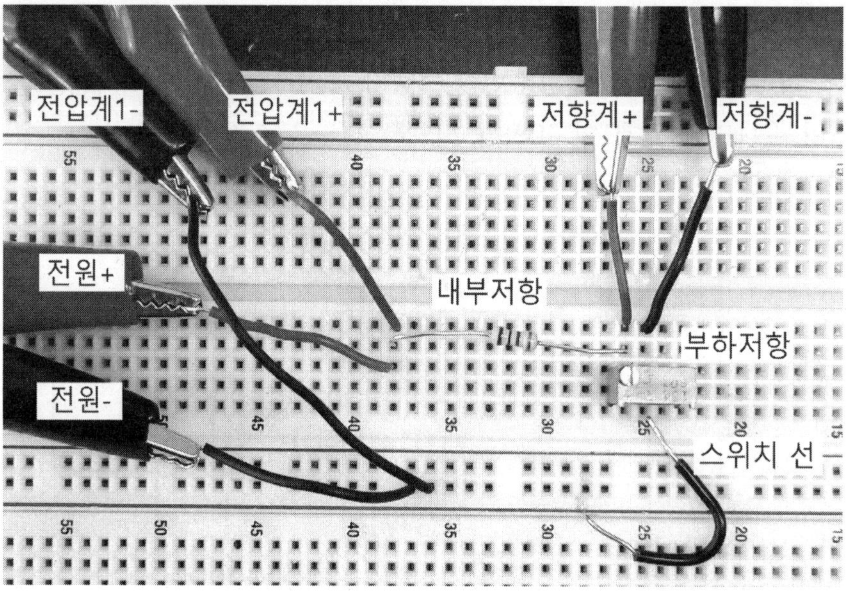

[그림 3.13.4(c)]

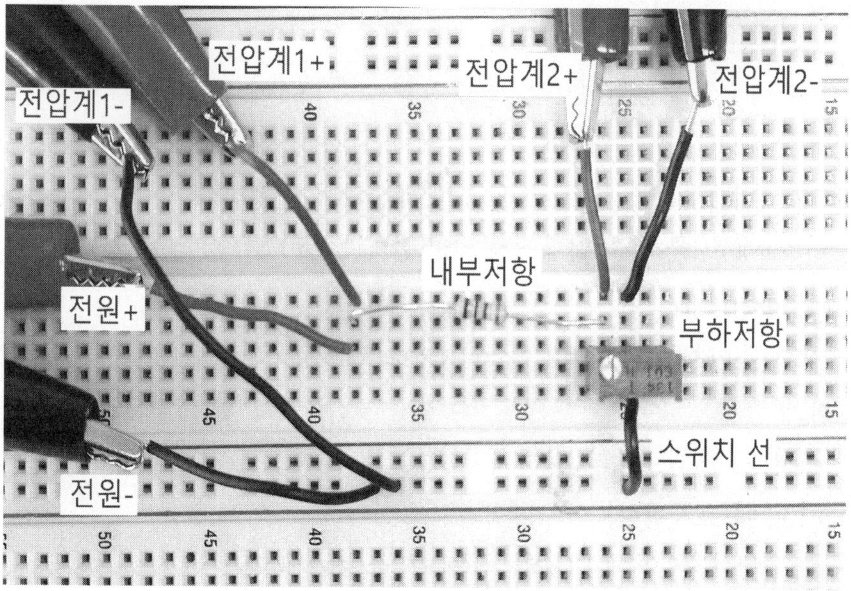

[그림 3.13.4(d)]

그림 3.13.4(c)와 같이 저항계를 연결해서 부하저항을 조정해야하는데 부항저항을 결과표에 있는 목표 저항값에 맞추면 된다. 저항 조정은 소형 드라이버를 이용해서 부하저항의 나사를 저항계에 나타나는 값을 보며 조정하면 된다.

부하저항을 목표값으로 조정후 저항값을 표에 기록한다. 저항계로 사용한 멀티미터를 전압계로 세팅을 바꾼다. 스위치 선을 그림 3.13.4(d)와 같이 연결하고 부하저항에 걸린 전압을 측정해서 표에 기록한다.

다시 그림 3.13.4(c)와 같이 스위치 선을 끊고 전압계2를 저항계로 세팅을 바꾼 후 부하저항을 조정하고 다시 전압계로 세팅을 바꾸고 스위치 선을 연결하고 부하저항에 걸린 전압을 측정한다. 이 과정을 표 3.13.1에 있는 저항값에 맞추어서 반복 측정하고 결과를 표에 기록한다. 부하저항을 3kΩ으로 바꾸어서 표 3.13.2를 이용해서 같은 실험을 반복하고 그 결과를 기록한다.

5) 결 과

- 내부저항 1 kΩ을 DMM으로 측정하여 표 3.13.1에 기록한다.
- 가변저항을 표 3.13.1의 R_L 목표값에 DMM에 연결하여 맞추고 그 값을 R_L 칸에 기록한다. 측정 후 표 3.13.1을 계산하여 완성한다.
- 표 3.13.1에서 P_L(부하저항에서 소비전력)은 부하저항에 걸린 전압(V_L)의 제곱을 부하저항(R_L)로 나누면 된다.
- P_T(전체 소비전력)는 전체 전압(10 V)의 제곱을 전체 저항($R+R_L$)으로 나누면 된다.
- 표 3.13.1의 결과로부터 부하저항(R_L) 대 소비전력(P_L) 그래프를 그려서 그림 3.13.5에 표시한다.
- 표 3.13.1에서 P_L이 최대값이 되는 R_L을 찾아 기록한다.
- 내부저항 3 kΩ을 DMM으로 측정하여 표 3.13.2에 기록한다.
- 같은 방법으로 가변저항을 표 3.13.2의 R_L 목표값에 DMM에 연결하여 맞추고 그 값을 R_L칸에 기록한다. 측정 후 표 3.13.2을 계산하여 완성한다.
- 표 3.13.1의 결과로부터 부하저항(R_L) 대 소비전력(P_L) 그래프를 그려서 그림 3.13.5에 표시한다.

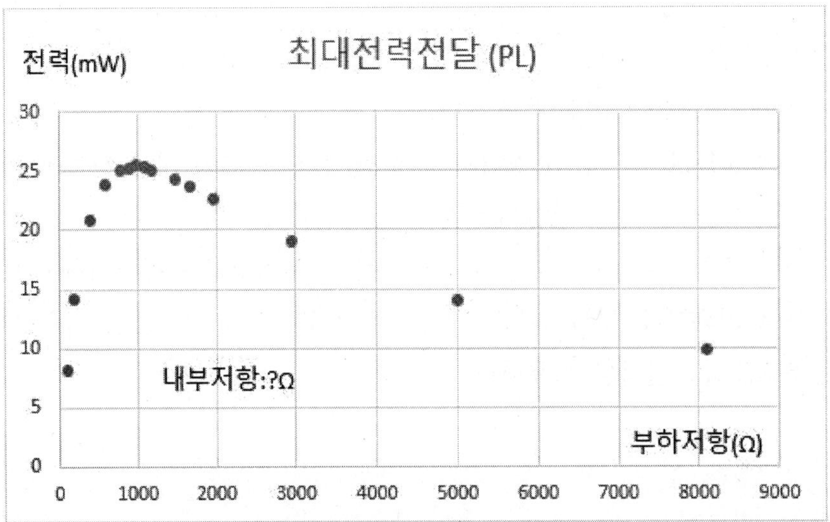

[그림 3.13.5] 예 시

〈표 3.13.1〉

R_L 목표(Ω)	R_L(Ω)	V_L(V)	$R+R_L$(Ω)	P_L(mW)	P_T(mW)
100					
200					
400					
600					
800					
900					
1000					
1100					
1200					
1500					
1700					
2000					
3000					
5000					
8000					

- 표 3.13.2에서 P_L이 최대값이 되는 R_L을 찾아 기록한다.
- 엑셀을 이용해서 내부저항을 표 3.13.1에 측정한 내부저항으로 하고 부하저항을 100 Ω에서 8000 Ω까지 10 Ω 씩 증가시키며 부하저항에 따른 소비전력을 계산하라.

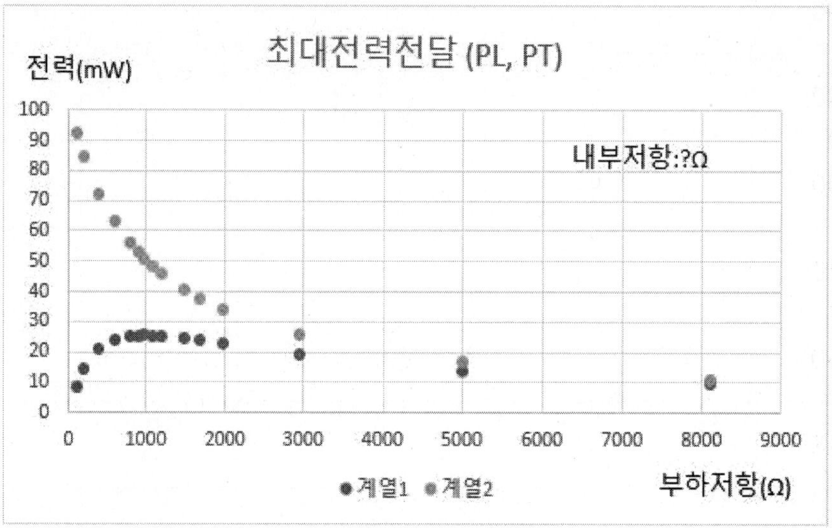

[그림 3.13.6] 예 시

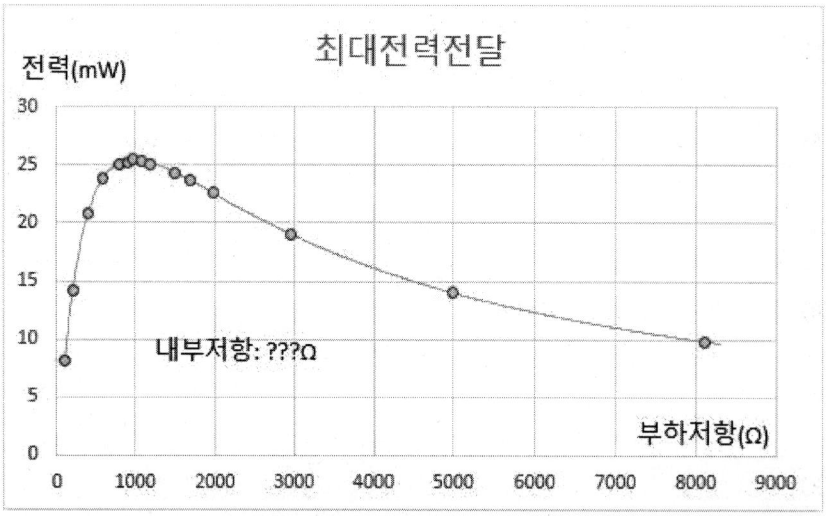

[그림 3.13.7] 예 시

〈표 3.13.2〉

R_L 목표(Ω)	R_L(Ω)	V_L(V)	$R+R_L$(Ω)	P_L(mW)	P_T(mW)
100					
200					
400					
600					
800					
900					
1000					
1100					
1200					
1500					
1700					
2000					
3000					
5000					
8000					

- 이 계산된 데이터를 이용해서 부하저항 대 소비전력을 그림 3.13.7 그래프로 나타내고, 최대 소비전력이 되는 부하 저항값을 찾아서 실험데이터와 비교해라. 이때 계산에 의해 얻은 그래프에 표 3.13.1의 측정점을 같이 표시하여 실험의 정확성을 검증하라.
- 그림 3.13.7예시를 보면 실선은 계산된 데이터이고 동그라미로 표시된 곳은 측정 데이터이다.
- 같은 방법으로 내부저항이 3 kΩ인 경우도 계산해서 최대 전력이 전달되는 부하저항을 찾고, 계산된 그래프에 표 3.13.2의 실험값을 같이 표시하여 실험의 정확성을 검증하라. 이 결과는 그림 3.13.8 그래프로 표시하라.

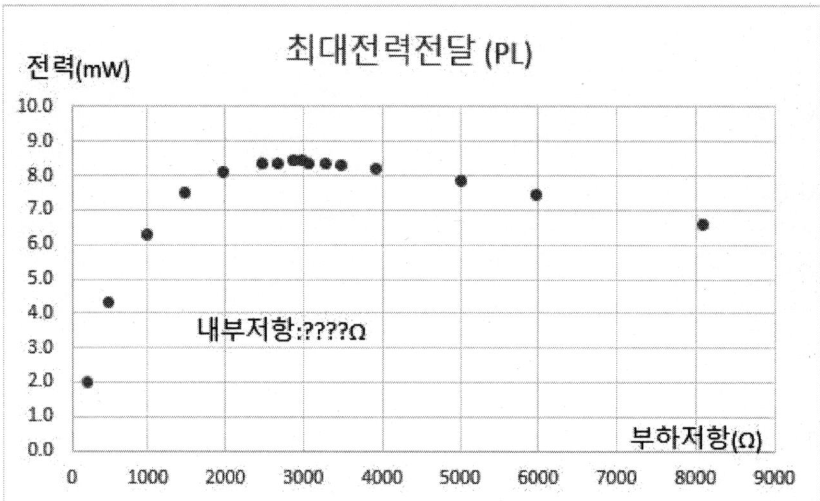

[그림 3.13.8] 예 시

- 이 결과를 분석해서 분석 및 토의를 작성하라. 결론을 작성하라.

결과보고서 작성방법

제 목

목 적

결과 및 분석

- **내부저항 1 kΩ**

- 표 3.13.1을 작성하고 계산 방법은 모두 기록할 필요는 없으나 하나는 자세히 기록해야 한다.
- 그림 3.13.5와 3.13.6 그래프를 그려서 넣고 그래프 분석을 적는다.
- 그림 3.13.7 그래프를 그려 넣고 계산 방법과 그래프 작성 방법 그리고 그래프 분석 결과를 적는다.

- **내부저항 3 kΩ에 대해서도 같은 방법으로 결론 및 분석 결과를 적는다.**

결 론

- 목적과 결과를 보고 결론을 작성한다.

14 오실로스코프, 함수 발생기 사용법과 교류 신호 측정

1) 개요 및 목적

전기회로는 공급하는 전원 또는 처리하는 신호의 종류에 따라 직류회로와 교류회로로 나누어진다. 이 실험에서는 이 두 회로의 차이와 두 회로에서 신호의 차이를 이해한다. 여러 가지 신호를 만들어 내는 함수 발생기의 사용법과 신호를 보고 분석을 하기 위한 장치인 오실로스코프의 원리와 사용법을 배우고, 함수 발생기로 공급하는 실험에서 교류회로 신호를 오실로스코프를 통해서 분석한다.

2) 배경 이론

(1) 직류와 교류

직류는 시간에 따라 전압이 변하지 않는 신호로 직류전류(Direct Current : DC)라고 한다. 교류는 시간에 따라 전압이 주기적으로 변하는 신호로 교류전류(Alternating Current : AC)라고 한다.

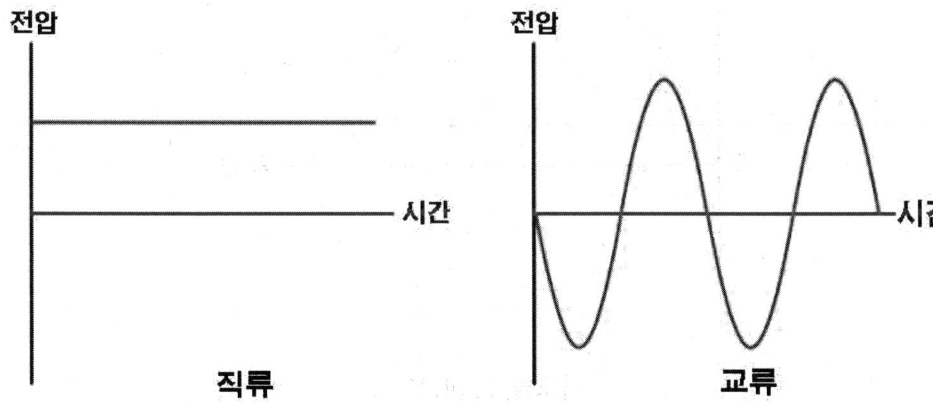

[그림 3.14.1] 직류와 교류

직류는 시간에 따라 전압이 변하지 않으므로 하나로 표시되지만, 교류는 시간에 따라 전압이 변함으로 V_p, V_{p-p}, V_{rms}, V_{ave} 등 4가지로 표현되며 그 관계는 그림 3.14.2와 그림 3.14.3에 그려 놓았다.

V_p는 반주기의 최대값이며, V_{p-p}는 한 주기 내에서 최소값에서 최대값까지 전압으로 반주기 최대값의 2배가 된다.

$$V_{p-p} = 2V_p$$

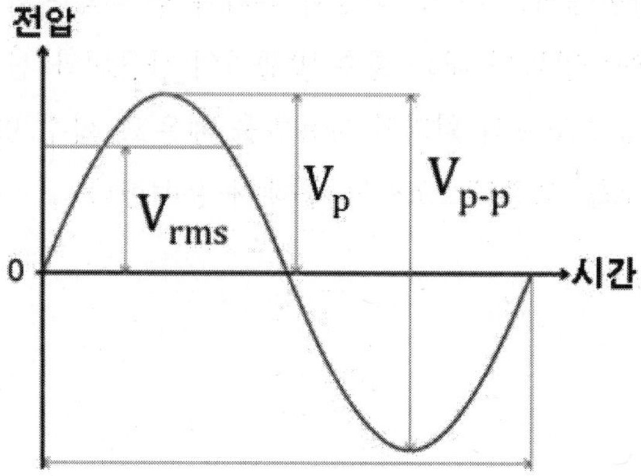

[그림 3.14.2]

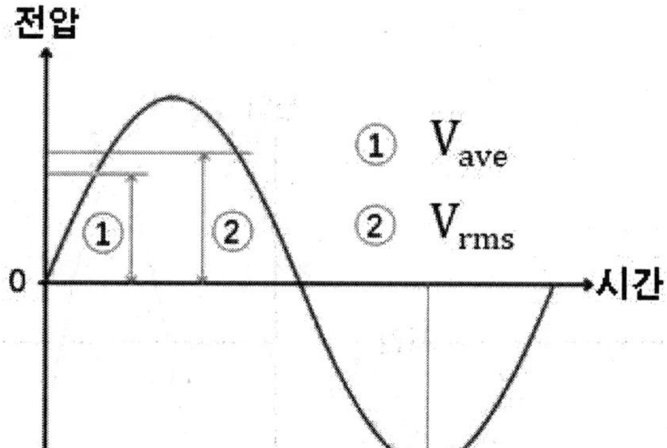

[그림 3.14.3]

V_{rms}는 실효값으로 교류 전원에 부하를 걸어서 소비한 에너지양이 같은 부하에서 직류전원으로 소비한 에너지와 같을 때 직류전압에 대응되는 전압이다.

RMS가 Root - Mean - Square 이므로 시간에 따라 변하는 전압을 표시하면 다음과 같다.

$$V_{rms} = \frac{V_p}{\sqrt{2}} = 0.707\,V_p$$

평균값은 한 주기를 모두 계산하면 0이 되므로 반주기만을 계산하는데 반주기를 각으로 표시하면 π다. 시간 - 전압 그래프는 똑같이 각 - 전압 그래프로 변환할 수 있으며, 각 전압 그래프에서 반주기를 적분하면 각 - 전압 그래프의 면적이 나오고 여기에 각 즉, π로 나누면 반주기 평균 전압을 구할 수 있다.

$$V_{ave} = \frac{2\,V_p}{\pi} = 0.637\,V_p$$

(2) 오실로스코프(Oscilloscope)

오실로스코프는 시간에 따른 전압의 변화를 보여주는 장치입니다. 신호를 보여주는 화면의 수평축은 시간을 수직축은 전압을 나타낸다. (그림 3.14.4)

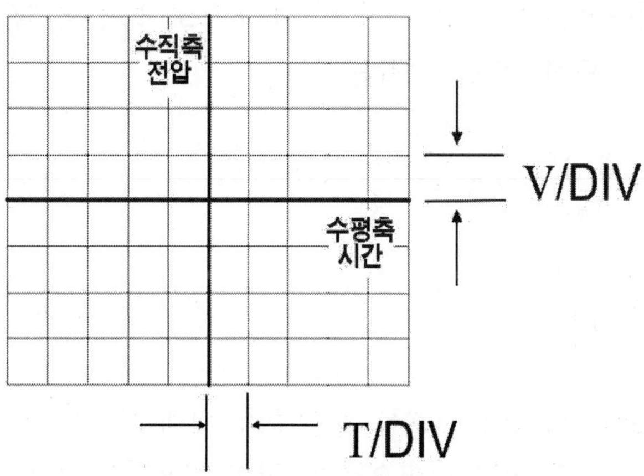

[그림 3.14.4]

시간 축에서 칸당 시간을 Time/Div 단자로 조정할 수 있다. 그림 3.14.5에서 Time/Div 단자를 2 ms로 선택하면 수평축 한 칸이 2 ms가 되므로 파형의 주기는 4칸 반에 해당하므로 9 ms가 된다. 또한 주파수는 주기의 역수이므로 0.111 kHz가 된다.

$$T = 4.5Div \times \frac{2\ ms}{Div} = 9\ ms$$

$$f = \frac{1}{T} = \frac{1}{9\ ms} = 0.1111..\ kHz$$

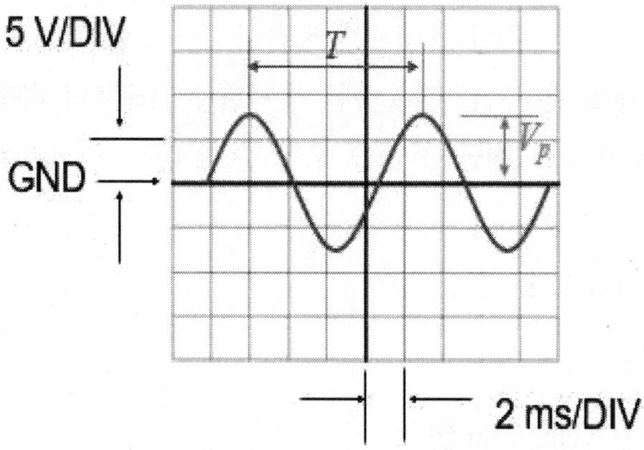

[그림 3.14.5]

전압 축도 칸당 전압을 Volt/Div 단자로 조정할 수 있다. 그림 3.14.5에서 Volt/Div 단자를 5 V를 선택하면 수직축 한 칸이 5 V가 되므로 V_p는 1.5칸이 되어서 7.5V가 되고, $V_{p\text{-}p}$는 3칸이 되어 15 V가 된다.

$$V_p = 1.5Div \times \frac{5\ V}{Div} = 7.5\ V$$

$$V_{p-p} = 3Div \times \frac{5\ V}{Div} = 15\ V$$

① **트리거**(Trigger) : 화면에 신호를 보여주기 위해서는 일정 시간 간격으로 신호가 반복되는 주기 신호가 필요하다. 만일 반복되는 신호가 아니라 한 번의 신호라면 일반 오실로스코프에서는 볼 수 없다. 다만 디지털 스토리지 오실로

스코프는 특정 신호를 기준으로 신호를 읽고 저장해서 보여줄 수 있다. 일반적이면 반복되는 신호라도 화면에 파형의 위상이 일치하지 않는다면 정지된 하나의 파형이 아니라 여러 개의 위상이 다른 파형이 중첩되어 파형을 분석할 수 없다. (그림 3.14.6)

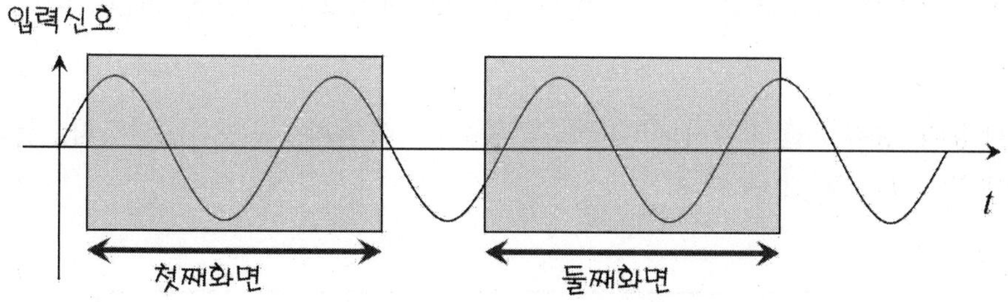

[그림 3.14.6] 위상이 틀린 화면

이런 문제를 해결하기 위해 그림 3.14.7과 같이 첫번째 화면에서 보여준 파형과 위상이 일치하는 파형을 두번째 화면에 그리고 다음 화면에 반복적으로 표시해야 한다. 위상을 일치시키는 방법은 앞 화면의 시작 위치와 같은 위치의 신호가 들어올 때까지 기다린 후 같은 신호 위치에서 표시하면 된다. 그러면 처음 화면과 둘째 화면 그리고 계속되는 그다음 화면이 일치해 정지된 화면이 구성된다. 이처럼 같은 위상을 찾기 위해 지연 시간을 조정하는 것을 트리거링이라 한다. 디지털 오실로스코프는 트리거링이 자동으로 되어 AUTO 버튼을 누르면 시간과 전압 축을 자동 설정하고 트리거도 자동으로 잡아준다.

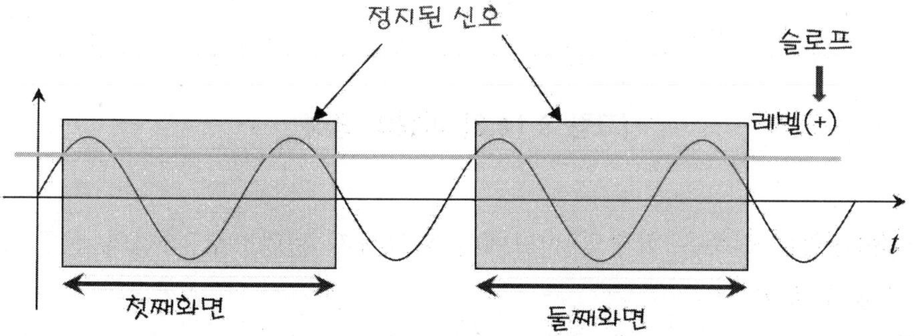

[그림 3.14.7] 위상이 일치한 화면

(3) 함수 발생기(Function Generator)

함수 발생기는 몇 가지 형태의 파형을 진동수가 수 Hz에서 수백 kHz까지 만들어주는 장치다. 이 장치는 전자회로에 특정한 신호를 넣어 회로를 분석하거나 시험하는데, 일반적으로 사용한다. 신호를 결정하는 요소로 조정 가능한 것은 파형, 전압(진폭), 주파수, 옵셋, 듀티 사이클이 있고 이들을 자세히 설명하면 다음과 같다.

① **파형의 종류** : 출력 가능한 파형의 종류는 사인파, 구형파, 삼각파, 톱니파가 있다. (그림 3.14.8)

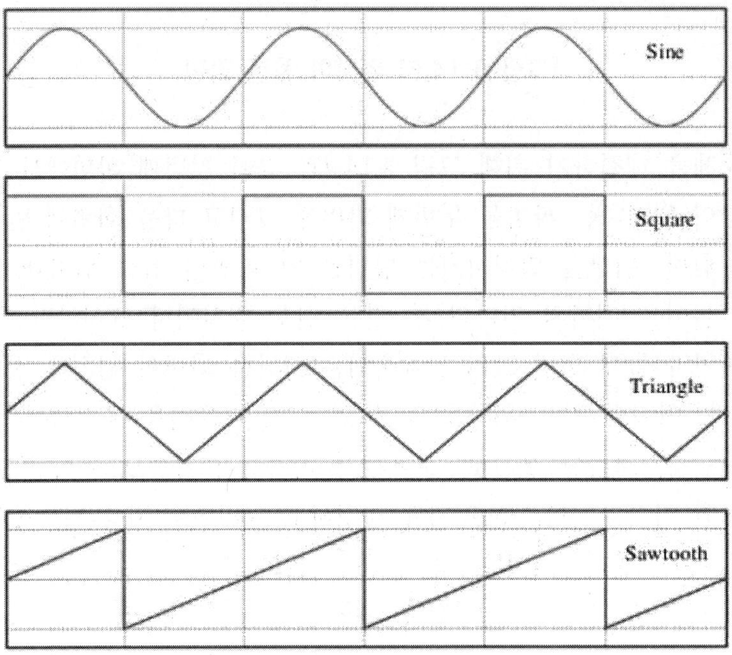

[그림 3.14.8] 파형의 종류

② **진폭(전압)** : 진폭은 파형의 피크에서 피크까지 전압으로 파형의 신호 크기다. (그림 3.14.9)

③ **주파수** : 주파수는 1초에 진동한 횟수로 주파수가 커지면 주기기는 짧아지고, 같은 시간에 더 많은 진동이 있다. (그림 3.14.10)

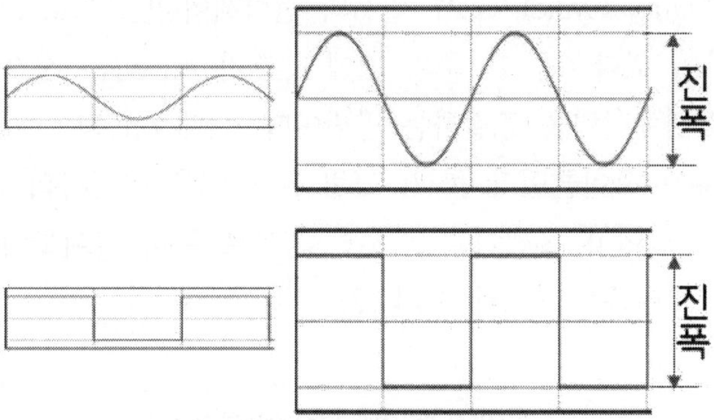

[그림 3.14.9] 진폭

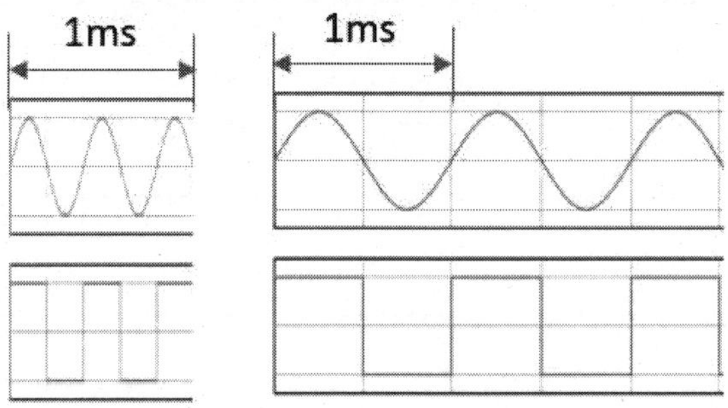

[그림 3.14.10] 주파수

④ **옵셋**(Offset) : 일반적으로 교류 신호는 전압이 0V를 기준으로 +, - 로 진동을 한다. 그러나 때에 따라서 기준점이 0 V가 아니 특정한 전압을 기준으로 진동을 하는 때도 있다. 이때 진동의 기준이 되는 전압을 옵셋이라 한다. 옵셋 전압은 + 또는 - 일 수 있다. (그림 3.14.11)

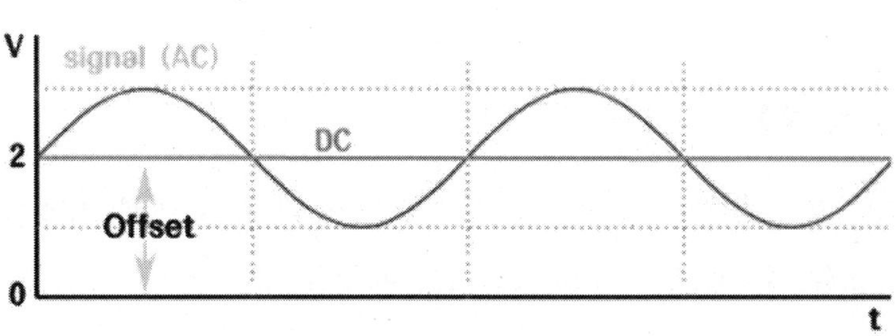

[그림 3.14.11] 옵 셋

⑤ **듀티 사이클**(Duty Cycle) : 교류 신호의 전력제어 방법으로 PWM(Pulse Width Modulation)이 있다. 즉 한 주기 내에 신호가 on 되는 시간과 off 되는 시간을 조절해서 전체전력을 조절하는 방법이다. 이때 on 되는 시간과 off 되는 시간의 비를 듀티 사이클이라 한다. 그림 3.14.13은 구형파의 신호에서 피크-피크 전압이 3.3 V이고 옵셋이 1.65 V인 경우로 듀티 사이클이 0 %에서 100 %까지 변화를 보여준다. (그림 3.14.12)

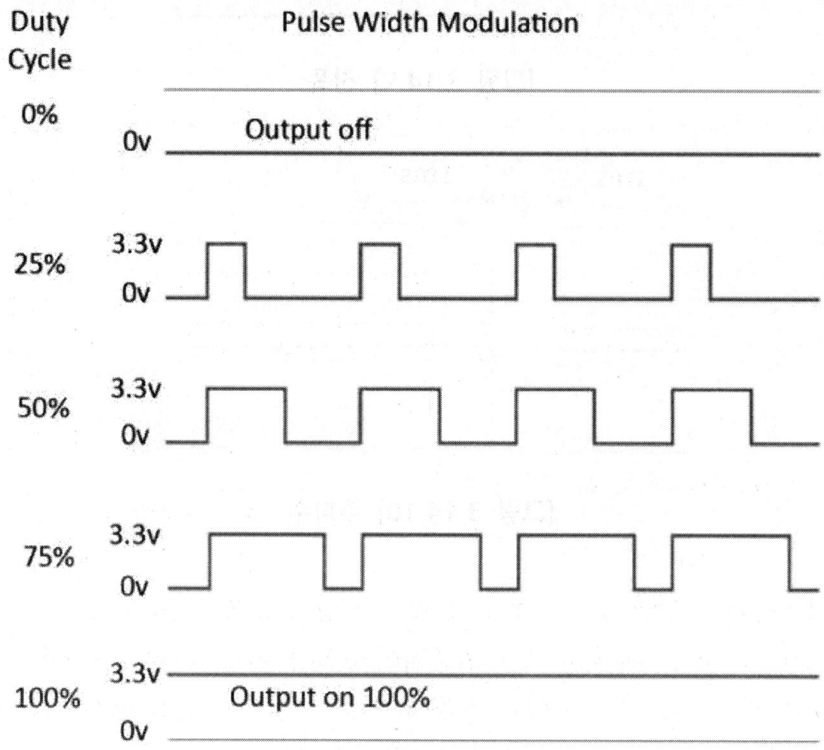

[그림 3.14.12] 듀티 사이클

3) 실험장치 및 부품

오실로스코프, 함수 발생기, 브레드보드, 임의의 저항 10 ~ 15개, 10 kΩ 저항 2개와 저항 1 kΩ, 2 kΩ, 4.7 kΩ, 10 kΩ, 20 kΩ, 47 kΩ 각 1개

4) 실험방법

(1) 피크-피크 전압측정과 파형 관찰

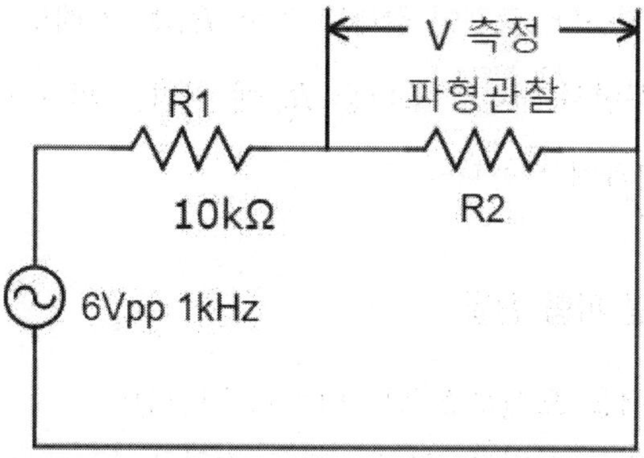

[그림 3.14.13] 교류 측정 회로

그림 3.14.14와 같이 회로를 브레드보드에 연결한다. R_2는 처음에 $1\,\text{k}\Omega$을 연결하고 측정이 끝나면 다른 저항으로 바꾸어 측정한다. 함수 발생기를 오실로스코프에 연결하여 출력신호를 사인파, 피크 – 피크 전압이 6 V, 그리고 주파수가 1 kHz가 되도록 조정한다. 디지털 오실로스코프는 AUTO 스위치를 누르면 자동으로 신호 잡아서 보여주고 신호의 정보도 스크린에 표시한다.

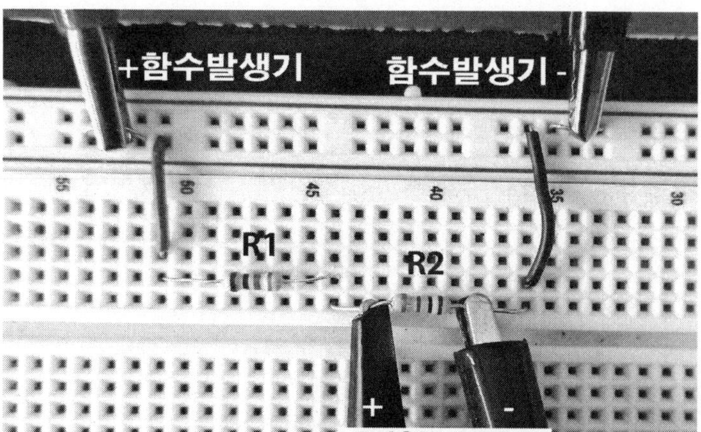

[그림 3.14.14]

오실로스코프를 함수 발생기에서 분리하고 함수 발생기를 회로에 연결한다. 저항 R_2에 걸리는 전압 V_{p-p}를 측정하기 위해 오실로스코프를 저항 R_2 양단에 그림 3.14.14 같이 연결한다. 오실로스코프로 파형의 피크-피크 전압을 측정하고 파형의 사진을 찍어 결과에 넣는다. 측정이 끝나면 저항 R_2를 차례로 2 kΩ, 4.7 kΩ, 10 kΩ, 20 kΩ, 47 kΩ로 바꾸면서 저항값이 다른 R_2에 걸리는 피크-피크 전압을 측정하고 파형 사진을 찍어 결과에 넣는다.

(2) 주파수 측정 및 파형 관찰

- 함수 발생기 출력을 오실로스코프 입력에 연결한다.
- 함수 발생기 파형을 사인파, 피크-피크 전압을 6 V로 설정한다.
- 함수 발생기 파형 주파수를 500 Hz, 1 kHz, 2 kHz, 10 kHz, 100 kHz로 바꾸면서 파형 사진을 찍고 시간 축의 Time/Div를 읽고 주기를 계산하고 주파수를 계산해서 표에 기록한다.

5) 결 과

각 저항에 따른 오실로스코프로 측정한 사진을 차례로 그림으로 넣고 전압을 읽어서 표 3.14.1에 기록한다. V_{rms}는 V_{pp}로 계산해서 넣는다.

〈표 3.14.1〉

저항 (kΩ)	V_{pp} 계산(V)	V_{rms} 계산(V)	오실로스코프			
			V_{pp} 측정(V)	오차(%)	V_{rms} 계산(V)	오차(%)
1						
2						
4.7						

10						
20						
47						
전 체						

- 저항 1 kΩ, 2 kΩ, 4.7 kΩ, 10 kΩ, 20 kΩ, 47 kΩ 걸리는 전압을 측정한 사진과 분석 자료를 첨부하라.
- 함수 발생기 파형 주파수를 500 Hz, 1 kHz, 2 kHz, 10 kHz, 100 kHz로 바꾸면서 관찰한 파형 사진과 분석자료를 첨부하라.
- 분석결과는 표 3.14.2에 기록한다.

〈표 3.14.2〉

	500 Hz	1 kHz	2 kHz	10 kHz	100 kHz
Time/Div					
주기(칸)					
주 기					
주파수					

- 표 3.14.1의 결과로 표 3.14.3을 작성하라.

〈표 3.14.3〉

저항 R2 (kΩ)	V_{pp} 측정(V)	전류(mA)	V_{pp} / I 측정(kΩ)
1			
2			
4.7			
10			
20			
47			

- 표 3.14.3 자료를 이용해서 저항 대 V_{pp}를 그래프로 나타내고, 저항 대 V_{pp}/I도 그래프로 나타내라. 두번째 그래프는 절편을 0으로 추세선을 그리고 추세선 방정식을 그래프에 표시하라.
- 두 그래프에서 알 수 있는 것의 분석 및 토의를 작성하라.
- 결론을 작성하라.

결과보고서 작성방법

제 목

목 적

결과 및 분석

- 표 3.14.1 작성을 위한 6개 저항 별 오실로스코프 사진 및 분석

■ **사진 옆에 volt/Div, V_{pp} 기록**

- 표 3.14.1과 표 작성 및 계산 방법 기록

■ **계산 방법은 6개 저항 모두 기록할 필요는 없으나 하나는 자세히 기록해야 한다.**

- 표 3.14.2 작성을 위한 5개 오실로스코프 사진 및 분석

■ **사진 옆에 time/Div, 주기 기록**

- 표 3.14.2와 표 작성 및 계산 방법 기록

■ **계산 방법은 5개 모두 기록할 필요는 없으나 하나는 자세히 기록해야 한다.**

- 표 3.14.3과 표 작성 및 계산 방법 기록
- 저항 대 V_{pp} 그래프와 저항 대 V_{pp} / I 를 넣고 설명

결 론

- 목적과 결과를 보고 결론을 작성한다.

15 축전기 충전 및 방전 실험

1) 개요 및 목적

축전기는 회로에서 전기를 저장과 방전을 하면서 회로가 용도에 맞게 동작하도록 하는 작은 축전지다. 이 실험에서는 축전기의 충전과 방전 과정을 실험을 통해 관찰하고 회로에서 시상수의 의미를 이해한다. 실제 회로에서 시상수를 측정하고 데이터 분석방법에 따라 얻은 시상수와 계산한 시상수를 비교해서 분석방법의 타당성을 검토한다.

2) 배경 이론

(1) 축전기와 전기용량

축전기는 전기를 저장하는 회로 내의 아주 작은 전지로 볼 수 있다. 축전기는 전기를 저장하는 장치로 전기를 저장하는 양과 전압에 따라 규격이 정해지고 전기를 저장할 수 있는 전기량을 전기용량이라 한다. 축전기의 전기용량은 다음과 같이 정의된다.

$$C = \frac{Q}{V}$$

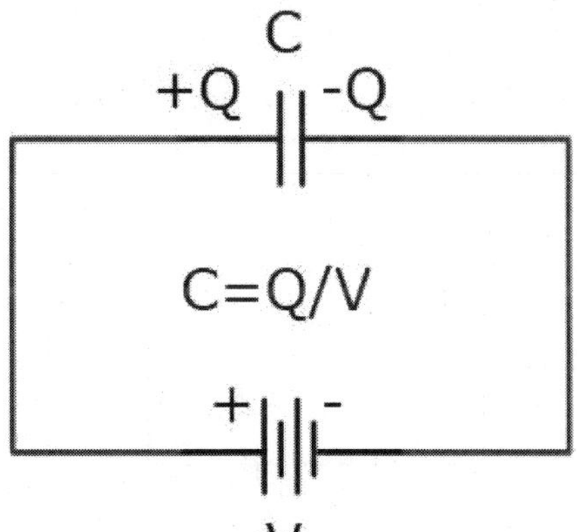

[그림 3.15.1]

C 는 전기용량으로 축전기에 저장할 수 있는 전기량을 나타낸다. C 는 단위 전압당 축전기에 저장된 전하량을 표시한다. 단위는 쿨롱/볼트로 이것은 패럿(F, Farad)으로 정의된다. 1 패럿은 축전기에 1 쿨롱의 전하를 담고 이 전하에 의해 발생한 전위차가 1 볼트일 때 전기용량을 말한다. 이 값은 매우 큰 값으로 일반적으로 이보다 훨씬 작은 마이크로 패럿 (μF, 10^{-6} F) 또는 피코 패럿(pF, 10^{-12} F)을 사용한다. 전기회로에 들어가는 축전기는 그림 3.15.2와 같다.

[그림 3.15.2]

(2) 축전기 충전

그림 3.15.3은 축전기의 충전을 시작해서 완전히 충전될 때까지를 나타낸 그림이다. 처음 충전이 안 된 상태에서 스위치를 넣으면 전류가 저항을 통해 축전지로 흘러 들어가고 축전지에 전하가 다 차면 축전지 전위가 공급 전원의 전위와 같아져서 더 이상 전류가 흐르지 못한다. 이 과정을 수식으로 표현해 보자.

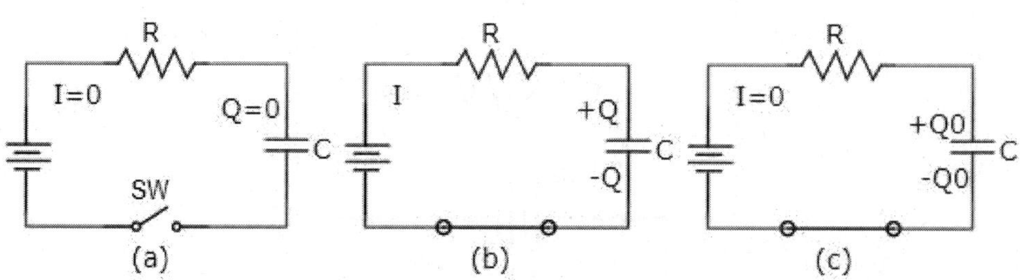

[그림 3.15.3] 축전기 충전

축전기의 전하량, 전압, 정전용량의 관계는 $Q = CV$ 이다.

$$V_0 - iR - \frac{Q}{C} = 0$$

$$i = \frac{dQ}{dt},\ R\frac{dQ}{dt} + \frac{Q}{C} = V_0$$

t = 0일 때, Q = 0이므로

$$Q = A(1 - e^{at})$$

$$\frac{dQ}{dt} = -Aae^{at} \qquad -ARae^{at} + \frac{A(1-e^{at})}{C} = V_0$$

$$Ae^{at}\left(-ARa - \frac{A}{C}\right) + \frac{A}{C} = V_0$$

$$-ARa\ - \frac{A}{C} = 0,\quad \frac{A}{C} = V_0 \quad -ARa = \frac{A}{C} \quad a = -\frac{1}{RC}$$

$$Q = CV_0(1 - e^{-\frac{t}{RC}})$$

양변을 C 로 나누면 RC 회로에서 축전기의 시간에 따른 축전기 전압은 다음과 같다.

$$V = V_0(1\ -\ e^{-\frac{t}{RC}})$$

이때 회로에 흐르는 전류는 다음과 같다.

$$i = \frac{dQ}{dt} = \frac{d(CV)}{dt},\qquad V = V_0(1\ -\ e^{-\frac{t}{RC}})$$

따라서

$$i = C\frac{d}{dt}\left(V_0\left(1 - e^{-\frac{t}{RC}}\right)\right)$$

$$= C\frac{dV_0}{dt} - C\frac{dV_0 e^{-\frac{t}{RC}}}{dt} = \frac{V_0}{R}e^{-\frac{t}{RC}}$$

$$i = i_0 e^{-\frac{t}{RC}}$$

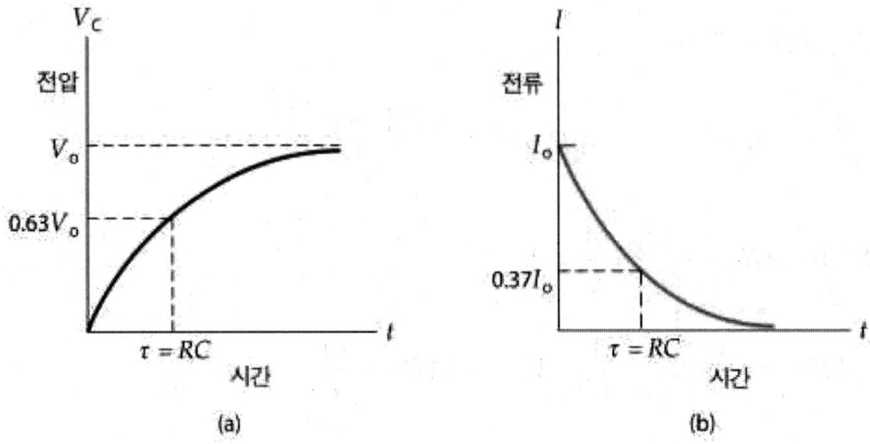

[그림 3.15.4] 축전기 충전 (a) 전압, (b) 전류

축전지의 충전 과정을 나타내면 전압과 전류의 충전 시간에 대한 변화는 그림 3.15.4와 같다. 축전기가 완전히 충전되는 시간은 충전시 회로에 흐르는 전류에 비례하고 축전지 용량에 반비례한다. 또한 전류는 저항에 반비례하므로 같은 축전기 용량이라면 저항이 작으면 충전 전류가 커서 그만큼 충전이 빨리되고 같은 충전 전류라도 축전기 용량이 크면 충전 시간이 길어진다. 충전과 방전 시간을 결정하는 회로의 저항과 축전기 용량을 곱한 값 RC를 시상수로 정의한다. 시상수가 크면 충전과 방전시간이 길어지고 작으면 짧아진다. 충전시 시상수는 처음 63%가 충전될 때까지의 시간이고 시상수의 2배 시간이 되었을 때 86% 충전, 3 시상수는 95%, 4 시상수는 98%이며, 시상수의 5배, 즉 5 시상수가 되었을 때 99% 충전 상태를 나타낸다. 충전시 시상수는 충전에 필요한 시간을 알 수 있는 중요한 척도가 된다.

시상수의 단위를 확인하면 저항과 축전기 용량을 곱한 결과가 시간의 단위가 됨을 알 수 있다.

$$RC = \frac{V}{I}\frac{Q}{V} = \frac{Q}{I} = \frac{[C]}{\frac{[C]}{[s]}} = [s]$$

(3) 축전기 방전

그림 3.15.5는 축전기 방전 회로이다. 방전의 경우 스위치를 넣으면 전류는 축전기에서 저항으로 충전의 경우와 반대 방향으로 흐르게 된다.

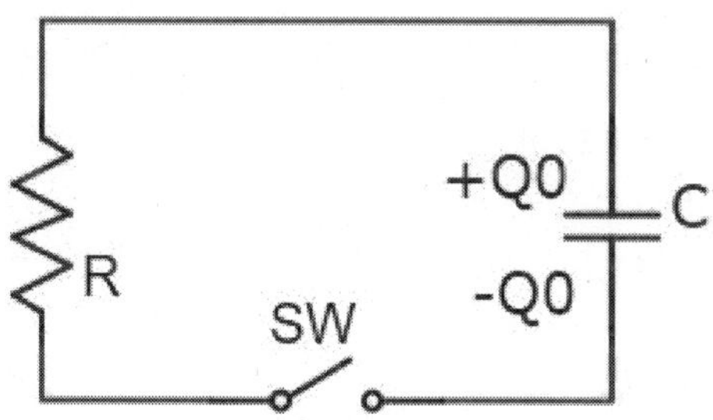

[그림 3.15.5] 축전기 방전 회로

방전 과정을 식으로 나타내면 다음과 같다.

$$\frac{Q}{C} + iR = 0 \qquad \frac{Q}{C} + \frac{dQ}{dt}R = 0$$

회로에 대한 미분 방정식을 풀기 위해 Q에 대해 미분한 값과 Q를 더한 것이 0이 되어야 한다.

$$Q = Ae^{at} \text{ 로 놓으면 } \quad i = \frac{dQ}{dt} = Aae^{at} \quad \frac{Ae^{at}}{C} + RAae^{at} = 0,$$

$$Ae^{at}\left(\frac{A}{C}+RAa\right)=0 \quad \frac{A}{C}+RAa=0,$$ 따라서 $a=-\dfrac{1}{RC}$ 이고

$$Q=Q_0 e^{-\frac{t}{RC}} \quad V=\frac{Q}{C}, \quad V_0=\frac{Q_0}{C}$$ 이므로

$$V=V_0 e^{-\frac{t}{RC}} \quad i=\frac{dQ}{dt}=-\frac{Q_0}{RC}e^{-\frac{t}{RC}}$$ 가 된다.

축전기 방전에서 전압을 시간에 따라 나타내면 그림 3.15.6과 같다. 방전의 경우도 시상수는 RC값으로 방전 시간을 알 수 있는 중요한 지표다. 방전 후 시상수만큼 시간이 지나면 전압은 37 % 정도 남게 된다. 즉 전기용량의 63 %가 방전되고 37 %만 남은 상태가 된다. 시상수의 2배 시간이 지나면 14 %가 남고 3배가 지나면 5 %, 4배가 지나면 1.8 %, 그리고 5배가 지나면 0.7 %가 남게 되어 시상수의 5배 시간이 지나면 거의 완전히 방전된 것으로 본다.

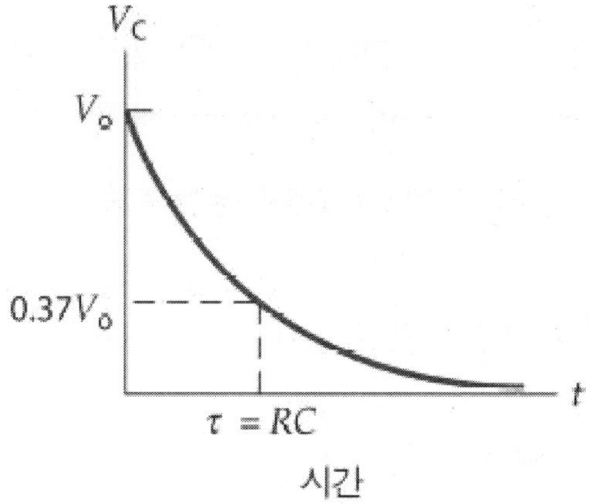

[그림 3.15.6]

3) 실험장치

직류전원 장치, 브레드보드, SparkVue 전압 측정장치, 100 μF 16 V와 220 μF 16 V 콘덴서, 10 kΩ과 1 kΩ 저항

4) 실험방법

(1) 충전실험

- 그림 3.15.7(a) 회로를 참고하여 그림 3.15.7(b)와 같이 충전회로로 연결한다. 콘덴서는 +, - 극성을 주의한다.

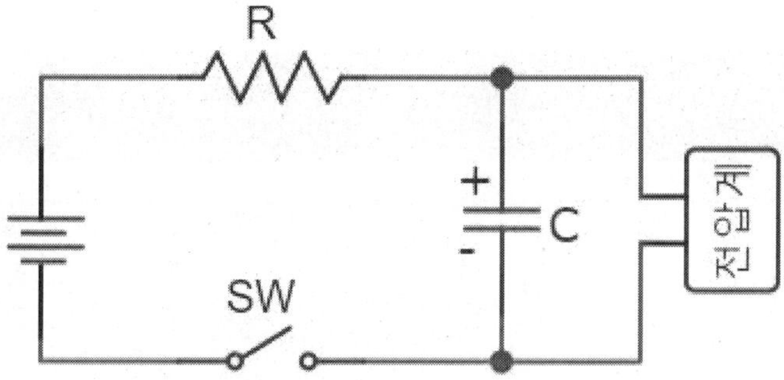

[그림 3.15.7(a)] 충전 실험 회로도

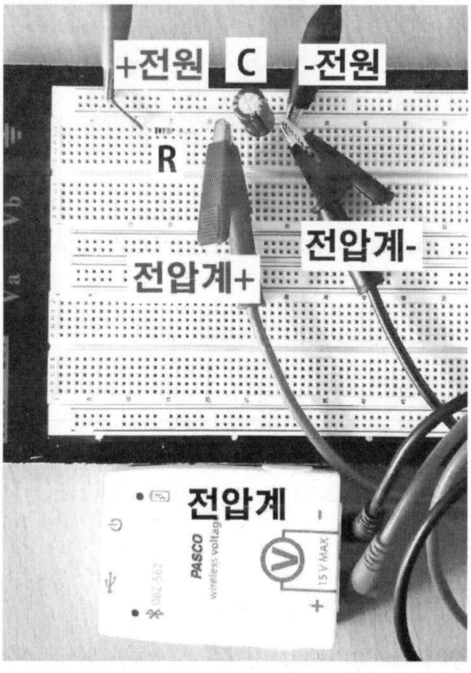

[그림 3.15.7(b)] 충전 실험 회로 연결 사진

- 회로에 100 μF 16 V 콘덴서와 10 kΩ 저항을 연결한다.
- 전원 – 는 회로에 연결하고 + 는 아직 연결하지 않는다.
- 직류전원 전압은 5 V로 맞춘다.
- SparkVue 프로그램을 실행하고, SparkVue 전압 측정장치를 프로그램에 연결한다. (그림 3.15.8)

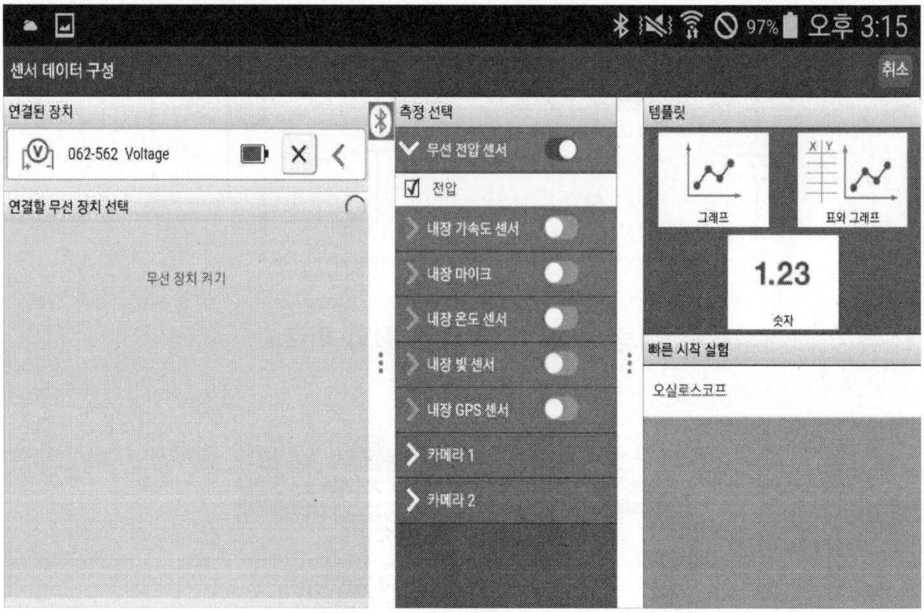

[그림 3.15.8] SparkVue voltage 센서 연결

- 측정률을 100 Hz로 하고, 측정을 시작한다.
- 직류전원의 + 를 회로에 연결된 저항에 콘덴서가 연결되지 않은 쪽에 연결한다. SparkVue 프로그램에서 측정전압이 증가하는 것을 볼 것이다.
- 전원을 연결하고 1분 후에 측정을 끝낸다. 이때 방전실험을 위해서 축전지에서 전원을 끊지 않는다.
- 데이터를 저장하고 이메일로 전송한다.
- 콘덴서는 이미 충전이 되었으므로 방전 실험을 바로 이어서 한다.

(2) 방전 실험

- 그림 3.15.9(a)와 같이 점프 선 (파란색 선)을 준비하고 콘덴서 - 쪽에 한쪽만 연결한다. (그림은 파란색 선의 다른 한쪽은 저항에 연결되어 있으나 아직 연결하지 않는다.)

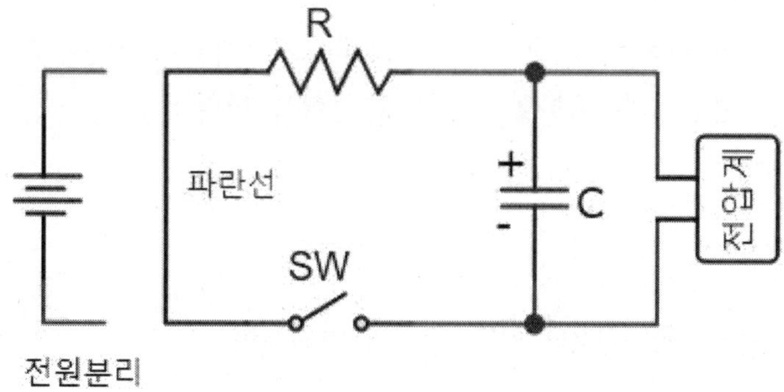

[그림 3.15.9(a)] 방전실험 회로도

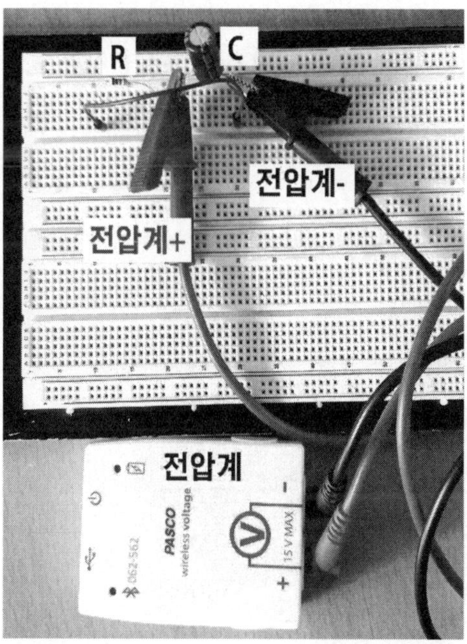

[그림 3.15.9(b)] 방전실험 회로연결 사진

- 전원을 분리하지 말고 충전된 상태로 SparkVue 프로그램을 이용해서 측정률을 100 Hz로 하고 측정을 시작한다.
- 그림 3.15.9(a)와 같이 전원을 먼저 분리하고 점프 선(파란색 선) 다른 한쪽을 저항에 연결한다. 이때 전원선 하나를 분리하면서 거의 동시에 파란선을 연결해야 자연방전에 따른 데이터 손실을 피할 수 있다.
- SparkVue 프로그램에서 측정전압이 떨어지는 것을 볼 수 있을 것이다.
- 이 실험을 5회 반복하고 데이터를 저장하고 이메일로 전송한다. 같은 방법으로 220 μF 콘덴서와 10 kΩ 저항으로 실험을 한다.

5) 결 과

(1) 220 μF 콘덴서와 10 kΩ 저항 충전과 방전실험

- 측정한 실험데이터를 엑셀로 읽어서 표 3.15.1(a)(충전)와 표 3.15.1(b)(방전)와 같이 시간과 전압으로 표시한다.

〈표 3.15.1(a)〉 충전 실험자료

	A	B	C
1	시간 (s)	전압(V)	
2	0	0.002	
3	0.05	0.003	
4	0.1	0.002	
5	0.15	0.002	
6	0.2	0.003	
7	0.25	0.002	
8	0.3	0.002	
9	0.35	0.002	
10	0.4	[illegible]	

• 표 3.15.1(a)와 표 3.15.1(b) 시간대 전압 그래프를 그려서 그림 3.15.10(a)와 (b)에 표시하라.

〈표 3.15.1(b)〉 방전 실험자료

	A	B	C
1	시간 (s)	전압(V)	
2	0	5.009	
3	0.05	5.01	
4	0.1	5.01	
5	0.15	5.01	
6	0.2	5.01	
7	0.25	5.009	
8	0.3	5.009	
9	0.35	5.01	

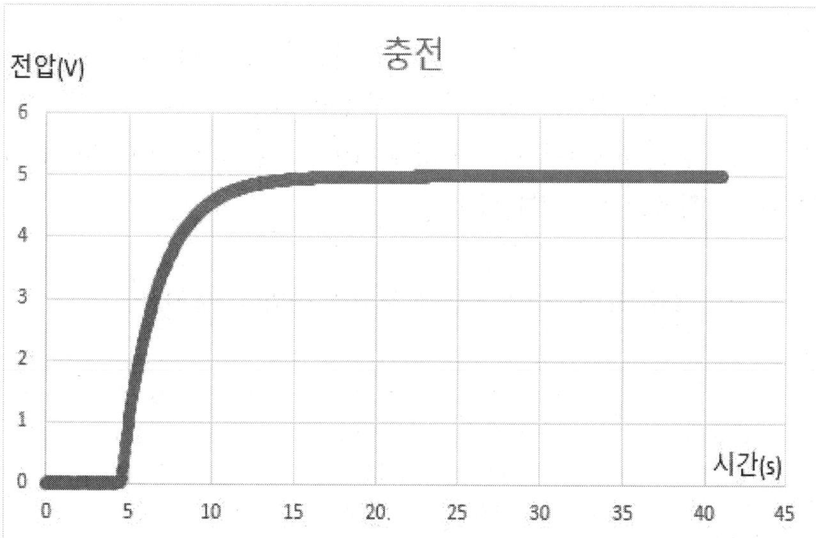

[그림 3.15.10(a)] 시간에 따른 충전된 전압(예)

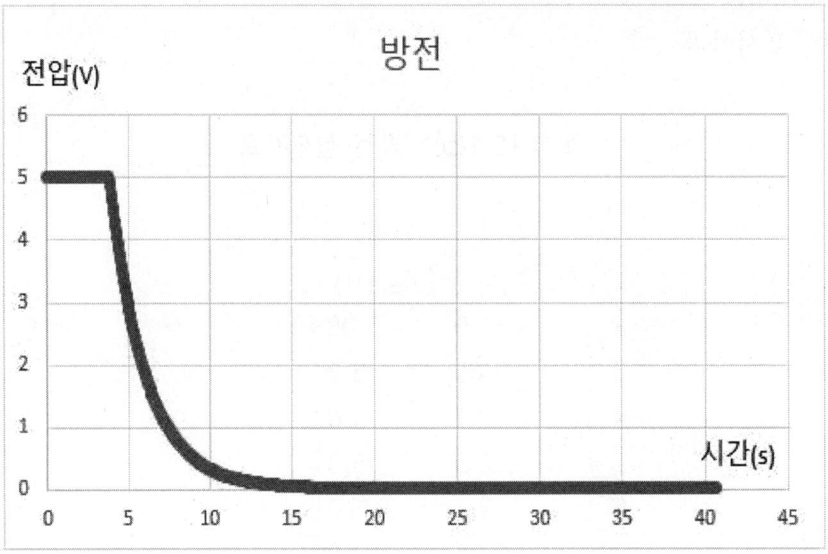

[그림 3.15.10(b)] 시간에 따른 충전된 전압(예)

(2) 시간 보정

- 시상수를 구하기 위해 전압을 걸어준 시간을 0초로 잡아야 한다. 즉 전압이 올라가기 바로 앞을 0초로 조정한다. 이렇게 보정한 데이터가 표 3.8.2(a)(충전)와 표 3.8.2(b)(방전)에 G, H 행에 있다. (예 표 3.8.1에서 4.55초일 때 0.014 V로 이점을 0초로 잡는다.)

〈표 3.15.2(a)〉 시간을 보정한 데이터 (충전)

A	B	C	D	E	F	G	H
시간 (s)	전압(V)		시간 (s)	전압(V)		시간 (s)	실험값 (V)
0	0.002		4.55	0.014		0	0.014
0.05	0.003		4.6	0.072		0.05	0.072
0.1	0.002		4.65	0.187		0.1	0.187
0.15	0.002		4.7	0.299		0.15	0.299
0.2	0.003		4.75	0.407		0.2	0.407

〈표 3.15.2(b)〉 시간을 보정한 데이터 (방전)

	A	B	C	D	E	F	G	H
1	시간(s)	전압(V)		시간(s)	전압(V)		시간(s)	실험값(V)
2	0	5.009		3.9	4.965		0.05	4.965
3	0.05	5.01		3.95	4.856		0.1	4.856
4	0.1	5.01		4	4.751		0.15	4.751
5	0.15	5.01		4.05	4.645		0.2	4.645
6	0.2	5.01		4.1	4.537		0.25	4.537
7	0.25	5.009		4.15	4.432		0.3	4.432

- 표 3.15.2(a)와 (b)에 표시한 엑셀 데이터에서 G, H 열이 보정된 데이터이므로 여기서 시상수 배수에 따른 충전율의 전압을 찾아 전압과 시간을 표 3.15.3(a)와 (b)에 기록한다.
- 표 3.15.3(a)와 (b)의 전압은 충전율 x 충전 전압이 된다. 예를 들면 충전시 완전히 충전된 전압은 표 3.15.2(a)에 기록된 엑셀 데이터에서 마지막에 기록된 전압이 된다. 만일 이값이 5 V라면 1 시상수에서 전압은 $5\,V \times 0.63 = 3.15\,V$가 된다. 따라서 이 전압에 해당하는 시간을 H 행에서 찾아 찾아시 G 행에 기록된 시간을 표 3.15.3(a)에 기록한다. 같은 방법으로 표 3.15.3(b)도 작성한다.

〈표 3.15.3(a)〉 충전실험

시상수 배수	충전율(%)	전압(V)	시간(s)
1	63		
2	86		
3	95		
4	98.2		
5	99.3		

<표 3.15.3(b)> 방전실험

시상수 배수	충전율(%)	전압(V)	시간(s)
1	37		
2	14		
3	5		
4	1.8		
5	0.7		

- 보정된 데이터로 시간대 전압 그래프를 그려서 그림 3.15.11(a)와 (b)에 표시하라.
- 표 3.15.3(a)와 (b)의 시상수 배수 대 시간을 그래프로 그림 3.15.12(a)와 (b)에 나타내라.

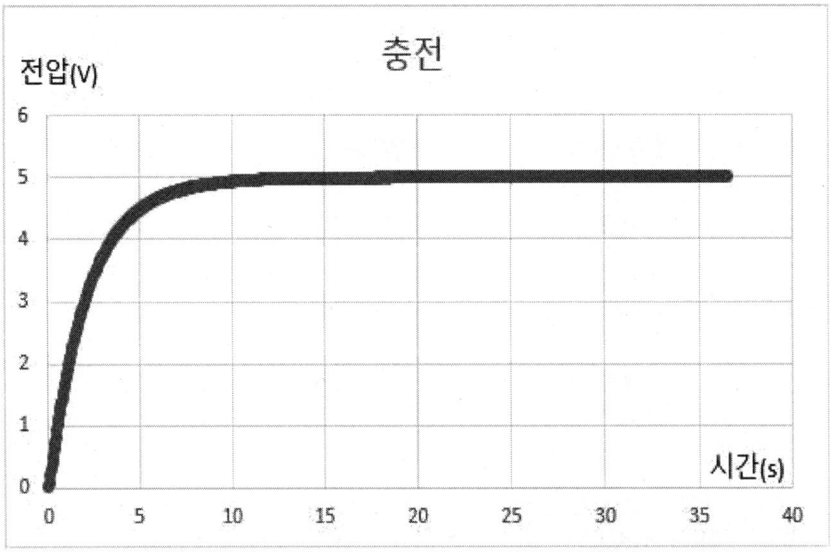

[그림 3.15.11(a)] 보정된 시간에 따른 충전된 전압(예)

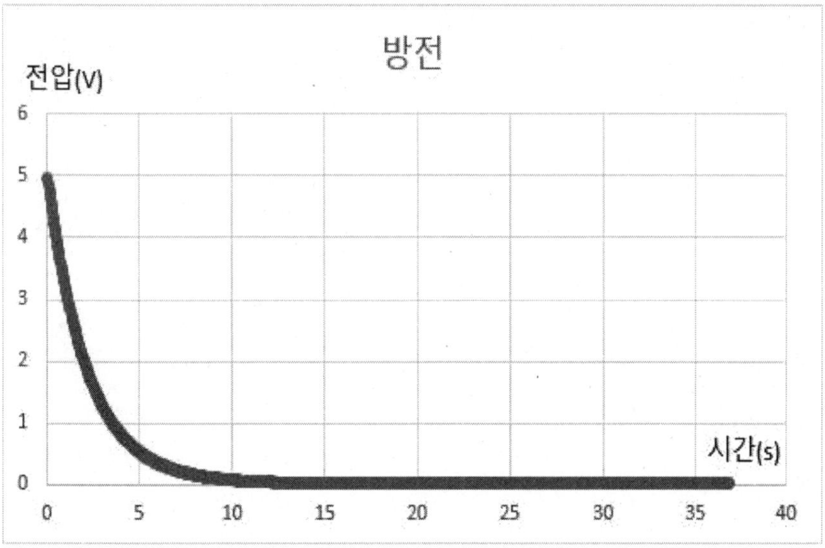

[그림 3.15.11(b)] 보정된 시간에 따른 충전된 전압(예)

- 그림 3.15.12(a)와 (b) 그래프의 추세선을 구한다. 이때 0초일 때 0 V이므로 y 절편을 0으로 잡는다. 이렇게 해서 얻은 기울기가 시상수가 된다. (이유를 분석 및 토의에 설명하라)

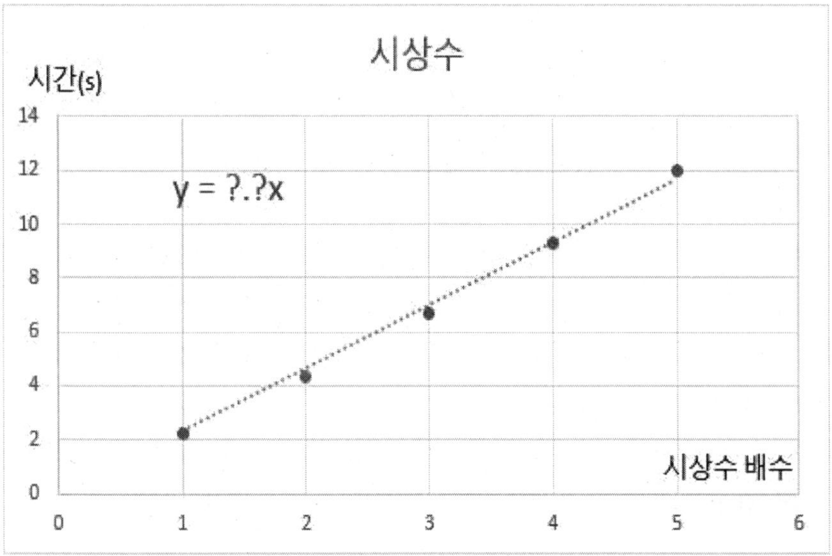

[그림 3.15.12(a)] 충전시 시상수 배수 대 시간(예)

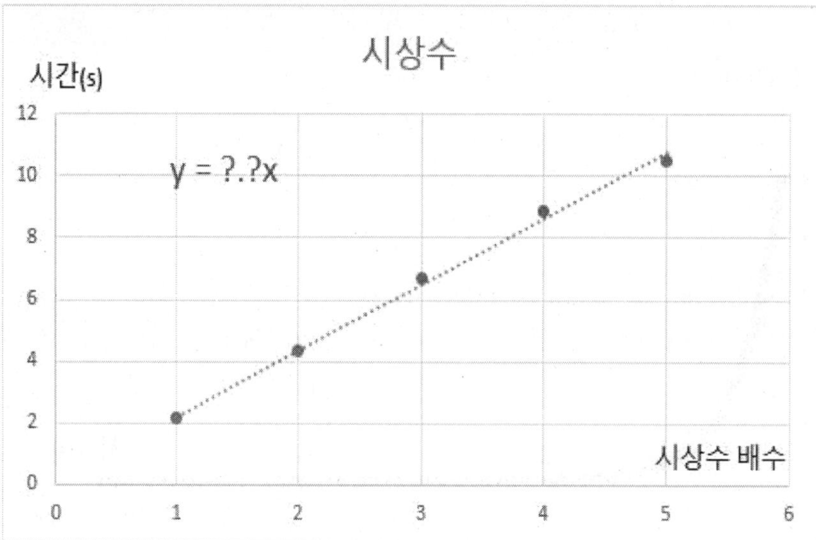

[그림 3.15.12(b)] 방전시 시상수 배수 대 시간(예)

- 좀 더 정확한 시상수를 얻는 방법으로 수식을 엑셀에 넣어서 시간별 전압을 계산하고 시상수 값을 변화시키면서 계산된 전압과 실험한 전압의 차이인 편차 제곱의 전체 합이 제일 작은 시상수 값을 찾는 방법을 사용한다.
- 표 3.15.4(a)와 같이 G, H 행은 실험에서 얻은 값이고 I 행에 식 = 5.005* (1 − EXP (−G2 / K2))을 I2 셀에 넣고 이 셀을 세로로 데이터가 있는 행 번호까지 I 열 아래로 복사한다. 식 앞에 5.005는 완전 충전 상태에서 전압값이다. 식에서 K2는 셀 값을 I 열 아래로 복사하더라도 고정된 K2 셀 값으로 계산하기 위한 고정 셀 지정방법이다.
- K2 셀에는 우리가 찾으려는 시상수를 넣으면 I 열은 자동 계산된다. J 열은 편차 제곱으로 실험값과 계산 값 차이를 제곱해서 넣는다. J2 셀에 식 = (H2 − I2) ^ 2 을 넣고 J 열 아래로 복사한다. K3 셀에 편차 제곱의 합을 구해서 넣는다. 즉 J 열을 모두 더해서 넣으면 된다.
- 이렇게 준비가 되면 K2 셀에 시상수 값을 변화시키면서 K3 셀의 편차 제곱의 전체 합이 작아지는 방향으로 시상수를 변화시켜서 시상수를 구한다.

〈표 3.15.4(a)〉 충전 시 시간에 따른 전압 계산

G	H	I	J	K
시간 (s)	실험값 (V)	계산값 (V)	편차제곱	RC
0	0.014	0	0.000196	2.2
0.05	0.072	0.11234871	0.001628018	0.036837
0.1	0.187	0.222172973	0.001237138	
0.15	0.299	0.329529514	0.000932051	
0.2	0.407	0.434473781	0.000754809	
0.25	0.513	0.537059977	0.000578883	
0.3	0.617	0.637341088	0.00041376	
0.35	0.721	0.735368908	0.000206466	
0.4	0.819	0.831194069	0.000148695	
0.45	0.916	0.924866062	7.86071E-05	
0.5	1.009	1.01643327	5.52535E-05	
0.55	1.1	1.105942987	3.53191E-05	
0.6	1.193	1.193441444	1.94872E-07	
0.65	1.28	1.278973832	1.05302E-06	
0.7	1.365	1.36258433	5.83546E-06	
0.75	1.448	1.444316122	1.3571E-05	
0.8	1.528	1.524211421	1.43533E-05	
0.85	1.608	1.602311494	3.23591E-05	
0.9	1.688	1.678656678	8.72977E-05	
0.95	1.764	1.753286405	0.000114781	
1	1.836	1.826239222	9.52728E-05	

• 같은 방법으로 방전 시 시상수에 대한 시간에 따른 전압의 변화를 계산한다. 이때 I 열에 들어가는 계산 값은 식 = 5.01 * EXP (−G2 / K2) 를 I2 셀에 넣고 아래로 복사하면 된다. 식 앞에 5.01은 방전을 하기전 충전된 전압값이다. 편차제곱과 편차제곱의 합은 같은 방법으로 계산한다. 그 결과를 표 3.15.4(b)에 넣었다.

〈표 3.15.4(b)〉 방전 시 시간에 따른 전압 계산

G	H	I	J	K
시간(s)	실험값(V)	계산값(V)	편차제곱	RC
0	5.01	5.01	0	2.2
0.05	4.965	4.897420522	0.004566986	0.118045
0.1	4.856	4.787370812	0.004709965	
0.15	4.751	4.679794024	0.005070291	
0.2	4.645	4.574634589	0.004951291	
0.25	4.537	4.471838186	0.004246062	
0.3	4.432	4.371351717	0.003678214	
0.35	4.329	4.273123275	0.003122208	
0.4	4.231	4.17710212	0.002904982	
0.45	4.134	4.083238651	0.002576715	
0.5	4.035	3.991484384	0.001893609	
0.55	3.942	3.901791923	0.001616689	
0.6	3.853	3.814114937	0.001512048	
0.65	3.764	3.728408137	0.001266781	
0.7	3.679	3.64462725	0.001181486	
0.75	3.594	3.562729	0.000977875	
0.8	3.511	3.482671081	0.000802528	
0.85	3.432	3.40441214	0.00076109	
0.9	3.354	3.327911753	0.000680597	

- 그림 3.15.13(a)와 (b)에 표 3.15.4(a)와 (b)의 G, H, I 열을 그래프로 그리면 시상수 변화에 따라 그래프가 어떻게 변하는지 두 그래프 차이가 얼마나 나는지 바로 확인할 수 있다. 두 그래프가 일치하고 편차 제곱의 전체 합이 작은 값이면 정확한 시상수를 찾은 것이다.

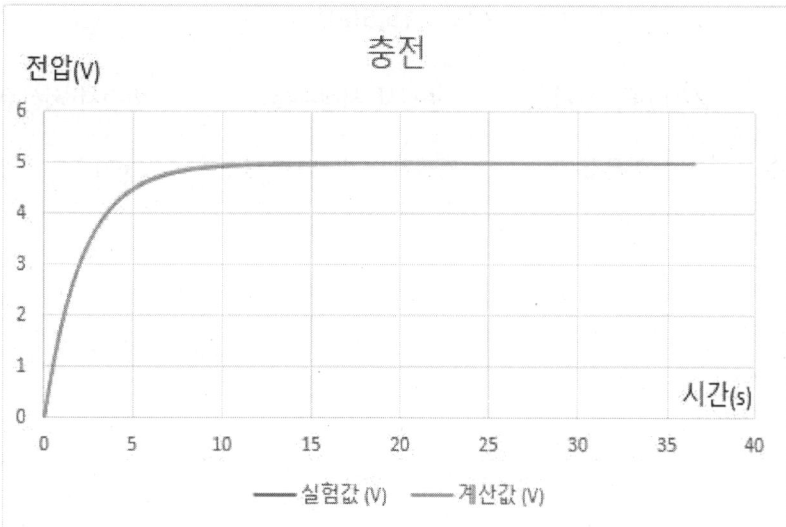

[그림 3.15.13(a)] 충전시 전압변화의 실험값과 계산값의 비교

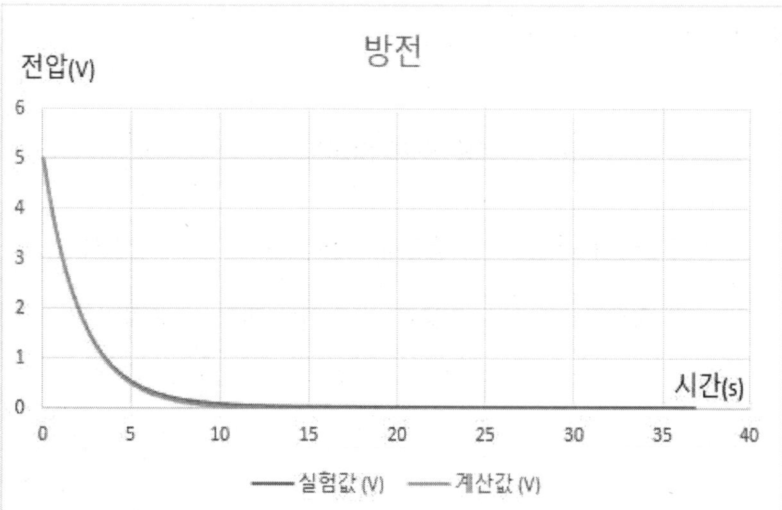

[그림 3.15.13(b)] 방전시 전압변화의 실험값과 계산값의 비교

- 이렇게 얻은 시상수와 앞에서 추세선의 기울기를 이용해서 얻은 시상수를 표 3.15.5(a) 와 (b)에 기록하고 비교 평가한다.

<표 3.15.5(a)>

	220 μF, 10 kΩ	충전시 시상수(s)		방전시 시상수(s)	
횟 수	이론값	기울기	커브 핏	기울기	커브 핏
1					
2					
3					
4					
5					
평균					

- 콘덴서와 저항을 100 μF, 10 kΩ 으로 바꾸어서 같은 방법으로 실험하고, 계산 결과를 표 3.15.5(b)에 기록하라.

<표 3.15.5(b)>

	100 μF, 10 kΩ	충전시 시상수(s)		방전시 시상수(s)	
횟 수	이론값	기울기	커브 핏	기울기	커브 핏
1					
2					
3					
4					
5					
평균					

• 분석 및 토의를 작성하고 결론을 도출하라.

결과보고서 작성방법

제 목

목 적

결과 및 분석

축전기 두 개의 5회 실험 결과를 다음과 같이 실험 순서대로 작성한다.

● 축전기 1

■ **충전 실험**

- 표 3.15.3(a)와 표 3.15.3(a)를 그림 3.15.12(a)와 같이 그래프를 그리고 추세선을 구해서 넣는다. 이때 추세선의 y 절편은 0으로 잡는다. (이때 표와 그래프는 크기를 조절해서 한 줄에 넣는다.)
- 표와 그래프 작성 방법은 5회 실험 결과에서 1회 실험 결과만 넣고, 그래프에서 얻은 시상수는 5회 모두 그래프 아래에 적는다.
- 실험값과 계산값을 그림 3.15.13(a)와 같이 작성하고 계산으로 얻은 시상수를 그래프 아래에 넣는다.

■ **방전 실험**

- 표 3.15.3(b)와 표 3.15.3(b)를 그림 3.15.12(a)와 같이 그래프를 그리고 추세선을 구해서 넣는다. 이때 추세선의 y 절편은 0으로 잡는다. (이때 표와 그래프는 크기를 조절해서 한 줄에 넣는다.)

- 표와 그래프 작성 방법은 5회 실험 결과에서 1회 실험 결과만 넣고, 그래프에서 얻은 시상수는 5회 모두 그래프 아래에 적는다.
- 실험값과 계산값을 그림 3.15.13(b)와 같이 작성하고 계산으로 얻은 시상수를 그래프 아래에 넣는다.
- 표 3.15.5(a)를 넣고 설명한다.

● 축전기 2

- 두번째 축전기에 대해서 축전기 1과 같은 방법으로 충전과 방전실험을 하고 결과 및 분석을 작성한다.

결 론

- 목적과 결과를 보고 결론을 작성한다.
- 기울기에서 얻은 시상수와 커브핏으로 얻은 시상수 비교와 분석 그리고 결론에서 보고하는 값의 선택과 이유를 설명한다.

일반물리학 실험

2023년 2월 20일 2판 1쇄 발행

저 자 김원태 · 장평우 · 염태호 · 염효영
발행인 남 승 우

발행처 도서출판 상尙 학學 당堂
서울특별시 동작구 사당로9가길 6
TEL : 02) 595-1692~4
FAX : 02) 595-1394
E-mail : shdbooks@naver.com
신고 : 2-155호 (1968. 11. 29)

정가 27,000원

ISBN 978-89-6587-233-7 93420